Mathematik

Gymnasiale Oberstufe

Thüringen

Qualifikationsphase

11

Lösungen

Herausgegeben von

Dr. Anton Bigalke Dr. Norbert Köhler

Erarbeitet von

Dr. Anton Bigalke
Dr. Norbert Köhler
Dr. Horst Kuschnerow
Dr. Gabriele Ledworuski

unter Mitarbeit der Verlagsredaktion
und Beratung von
Wolfgang Häfner und
Dr. Hubert Langlotz
Dr. Wilfried Zappe

Cornelsen

Umschlagfoto: Shutterstock/hecke 61

In den Marginalien wird die Seitennummer der Aufgabenstellung im Lehrbuch angezeigt. Beispiel: 11

www.cornelsen.de

1. Auflage, 5. Druck 2023

Alle Drucke dieser Auflage sind inhaltlich unverändert und können im Unterricht nebeneinander verwendet werden.

Druck: Esser printSolutions GmbH, Bretten

ISBN 978-3-06-005935-5

PEFC
PEFC/04-31-2851

PEFC-zertifiziert
Dieses Produkt stammt aus nachhaltig bewirtschafteten Wäldern und kontrollierten Quellen
www.pefc.de

Inhalt

I. Folgen, Grenzwerte, Stetigkeit

1. Grenzwerte von Folgen

11 1. a) $\frac{1}{3}, \frac{1}{4}, \frac{1}{5}, \frac{1}{6}, \frac{1}{7}, \frac{1}{8}, \frac{1}{9}, \frac{1}{10}, \frac{1}{11}$ b) $-2, 4, -8, 16, -32, 64, -128, 256, -512$

c) $0, 4, 0, 4, 0, 4, 0, 4, 0$ d) $2, \frac{3}{2}, \frac{4}{3}, \frac{5}{4}, \frac{6}{5}, \frac{7}{6}, \frac{8}{7}, \frac{9}{8}, \frac{10}{9}$

e) $1, 2, 2, 3, 2, 4, 2, 4, 3$

2. 2 5 10 17 26 37 50 65 ist eine sinnvolle Fortsetzung.
+3 +5 +7 +9 +11 +13 +15
Von Schritt zu Schritt nimmt die Differenz zweier Folgenglieder um 2 zu.
Ein dazu passendes explizites Bildungsgesetz ist $a_n = n^2 + 1$.
2 5 10 17 26 1 1 1 .... ist ebenfalls eine mögliche Fortsetzung, da durch die ersten 5 Glieder der Folge in keiner Weise festgelegt ist, wie die Folge weitergeht.

3. a) $1, 16, 81, 256, 625, 1296, 2401; a_n = n^4$

b) $1, \frac{1}{10}, \frac{1}{100}, \frac{1}{1000}, \frac{1}{10000}, \frac{1}{100000}, \frac{1}{1000000}; \quad a_n = \frac{1}{10^{n-1}}$

c) $3, 5, 9, 17, 33, 65, 129; a_n = 2^n + 1$

d) $1, 9, 17, 25, 33, 41, 49; a_n = 8n - 7$

e) 9, 99, 999, 9999, ... kann dargestellt werden durch $a_n = 10^n - 1$.

$\Rightarrow$ 3, 33, 333, 3333, ... kann dargestellt werden durch $a_n = \frac{10^n - 1}{3}$.

f) $5, 10, 20, 40, 80, 160, 320; a_n = 5 \cdot 2^{n-1}$

4. a) $n = 10$ b) $n = 10000$ c) $n = 10$ d) $n = 8$ e) $n = 2$

f) Die Folge steigt streng monoton. Da ihre ersten vier Glieder $2, \frac{7}{2}, \frac{12}{3}, \frac{17}{4}$ lauten, kann $\frac{15}{4}$ durch die folgenden Glieder nicht angenommen werden.
Also nimmt kein Glied der Folge den Wert $\frac{15}{4}$ an.

12 5. a) $a_n = 4n - 1$ (arith.) b) $a_n = \frac{1}{4^{n-2}}$ (geom.) c) Weder noch !

d) $a_n = -\frac{1}{2}(-4)^{n-2}$ (geom.) e) $a_n = -10n + 14$ (arith.)

f) $a_n = \frac{1}{2^{n-3}}$ (geom.) g) $a_n = \frac{-3n+18}{10}$ (arith.) h) $a_n = 8 \cdot 3^{n-1}$ (geom.)

6. $t_n = 10 + (n-25) \cdot 0{,}03$ ist die Temperatur in n Meter Tiefe.

a) $t_{10000} = 309{,}25$ °C ist die Temperatur in 10 km Tiefe.

b) Der Ansatz $t_n = 100$ führt auf n = 3025 m Tiefe. In 3025 m Tiefe siedet Wasser.
Hier ist allerdings nicht berücksichtigt, dass der Siedepunkt von Wasser, wegen des mit der Tiefe steigenden Luftdrucks, etwas über 100 °C liegt.
Die Thermalquelle kommt tatsächlich aus ca. 1200 m Tiefe.

7. a) $a_n = 1000 \cdot 2^{\frac{n}{20}}$ (n = Zeit in Minuten)

b) $a_{1440} = 4{,}72 \cdot 10^{24}$; Länge $\approx 4{,}72 \cdot 10^{21}$ mm $= 4{,}72 \cdot 10^{15}$ km

c) Nach ca. 265,8 Minuten d) Nahrungsmangel, Platzmangel, etc.

8. a) Schülerschätzung 12
b) Durch praktisches Ausprobieren sieht man, dass maximal 8 Faltungen möglich sind.
c) nach 0 Faltungen: 0,06 mm, nach 1 Faltung: $0{,}06 \cdot 2$ mm
nach 2 Faltungen: $0{,}06 \cdot 2^2$ mm, ..., nach n Faltungen: $0{,}06 \cdot 2^n$ mm, $d_n = 0{,}06 \cdot 2^n$
d) $d_5 = 1{,}92$ mm, $d_{10} = 61{,}44$ mm
$d_{50} = 6{,}76 \cdot 10^{13}\,\text{mm} = 6{,}76 \cdot 10^{10}\,\text{m} = 6{,}76 \cdot 10^7\,\text{km} \approx 68$ Millionen km
e) Die Breite ist zu Beginn 800 mm. Sie halbiert sich jeweils in zwei Faltungsschritten. (In einem Schritt halbiert sich die Breite, im nächsten Schritt die Länge.)
Die Breite nach 2n Schritten lautet also: $b_{2n} = \frac{800}{2^n}$.
Die Dicke nach 2n Schritten ist nach c): $d_{2n} = 0{,}06 \cdot 2^{2n}$.

Also muss gelten: $b_{2n} = d_{2n}$, $\frac{800}{2^n} = 0{,}06 \cdot 2^{2n}$, $2^{3n} = \frac{800}{0{,}06}$, $3n \cdot \log 2 = \log \frac{800}{0{,}06}$

$$n = \frac{\log \frac{800}{0{,}06}}{3 \cdot \log 2} = 4{,}57, \quad 2n \approx 9{,}14$$

Nach ca. 9 Faltungen ist das Blatt genauso dick wie breit.
Dies erklärt auch das Faltergebnis aus 1.b).
alternative Lösungsmöglichkeit:
Wir protokollieren Breite, Höhe und Dicke für einige Faltungschritte:

Anzahl der Faltungen	Breite	Höhe	Dicke
0	800 mm	600 mm	0,06 mm
1	400 mm	600 mm	0,12 mm
2	400 mm	300 mm	0,24 mm
3	200 mm	300 mm	0,48 mm
4	200 mm	150 mm	0,96 mm
5	100 mm	150 mm	1,92 mm
6	100 mm	75 mm	3,84 mm
7	50 mm	75 mm	7,68 mm
8	50 mm	37,5mm	15,36 mm
9	25 mm	37,5mm	30,72 mm

9. a) 0 b) −2 c) 1 d) 3 e) 3 f) 0 g) 1 15
h) kein Grenzwert (Die Folge pendelt bzw. alterniert auf +1 und auf −1 zu.)
−2; +1,5; −1,33; +1,24; −1,20; +1,17; −1,14; ...
i) 0 j) −2

10. a) konvergent, 0 b) divergent c) divergent d) konvergent, 4
e) divergent f) konvergent, 0 g) divergent h) divergent
i) konvergent, 0 j) divergent

11. a) konvergent, 0 b) divergent, $\lim\limits_{n\to\infty} a_n = \lim\limits_{n\to\infty}(-n) = -\infty$
c) divergent, $\lim\limits_{n\to\infty} a_n = \lim\limits_{n\to\infty}(4+n) = +\infty$ d) konvergent, 1

15 e) divergent, $\lim\limits_{n\to\infty} a_n = \lim\limits_{n\to\infty} \sqrt{n} = +\infty$

f) divergent, kein uneigentlicher Grenzwert, pendelt alternierend auf +1 und −1 zu.

g) divergent, $\lim\limits_{n\to\infty} a_n = \lim\limits_{n\to\infty} \frac{n^2+1}{n} = +\infty$

h) divergent, kein uneigentlicher Grenzwert, pendelt alternierend auf $+\infty$ und $-\infty$ zu.

i) divergent, $\lim\limits_{n\to\infty} a_n = \lim\limits_{n\to\infty} (n - n^2) = -\infty$

j) konvergent, 4

12. a) $a_n = \frac{n+1}{n}$; $b_n = 1 + \frac{2}{n^2}$ b) $a_n = \frac{-3n+2}{n}$; $b_n = -3$ c) $a_n = \frac{1}{n}$; $b_n = -\frac{1}{n^2}$

d) $a_n = \frac{n^2}{n+1}$; $b_n = n + \frac{(-1)^n}{n}$ e) $a_n = -\frac{n}{\sqrt{n+1}}$; $b_n = -n + \frac{1}{n}$

13. a) $\lim\limits_{n\to\infty} \frac{3}{n} = 0$, $n = 31$ b) $\lim\limits_{n\to\infty} \frac{n+20}{n} = 1$, $n = 2001$ c) $\lim\limits_{n\to\infty} \frac{1}{n^2} = 1$, $n = 32$

14. a) $\left.\begin{aligned} a_1 &= 1 \\ a_2 &= 1{,}1 \\ a_3 &= 1{,}11 \\ a_4 &= 1{,}111 \end{aligned}\right\} \Rightarrow \lim\limits_{n\to\infty} a_n = 1{,}\overline{1} = \frac{10}{9}$

b) $\lim\limits_{n\to\infty} (\frac{2}{3})^n = 0$, $\lim\limits_{n\to\infty} (\frac{7}{6})^n = +\infty$

c) q^n hat den Grenzwert 0, wenn $|q| < 1$ gilt.

$\left|\frac{2x+2}{x+6}\right| < 1 \quad \Leftrightarrow \quad \frac{2x+2}{x+6} < 1$ (Da $x > 0$), $2x + 2 < x + 6$, $x < 4$

Die Folge hat den Grenzwert null für alle Werte von x mit $0 < x < 4$.

17 15. a) $\lim\limits_{n\to\infty} a_n = 2$, $\lim\limits_{n\to\infty} b_n = 1$, $a_n + b_n \to 3$, $a_n - b_n \to 1$, $a_n \cdot b_n \to 2$, $a_n : b_n \to 2$

b) $\lim\limits_{n\to\infty} a_n = 3$, $\lim\limits_{n\to\infty} b_n = 2$, $a_n + b_n \to 5$, $a_n - b_n \to 1$, $a_n \cdot b_n \to 6$, $a_n : b_n \to 1{,}5$

c) $\lim\limits_{n\to\infty} a_n = 3$, $\lim\limits_{n\to\infty} b_n = 4$

$a_n + b_n \to 7$, $a_n - b_n \to -1$, $a_n \cdot b_n \to 12$, $a_n : b_n \to 0{,}75$

d) $\lim\limits_{n\to\infty} a_n = 1$, $\lim\limits_{n\to\infty} b_n = 0$

$a_n + b_n \to 1$, $a_n - b_n \to 1$, $a_n \cdot b_n \to 0$, $a_n : b_n$ divergent

16. a) $\lim\limits_{n\to\infty} (2 + \frac{3}{n^2}) = \lim\limits_{n\to\infty} 2 + \lim\limits_{n\to\infty} \frac{3}{n^2} = 2 + 0 = 2$ (GWS für +)

b) $\lim\limits_{n\to\infty} \frac{3n-2}{2+n} = \lim\limits_{n\to\infty} \frac{3-\frac{2}{n}}{\frac{2}{n}+1} = \frac{\lim\limits_{n\to\infty} 3 - \lim\limits_{n\to\infty} \frac{2}{n}}{\lim\limits_{n\to\infty} \frac{2}{n} - \lim\limits_{n\to\infty} 1} = \frac{3-0}{0+1} = 3$ (GWS für +,−,:)

c) $\lim\limits_{n\to\infty} \frac{2n^2+n-5}{4n-2n^2} = \lim\limits_{n\to\infty} \frac{2+\frac{1}{n}-\frac{5}{n^2}}{\frac{4}{n}-2} = \frac{\lim\limits_{n\to\infty} 2 + \lim\limits_{n\to\infty} \frac{1}{n} - \lim\limits_{n\to\infty} \frac{5}{n^2}}{\lim\limits_{n\to\infty} \frac{4}{n} - \lim\limits_{n\to\infty} 2} = \frac{2+0-0}{0-2} = -1$ (GWS für +,−,:)

16. d) $\lim\limits_{n\to\infty}\frac{n+\frac{1}{n}}{n} = \lim\limits_{n\to\infty}\frac{1+\frac{1}{n^2}}{1}) = \frac{\lim\limits_{n\to\infty} 1\cdot \lim\limits_{n\to\infty}\frac{1}{n^2}}{\lim\limits_{n\to\infty} 1} = \frac{1+0}{1} = 1,$ (GWS für +,:) 17

e) $\lim\limits_{n\to\infty}\frac{3n+1}{4n+(-1)^n} = \lim\limits_{n\to\infty}\frac{3+\frac{1}{n}}{4+\frac{(-1)^n}{n}} = \frac{\lim\limits_{n\to\infty} 3+\lim\limits_{n\to\infty}\frac{1}{n}}{\lim\limits_{n\to\infty} 4+\lim\limits_{n\to\infty}\frac{(-1)^n}{n}} = \frac{3+0}{4+0} = 0,75$ (GWS für +,:)

f) $\lim\limits_{n\to\infty}(\frac{4n}{2n+1}+(\frac{1}{10})^n) = \lim\limits_{n\to\infty}(\frac{4}{2+\frac{1}{n}}+(\frac{1}{10})^n) = \frac{\lim\limits_{n\to\infty} 4}{\lim\limits_{n\to\infty} 2+\lim\limits_{n\to\infty}\frac{1}{n}} + \lim\limits_{n\to\infty}(\frac{1}{10})^n$

$= \frac{4}{2+0}+0 = 2$ (GWS für +,:)

g) $\lim\limits_{n\to\infty}(\frac{3n+1}{n}\cdot(-\frac{1}{4})^n) = \lim\limits_{n\to\infty}(\frac{3+\frac{1}{n}}{1}\cdot(-\frac{1}{4})^n) = \frac{\lim\limits_{n\to\infty} 3+\lim\limits_{n\to\infty}\frac{1}{n}}{\lim\limits_{n\to\infty} 1}\cdot\lim\limits_{n\to\infty}(-\frac{1}{4})^n$

$= \frac{3+0}{1}\cdot 0 = 0$ (GWS für +,·,:)

h) $\lim\limits_{n\to\infty}\frac{(n-1)(2n+1)}{n^2-n^3} = \lim\limits_{n\to\infty}\frac{4n^3-3n-1}{n^2-n^3} = \lim\limits_{n\to\infty}\frac{4-\frac{3}{n^2}-\frac{1}{n^3}}{\frac{1}{n}-1} = \frac{\lim\limits_{n\to\infty} 4-\lim\limits_{n\to\infty}\frac{2}{n^2}-\lim\limits_{n\to\infty}\frac{1}{n^3}}{\lim\limits_{n\to\infty}\frac{1}{n}-\lim\limits_{n\to\infty} 1}$

$= \frac{4-0-0}{0-1} = -4$ (GWS für +,−,:)

17. Da der Nennergrad 0 ist, ist der Grenzwertsatz für Quotienten zunächst nicht anwendbar. Er wird anwendbar, wenn man zunächst mit n erweitert.

$$\lim\limits_{n\to\infty}\frac{\frac{6}{n}+\frac{1}{n^2}}{\frac{1}{n}} = \lim\limits_{n\to\infty}\frac{6+\frac{1}{n}}{1} = \frac{\lim\limits_{n\to\infty} 6+\lim\limits_{n\to\infty}\frac{1}{n}}{\lim\limits_{n\to\infty} 1} = \frac{6+0}{1} = 6$$

18. a) $\lim\limits_{n\to\infty}(\frac{2}{n}+\frac{1}{n^2}) = \lim\limits_{n\to\infty}\frac{2}{n}+\lim\limits_{n\to\infty}\frac{1}{n^2} = 0+0 = 0$

b) $\lim\limits_{n\to\infty}\frac{3n+1}{n+2} = \lim\limits_{n\to\infty}\frac{3+\frac{1}{n}}{1+\frac{2}{n}} = \frac{3+0}{1+0} = 3$

c) $\lim\limits_{n\to\infty}\frac{8n+2}{n^2+n} = \lim\limits_{n\to\infty}\frac{\frac{8}{n}+\frac{2}{n^2}}{1+\frac{1}{n}} = \frac{0+0}{1+0} = 0$

d) $\lim\limits_{n\to\infty}\frac{n^2+n+4}{n(n+2)} = \lim\limits_{n\to\infty}\frac{n^2+n+4}{n^2+2n} = \lim\limits_{n\to\infty}\frac{1+\frac{1}{n}+\frac{4}{n^2}}{1+\frac{2}{n}} = \frac{1+0+0}{1+0} = 1$

e) $\lim\limits_{n\to\infty}\frac{2n+2}{(n+1)\cdot 2^n} = \lim\limits_{n\to\infty}(\frac{2n+2}{n+1}\cdot(\frac{1}{2})^n) = \lim\limits_{n\to\infty}\frac{2+\frac{2}{n}}{1+\frac{1}{n}}\cdot\lim\limits_{n\to\infty}(\frac{1}{2})^n = \frac{2+0}{1+0}\cdot 0 = 0$

f) $\lim\limits_{n\to\infty}(4-\frac{1}{n^2})(\frac{n+1}{n}) = \lim\limits_{n\to\infty}((4-\frac{1}{n^2})\cdot\frac{1+\frac{1}{n}}{1}) = \lim\limits_{n\to\infty}(4-\frac{1}{n^2})\cdot\lim\limits_{n\to\infty}\frac{1+\frac{1}{n}}{1} = (4-0)\cdot(\frac{1+0}{1}) = 4$

g) $\lim\limits_{n\to\infty}\frac{n-\frac{1}{n}}{n^2-\frac{1}{n^2}} = \lim\limits_{n\to\infty}\frac{\frac{1}{n}-\frac{1}{n^3}}{1-\frac{1}{n^4}} = \frac{0-0}{1-0} = 0$

h) $\lim\limits_{n\to\infty}\frac{\frac{2}{n}}{\frac{3}{n^2}-\frac{1}{n}} = \lim\limits_{n\to\infty}\frac{2}{\frac{3}{n}-1} = \frac{2}{0-1} = -2$

17 19. a) richtig b) falsch, $a_n = n + \frac{1}{n}$ (div), $b_n = n$ (div), $a_n - b_n = \frac{1}{n} \to 0$

c) richtig d) richtig

e) falsch, $a_n = 1$, jedes Glied ist gleich dem Grenzwert

f) falsch, $a_n = \frac{1}{n}$ ist konvergent, $b_n = \frac{1}{a_n} = n$ ist divergent

g) falsch, $a_n = 1 + \frac{1}{n}$ $(2; 1{,}5; 1{,}33; \ldots)$, $\lim\limits_{n\to\infty} a_n = 1 \neq 0$

2. Grenzwerte von Funktionen

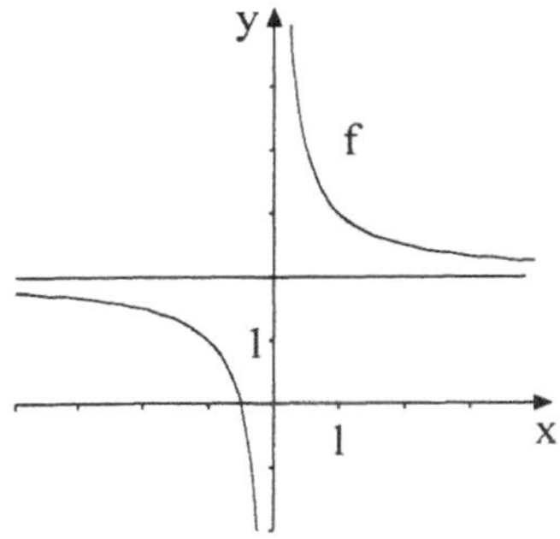

18 1. a) $\lim\limits_{n\to-\infty} \frac{2x+1}{x} = 2$

x	−1	−10	−100	−1000	$\to -\infty$
f(x)	1	1,9	1,99	1,999	$\to 2$

b) $\lim\limits_{x\to\infty} \frac{x+1}{x^2} = 0$

x	1	10	100	1000	$\to \infty$
f(x)	2	0,11	0,0101	0,001001	$\to 0$

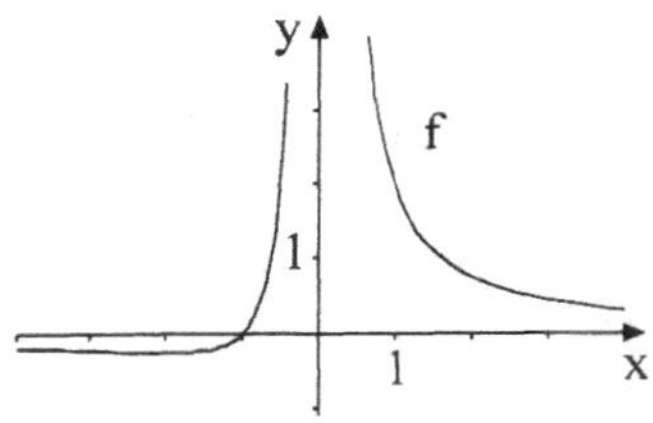

19 2. a) $\lim\limits_{x\to\infty} \frac{4x-1}{x} = \lim\limits_{x\to\infty} (4 - \frac{1}{x}) = \lim\limits_{x\to\infty} 4 - \lim\limits_{x\to\infty} \frac{1}{x} = 4 - 0 = 4$

b) $\lim\limits_{x\to\infty} \frac{2x+x^2}{x^2} = \lim\limits_{x\to\infty} (\frac{\frac{2}{x}+1}{1}) = \frac{\lim\limits_{x\to\infty} \frac{2}{x} + \lim\limits_{x\to\infty} 1}{\lim\limits_{x\to\infty} 1} = \frac{0+1}{1} = 1$

c) $\lim\limits_{x\to\infty} \frac{3x^2-4}{x^2} = \lim\limits_{x\to\infty} \frac{3-\frac{4}{x^2}}{1} = \frac{\lim\limits_{x\to\infty} 3 - \lim\limits_{x\to\infty} \frac{4}{x^2}}{\lim\limits_{x\to\infty} 1} = \frac{3-0}{1} = 3$

3. a) $\lim\limits_{x\to\infty} \frac{x^2-x}{3x^2} = \frac{1}{3}$, $\lim\limits_{x\to-\infty} \frac{x^2-x}{3x^2} = \frac{1}{3}$ b) $\lim\limits_{x\to\infty} \frac{3-11x^3}{10x^3} = -1{,}1$, $\lim\limits_{x\to-\infty} \frac{3-11x^3}{10x^3} = -1{,}1$

c) $\lim\limits_{x\to\infty} \frac{x^2-1}{x(x-1)} = \lim\limits_{x\to\infty} \frac{x+1}{x} = \lim\limits_{x\to\infty} \frac{1+\frac{1}{x}}{1} = 1$, $\lim\limits_{x\to-\infty} \frac{x^2-1}{x(x-1)} = 1$

4. a) $f(x) = 3 + \frac{1}{x} = \frac{3x+1}{x}$ b) $f(x) = 1 - \frac{1}{x} = \frac{x-1}{x}$

c) $f(x) = \frac{1}{2x}$ d) $f(x) = \frac{x^2-1}{x+1}$

21 5. a) $\lim\limits_{x\to 5} \frac{x^2-25}{x-5} = 10$

x	4,5	4,9	4,99	4,999	5
f(x)	9,5	9,9	9,99	9,999	10

x	5,5	5,1	5,01	5,001	5
f(x)	10,5	10,1	10,01	10,001	10

5. b) $\lim\limits_{x \to 3} \frac{3x^2-27}{x-3} = 18$ 21

x	2,5	2,9	2,99	2,999	→ 3
f(x)	16,5	17,7	17,97	17,997	→ 18

x	3,5	3,1	3,01	3,001	→ 3
f(x)	19,5	18,3	18,03	18,001	→ 18

c) $\lim\limits_{x \to 1} \frac{x^3-x}{x-1} = 2$

x	0,5	0,9	0,99	0,999	→ 1
f(x)	0,75	1,71	1,97	1,997	→ 2

x	1,5	1,1	1,01	1,001	→ 1
f(x)	3,75	2,31	2,03	2,003	→ 2

d) $\lim\limits_{x \to -2} \frac{x^4-16}{x+2} = -32$

x	−2,5	−2,1	−2,01	−2,001	→ −2
f(x)	−46,13	−34,48	−32,24	−32,024	→ −32

x	−1,5	−1,9	−1,99	−1,999	→ −2
f(x)	−21,88	−29,68	−31,76	−31,976	→ −32

6. a) $\lim\limits_{x \to 3} \frac{x^2-9}{2x-6} = 3$

x	2,5	2,9	2,99	2,999	→ 3
f(x)	2,75	2,95	2,995	2,9995	→ 3

x	3,5	3,1	3,01	3,001	→ 3
f(x)	3,25	3,05	3,005	3,0005	→ 3

b) divergent

x	−0,5	−0,1	−0,01	−0,001	→ −0
f(x)	−1	−9	−99	−999	→ −∞

x	0,5	0,1	0,01	0,001	→ +0
f(x)	3	11	101	1001	→ ∞

c) $\lim\limits_{x \to 0} \frac{x+1}{x^2} = \infty$

(uneig. Grenzw.)

x	−0,5	−0,1	−0,01	−0,001	→ −0
f(x)	2	90	9900	999000	→ ∞

x	0,5	0,1	0,01	0,001	→ +0
f(x)	6	110	10100	1001001	→ ∞

21 7. a) $\lim\limits_{x\to 4} \frac{x^2-16}{x-4} = \lim\limits_{x\to 4} \frac{(x-4)(x+4)}{x-4} = \lim\limits_{x\to 4}(x+4) = 8$

b) $\lim\limits_{x\to -1} \frac{x^3-x}{x+1} = \lim\limits_{x\to -1} \frac{x(x-1)(x+1)}{x+1} = \lim\limits_{x\to -1}(x(x-1)) = 2$

c) $\lim\limits_{x\to 3} \frac{3-x}{2x^2-6x} = \lim\limits_{x\to 3} \frac{3-x}{2x(x-3)} = \lim\limits_{x\to 3} \frac{1}{-2x} = -\frac{1}{6}$

d) $\lim\limits_{x\to 2} \frac{x^4-16}{x-2} = \lim\limits_{x\to 2} \frac{(x^2+4)(x^2-4)}{x-2} = \lim\limits_{x\to 2} \frac{(x^2+4)(x+2)(x-2)}{x-2} = \lim\limits_{x\to 2}[(x+4)^2(x+2)] = 144$

8. a) $\lim\limits_{x\to -3} \frac{2x^2-18}{x+3} = \lim\limits_{h\to 0} \frac{2(-3+h)^2-18}{(-3+h)+3} = \lim\limits_{h\to 0} \frac{-12h+2h^2}{h} = \lim\limits_{h\to 0}(-12+2h) = -12$

b) $\lim\limits_{x\to 5} \frac{x^2-7x+10}{x-5} = \lim\limits_{h\to 0} \frac{(5+h)^2-7(5+h)+10}{(5+h)-5} = \lim\limits_{h\to 0} \frac{h^2+3h}{h} = \lim\limits_{h\to 0}(h+3) = 3$

c) $\lim\limits_{x\to 1} \frac{x^2-x}{x-1} = \lim\limits_{h\to 0} \frac{(1+h)^2-(1+h)}{(1+h)-1} = \lim\limits_{h\to 0} \frac{h^2+h}{h} = \lim\limits_{h\to 0}(h+1) = 1$

d) $\lim\limits_{x\to x_0} \frac{x^2-x_0^2}{x-x_0} = \lim\limits_{h\to 0} \frac{(x_0+h)^2-x_0^2}{(x_0+h)-x_0} = \lim\limits_{h\to 0} \frac{2x_0h+h^2}{h} = \lim\limits_{h\to 0}(2x_0+h) = 2x_0$

22 9. a) Für $x_0 = -1$ ist f nicht definiert.
Linksseitige Annäherung: Die Funktionswerte streben gegen 8.
Rechtsseitige Annäherung: Die Funktionswerte streben ebenfalls gegen 8.

Ergebnis: $\lim\limits_{x\to -1} \frac{-2x^2+4x+6}{x+1} = 8$

b) Für $x_0 = 5$ ist f nicht definiert.
Linksseitige Annäherung: Die Funktionswerte streben gegen −21.
Rechtsseitige Annäherung: Die Funktionswerte streben ebenfalls gegen −21.
Ergebnis: $\lim\limits_{x\to 5} \frac{3x^2-9x-30}{5-x} = -21$

c) Für $x_0 = 0$ ist f nicht definiert.

x	f(x)
−0,5	−1,875
−0,1	−3,995
−0,01	−26,5
−0,001	−251
↓	↓
0	−∞

x	f(x)
0,5	−0,875
0,1	1,005
0,01	23,5
0,001	240,5
↓	↓
0	∞

Ergebnis: Die Funktion hat keinen Grenzwert für $x \to 0$, da sich bei rechtsseitiger und bei linksseitiger Annäherung nicht der gleiche Wert ergibt.

10. a) linksseitiger Grenzprozess ($x = -1-h,\ h > 0$): 22

$$\lim_{\substack{x\to -1\\ x<-1}} \frac{-2x^2+4x+6}{x+1} = \lim_{h\to 0} \frac{-2(-1-h)^2+4(-1-h)+6}{(-1-h)+1} = \lim_{h\to 0} \frac{-2h^2-8h}{-h} = \lim_{h\to 0}(+2h+8) = 8$$

rechtsseitiger Grenzprozess ($x = -1+h,\ h > 0$):

$$\lim_{\substack{x\to -1\\ x>-1}} \frac{-2x^2+4x+6}{x+1} = \lim_{h\to 0} \frac{-2(-1+h)^2+4(-1+h)+6}{(-1+h)+1} = \lim_{h\to 0} \frac{-2h^2+8h}{h} = \lim_{h\to 0}(-2h+8) = 8$$

b) linksseitiger Grenzprozess ($x = 5-h,\ h > 0$):

$$\lim_{\substack{x\to 5\\ x<5}} \frac{3x^2-9x-30}{5-x} = \lim_{h\to 0} \frac{3(5-h)^2-9(5-h)-30}{5-(5-h)} = \lim_{h\to 0} \frac{3h^2-21h}{h} = \lim_{h\to 0}(3h-21) = -21$$

$$\lim_{\substack{x\to 5\\ x>5}} \frac{3x^2-9x-30}{5-x} = \lim_{h\to 0} \frac{3(5+h)^2-9(5+h)-30}{5-(5+h)} = \lim_{h\to 0} \frac{3h^2+21h}{-h} = \lim_{h\to 0}(-3h-21) = -21$$

11. a) $\lim\limits_{x\to -2} \frac{3x^2+3x-6}{2+x} = \lim\limits_{h\to 0} \frac{3(-2+h)^2+3(-2+h)-6}{2+(-2+h)} = \lim\limits_{h\to 0} \frac{3h^2-9h}{h} = \lim\limits_{h\to 0}(3h-9) = -9$

b) $\lim\limits_{\substack{x\to 0\\ x<0}} \frac{x^2+2x}{|x|} = \lim\limits_{\substack{x\to 0\\ x<0}} \frac{x^2+2x}{-x} = \lim\limits_{\substack{x\to 0\\ x<0}}(-x-2) = -2,\quad \lim\limits_{\substack{x\to 0\\ x>0}} \frac{x^2+2x}{|x|} = \lim\limits_{\substack{x\to 0\\ x>0}} \frac{x^2-2x}{x} = \lim\limits_{\substack{x\to 0\\ x>0}}(x-2) = 2$

c) $\lim\limits_{\substack{x\to 0\\ x<0}} \frac{x^3-x}{|x|} = \lim\limits_{\substack{x\to 0\\ x<0}} \frac{x^3-x}{-x} = \lim\limits_{\substack{x\to 0\\ x<0}}(-x^2+1) = 1,\quad \lim\limits_{\substack{x\to 0\\ x>0}} \frac{x^3-x}{|x|} = \lim\limits_{\substack{x\to 0\\ x>0}} \frac{x^3-x}{x} = \lim\limits_{\substack{x\to 0\\ x>0}}(x^2-1) = -1$

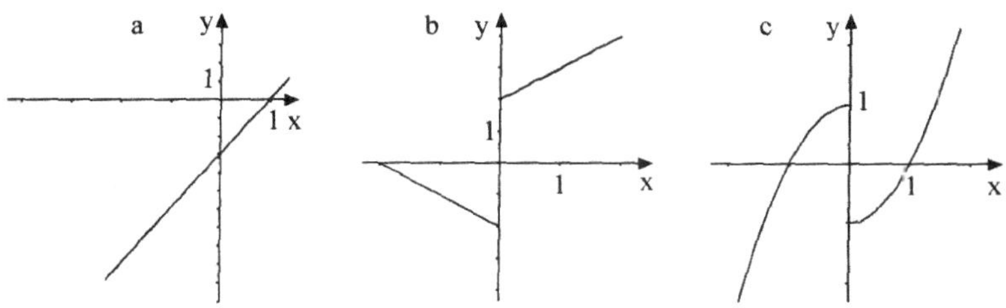

12. a) Der Grenzwert existiert nicht, da sin x für $x \to \infty$ auch immer wieder die Werte 1 und -1 annimmt und sich somit keinem festen Wert nähern kann.

b) $\lim\limits_{\substack{x\to 0\\ x>0}} \frac{2x+1}{x} = +\infty$

Mit fallendem x nähert sich der Zähler dem Wert 1. Der Nenner strebt mit positiven Werten gegen 0. Der Quotient strebt daher gegen ∞.

c) $\lim\limits_{x\to 0} \frac{\sin x}{x} = 1$

Die Begründung folgt mit Näherungstabellen für links- und rechtsseitige Annäherung (Taschenrechner).

d) $\lim\limits_{x\to\infty} (\sqrt{x^2+x} - x) = 0,5$

Näherungstabelle:

x	1	10	100	1000
f(x)	0,41	0,488	0,4987	0,49987

23 13. a) $\lim\limits_{x\to\infty}\frac{1}{1-\frac{1}{x}} = \frac{\lim\limits_{x\to\infty} 1}{\lim\limits_{x\to\infty}(1-\frac{1}{x})} = \frac{1}{\lim\limits_{x\to\infty} 1 - \lim\limits_{x\to\infty}\frac{1}{x}} = \frac{1}{1-0} = 1$

b) $\lim\limits_{x\to\infty}\frac{2x-3}{2-x} = \lim\limits_{x\to\infty}\frac{2-\frac{3}{x}}{\frac{2}{x}-1} = \frac{\lim\limits_{x\to\infty}(2-\frac{3}{x})}{\lim\limits_{x\to\infty}(\frac{2}{x}-1)} = \frac{\lim\limits_{x\to\infty} 2 - \lim\limits_{x\to\infty}\frac{3}{x}}{\lim\limits_{x\to\infty}\frac{2}{x} - \lim\limits_{x\to\infty} 1} = \frac{2-0}{0-1} = -2$

c) $\lim\limits_{x\to\infty}(\frac{x}{2-x}\cdot\frac{5x^2}{2+x^2}) = \lim\limits_{x\to\infty}\frac{x}{2-x}\cdot\lim\limits_{x\to\infty}\frac{5x^2}{2+x^2} = \lim\limits_{x\to\infty}\frac{1}{\frac{2}{x}-1}\cdot\lim\limits_{x\to\infty}\frac{5}{\frac{2}{x^2}+1}$

$= \frac{\lim\limits_{x\to\infty} 1}{\lim\limits_{x\to\infty}\frac{2}{x}-1}\cdot\frac{\lim\limits_{x\to\infty} 5}{\lim\limits_{x\to\infty}\frac{2}{x^2}+\lim\limits_{x\to\infty} 1} = \frac{1}{0-1}\cdot\frac{5}{0+1} = -1\cdot 5 = -5$

3. Stetigkeit von Funktionen

25 1. a) f ist überall stetig, da für jedes $x_0 \in R$ die Punkte (1), (2) und (3) von Definition 1.2 erfüllt ist.

b) Die Funktion f hat für $x_0 = 0$ eine Polstelle.

2. a) Es gilt:

(1) $f(2) = 1$ (2) $\lim\limits_{\substack{x\to 2\\x<2}}(4-x) = 2 \neq \lim\limits_{\substack{x\to 2\\x>2}}(x^2-3) = 1 \Rightarrow \lim\limits_{x\to 2} f(x)$ existiert nicht

b) (1) $f(2) = 3$

(2) $\lim\limits_{\substack{x\to 2\\x<2}}(4-0{,}25x^2) = 3 = \lim\limits_{\substack{x\to 2\\x>2}}(0{,}25x^2+1) = 3 \Rightarrow \lim\limits_{x\to 2} f(x) = 3$

(3) $\lim\limits_{x\to 2} f(x) = 3 = f(2)$

Die Funktion f ist stetig an der Stelle $x_0 = 2$.

26 3. a) Es gilt: $f(x) = \begin{cases} \text{sign}(x^2) = 1, & x \neq 0 \\ \text{sign}(x^2) = 0, & x = 0 \end{cases}$

Die Funktion f ist an der Stelle $x_0 = 0$ unstetig, denn rechtsseitiger und linksseitiger Grenzwert stimmen überein, sind aber nicht gleich dem Funktionswert und damit existiert der Funktionsgrenzwert an dieser Stelle nicht.

b) Die Funktion f ist an der Stelle $x_0 = 0$ unstetig, denn der linksseitige Grenzwert ist 2 während der rechtsseitige Grenzwert –2 ist.

4. Die Funktion f besitzt für $x_0 = 0$ weder einen rechts- noch einen linksseitigen Grenzwert, da $\frac{1}{x}$ für $x \to 0$ gegen unendlich strebt und daher f(x) immer wieder alle Werte zwischen -1 und $+1$ annimmt. f ist daher an der Stelle $x_0 = 0$ nicht stetig. 26

Test

32 1. a) 3, 8, 18, 23, 28, 33, 38, 43, ... ; $a_n = 3+5(n-1) = 5n-2$ $(n \in \mathbb{N})$

b) 32, 8, 2, $\frac{1}{2}, \frac{1}{8}, \frac{1}{32}, \frac{1}{128}, \frac{1}{512}, \frac{1}{2048}$ .... ; $a_n = 32 \cdot (\frac{1}{4})^{n-1} = \frac{128}{4^n}$ $(n \in \mathbb{N})$

c) 2, 5, 10, 17, 26, 37, 50, 65, 82, ... ; $a_n = n^2+1$ $(n \in \mathbb{N})$

2. a) $a_{10} = \frac{33}{17}$

b) $\frac{3n+3}{2n-3} = 2 \Leftrightarrow 3n+3 = 4n-6 \Leftrightarrow n = 9 \Rightarrow a_9 = 2$

c) $\lim\limits_{n\to\infty} \frac{3n+3}{2n-3} = \frac{3}{2}$

d) $\frac{3n+3}{2n-3} < 1{,}6 \Leftrightarrow \begin{cases} 3n+3 < 3{,}2n-4{,}8 \text{ und } 2n-3 > 0 \Leftrightarrow n > 39 \text{ und } n > 1{,}5 \Rightarrow n = 40, 41, 42, .. \\ \text{oder} \\ 3n+3 > 3{,}2n-4{,}8 \text{ und } 2n-3 < 0 \Leftrightarrow n < 39 \text{ und } n < 1{,}5 \Rightarrow n = 1 \end{cases}$

3. a) 0 b) 2 c) −3 d) 0 e) 1 f) 4

4. $\lim\limits_{x\to\infty} \frac{2x}{x-2} = \lim\limits_{x\to\infty} \frac{2}{1-\frac{2}{x}} = 2$ Der Term verhält sich für große x etwa so, wie der Term $\frac{2x}{x} = 2$.

5. a) 3 b) 6 c) −1 d) ≈ 1,44 e) 0 f) 12

6. a) $\lim\limits_{x\to 2} \frac{2x^2-8}{x-2} = \lim\limits_{x\to 2} \frac{2(x-2)(x+2)}{x-2} = \lim\limits_{x\to 2} 2(x+2) = 8$

$\lim\limits_{h\to 0} \frac{2(2+h)^2-8}{h} = \lim\limits_{h\to 0} \frac{2h^2+8h+8-8}{h} = \lim\limits_{h\to 0}(2h+8) = 8$

b) $\lim\limits_{x\to 2} \frac{x^2+4x-12}{2x-4} = \lim\limits_{x\to 2} \frac{(x-2)(x+6)}{2(x-2)} = \lim\limits_{x\to 2} \frac{x+6}{2} = 4$

$\lim\limits_{h\to 0} \frac{(2+h)^2+4(2+h)-12}{2(2+h)-4} = \lim\limits_{h\to 0} \frac{h^2+8h+12-12}{2h} = \lim\limits_{h\to 0}(\frac{h}{2}+4) = 4$

c) $\lim\limits_{x\to 1} \frac{x^3-1}{x-1} = \lim\limits_{x\to 1} \frac{(x^2+x+1)(x-1)}{x-1} = \lim\limits_{x\to 1}(x^2+x+1) = 3$

$\lim\limits_{h\to 0} \frac{(1+h)^3-1}{(1+h)-1} = \lim\limits_{h\to 0} \frac{1+3h+3h^2+h^3-1}{h} = \lim\limits_{h\to 0}(3+3h+h^2) = 3$

7. a)

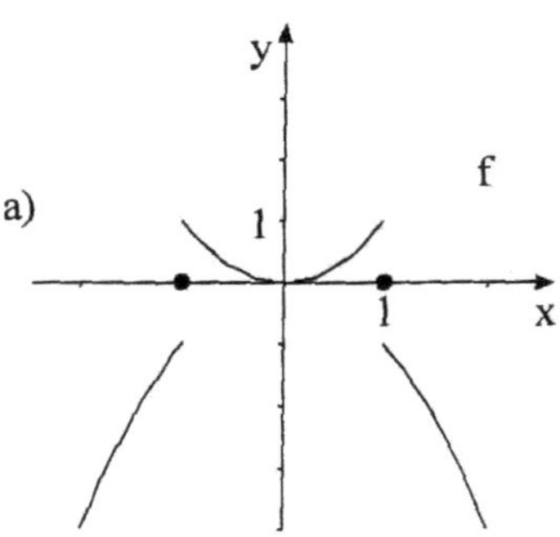

b) f ist an den Stellen x = −1 und x = 1 unstetig, an allen anderen Stellen ist f stetig.

8. $f(5) = 3$, $\lim\limits_{\substack{x\to 5\\x<5}} f(x) = t-5$, $\lim\limits_{\substack{x\to 5\\x>5}} f(x) = 3$

f ist in $x_0 = 5$ stetig, wenn $t-5 = 3 \Leftrightarrow t = 8$ ist.

II. Anstieg und Ableitung

1. Der Anstieg einer Kurve in einem Punkt

1. a) $f'(2) = \lim\limits_{h\to 0} \frac{f(2+h)-f(2)}{h} = \lim\limits_{h\to 0} \frac{(2+h)^2-4}{h} = \lim\limits_{h\to 0} \frac{4h+h^2}{h} = \lim\limits_{h\to 0}(4+h) = 4$ 37

   b) $f'(2) = \lim\limits_{h\to 0} \frac{f(1+h)-f(1)}{h} = \lim\limits_{h\to 0} \frac{(1+h)^2-3(1+h)^3+2}{h} = \lim\limits_{h\to 0} \frac{-3h^3-8h^2-7h}{h} = \lim\limits_{h\to 0}(-3h^2-8h-7) = -7$

   c) -2 d) $\frac{1}{2\sqrt{2}} \approx 0{,}35$ e) 15 f) 9

2. a) f besitzt keine Ableitung an der Stelle $x_0 = 0$, da der Graph dort einen Knick hat.

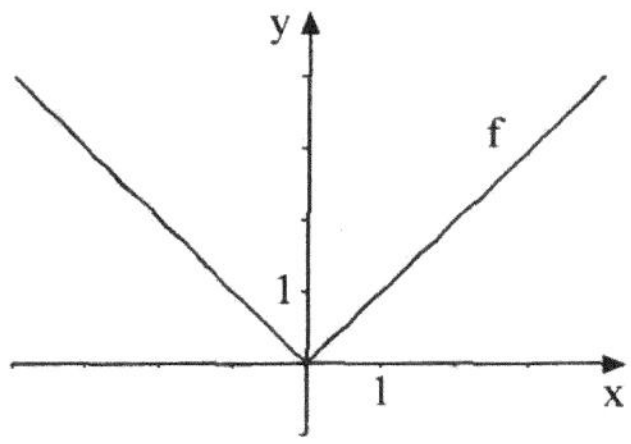

   b) f besitzt keine Ableitung an der Stelle $x_0 = 1$, da der Graph dort einen Knick hat.

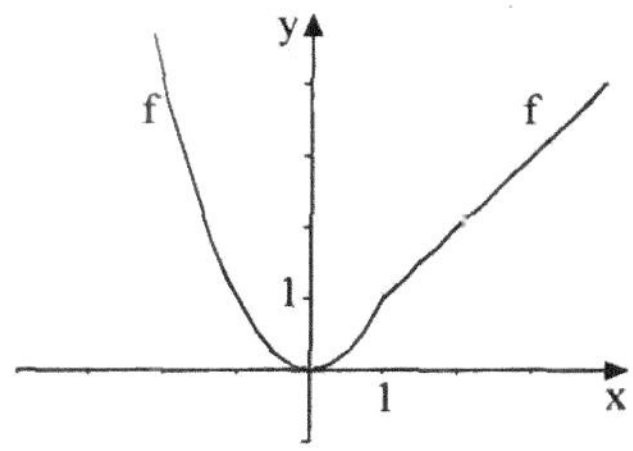

2. Die Ableitungsfunktion

38

1.

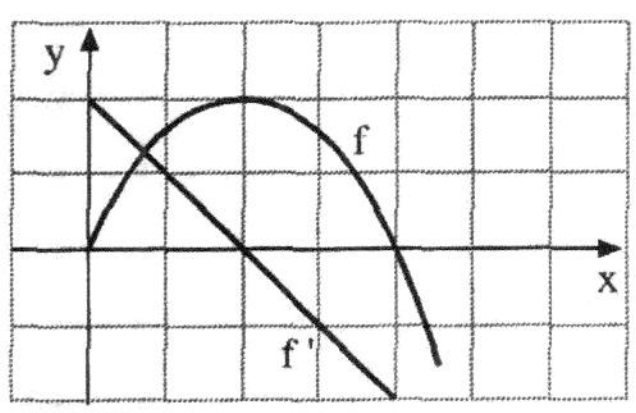

2.

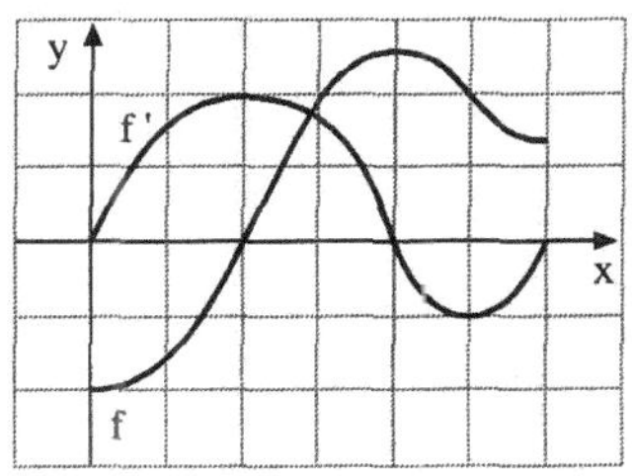

f steigt für $0 \le x \le 4$

f fällt für $4 \le x \le 6$

3. a) $3x^2$ b) $10x$ c) $6x+6$ d) $2x-2$ 39

4. a) x_0: -2 und 2 b) $x_0 \in \mathbb{R}$ c) x_0: 0 und -2

3. Elementare Ableitungsregeln

40 1. a) $f'(x) = 3x^2$ b) $f'(x) = 5x^4$ c) $f'(x) = 2nx^{2n-1}$
d) $f'(x) = 1$ e) $f'(x) = (n+4)x^{n+3}$ f) $f'(x) = 2009x^{2008}$

2. a) $(x+h)^5 = x^5 + 5x^4 \cdot h + h^2 \cdot p$

$$f'(x) = \lim_{h\to 0} \frac{f(x+h)-f(x)}{h} = \lim_{h\to 0} \frac{x^5+5x^4h+h^2p-x^5}{h} = \lim_{h\to 0}(5x^4 + h \cdot p) = 5x^4$$

b) $(x+h)^n = x^n + nx^{n-1} \cdot h + h^2 \cdot p$

$$f'(x) = \lim_{h\to 0} \frac{f(x+h)-f(x)}{h} = \lim_{h\to 0} \frac{x^n+nx^{n-1}h+h^2p-x^n}{h} = \lim_{h\to 0}(nx^{n-1} + h \cdot p) = nx^{n-1}$$

3. (1): richtig (2): falsch (3): falsch (4): richtig

41 4. a) $f'(x) = 3x^2 + 2x$ b) $f'(x) = -4x^3$ c) $f'(x) = 3x^2 + 5x^4 + 1$

42 5. a) $f'(x) = 2 + 3x^2$ b) $f'(x) = 5$ c) $f'(x) = 2ax$
d) $f'(x) = nax^{n-1}$ e) $f'(x) = 4x + 4$ f) $f'(x) = x$
g) $f'(x) = 6x^2 - 6x$ h) $f'(x) = 3ax^2 + b$

6. a) $f'(x) = x - 2$

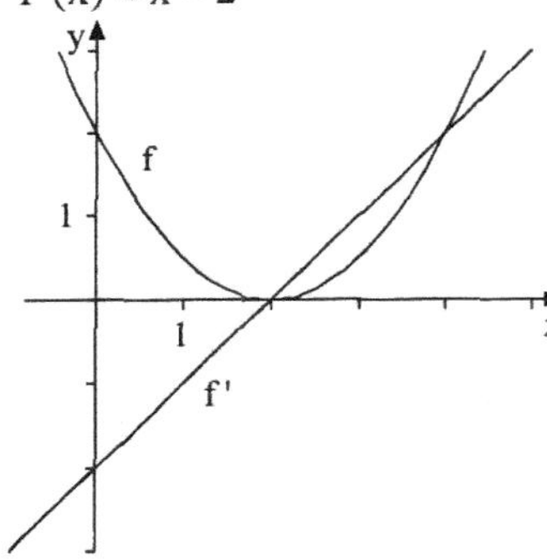

b) $f'(x) = -2x$

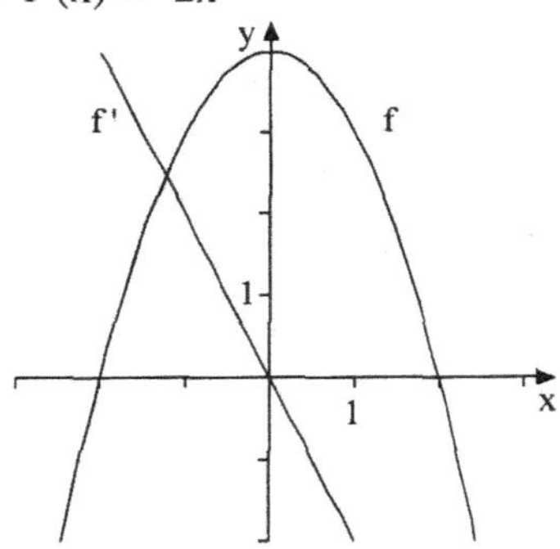

c) $f'(x) = 1{,}5x^2 - 2$

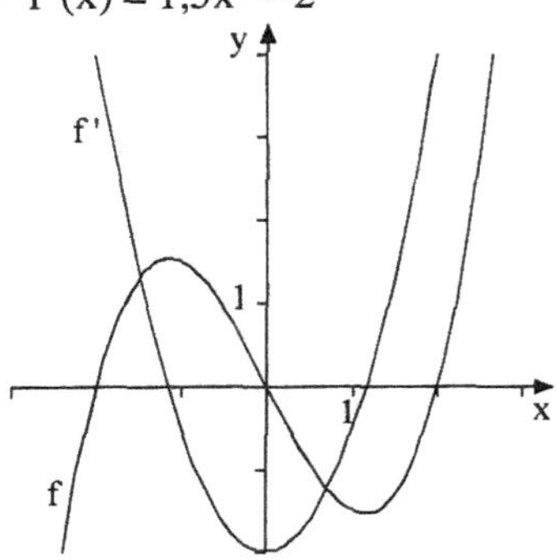

d) $f'(x) = 3 - x^2$

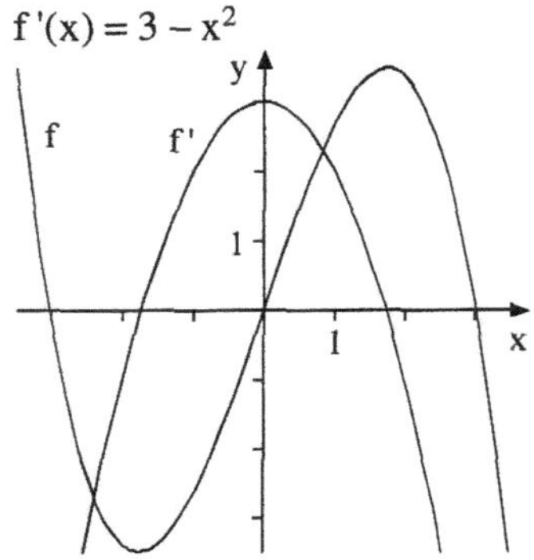

7. a) $f'(x) = -\frac{2}{x^2}$ b) $f'(x) = \frac{3}{x^2}$ c) $f'(x) = \frac{1}{\sqrt{x}}$ 44

d) $f'(x) = \frac{1}{4\sqrt{x}}$ e) $f'(x) = -\frac{2}{3}\cdot\frac{1}{x^2} + \frac{1}{4\sqrt{x}}$

8. a) $f'(x) = -\frac{2}{x^2} = -0,5 \Rightarrow x = \pm 2$
b) $f'(x) = \frac{1}{\sqrt{x}} = 0,5 \Rightarrow x = 4$
c) $f'(x) = 1 + \frac{1}{x^2} = 3 \Rightarrow x = \pm\sqrt{0,5}$

9. a) $f'(x) = -\frac{10}{x^3}$ b) $f(x) = x^{1,5}$, $f'(x) = 1,5x^{0,5} = 1,5\sqrt{x}$ 45

c) $f'(x) = -6x^{-3}$ d) $f(x) = 2x^{0,25}$, $f'(x) = 0,5x^{0,75} = \frac{1}{2}\cdot\frac{1}{\sqrt[4]{x^3}}$

e) $f'(x) = -\frac{4}{x^3} + \frac{1}{2\sqrt{x}}$ f) $f'(x) = 2x - \frac{4}{x^2}$

10.

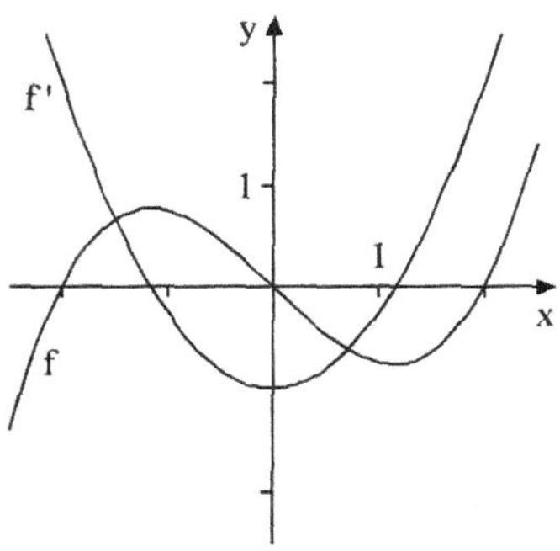

11. I → C 46
II → D
III → A
IV → B

12. a) $f'(x) = \lim\limits_{h\to 0} \frac{\frac{1}{2}(x+h)^2 - \frac{1}{2}x^2}{h} = \lim\limits_{h\to 0} \frac{hx + \frac{1}{2}h^2}{h} = \lim\limits_{h\to 0}(x + \frac{1}{2}h) = x$

b) $f'(x) = \lim\limits_{h\to 0} \frac{2(x+h)-1-(2x-1)}{h} = \lim\limits_{h\to 0} \frac{2h}{h} = 2$

c) $f'(x) = \lim\limits_{h\to 0} \frac{(x+h)-(x+h)^2-(x-x^2)}{h} = \lim\limits_{h\to 0} \frac{h-2hx-h^2}{h} = 1-2x$

13. a) $f'(x) = x^3 - 4x$ b) $f'(x) = -6x$
c) $f(x) = 3x^2 - 12x + 12 + x$, $f'(x) = 6x - 11$ d) $f'(x) = 3ax^2 - 2bx + c$

e) $f'(x) = \frac{1}{\sqrt{x}}$ f) $f'(x) = \frac{-4}{x^2}$

14. a) $f'(x) = x$, $f'(2) = 2$ b) $f'(x) = -2$, $f'(3) = -2$ c) $f'(x) = 4x - 2$, $f'(0) = -2$
d) $f'(x) = \frac{1}{2\sqrt{x}}$, $f'(4) = \frac{1}{4}$ e) $f(x) = 2x + 4\sqrt{x} + 2$, $f'(x) = 2 + \frac{2}{\sqrt{x}}$, $f'(1) = 4$
f) $f'(x) = 1 - \frac{1}{x^2}$, $f'(1) = 0$

46 15. a)

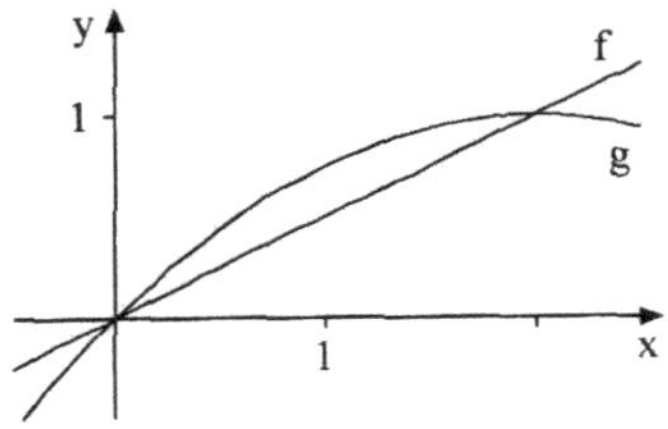

b) $f'(x) = 0{,}5$, $f'((1) = 0{,}5$
$g'(x) = -0{,}5x + 1$, $g'(1) = 0{,}5$

c) $m_f = 0{,}5$, $m_g = \frac{1-0}{2-0} = 0{,}5$

47 16. a) $f'(x) = x^3 - 6 = 2$, $x = 2$

b) $f'(x) = -0{,}5x^2 + 2x = -2{,}5$, $x = 5$ und $x = -1$

c) $f'(x) = -\frac{2}{x^2} - 1 = -3, \quad x = \pm 1$

d) $f'(x) = \frac{3}{2\sqrt{x}} = 3, \quad x = \frac{1}{4}$

17. a) $f'(x) = g'(x)$: $x = 2$ b) $x = \pm 1$ c) $x = \pm 3$
d) $x = 4$

18. a) $5' = 0$ b) $(x^{-1})' = -x^{-2}$ c) $(c^3)' = 0$
d) $(\sqrt{x})' = \frac{1}{2\sqrt{x}}$, $(\frac{1}{x})' = -\frac{1}{x^2}$

19. a)

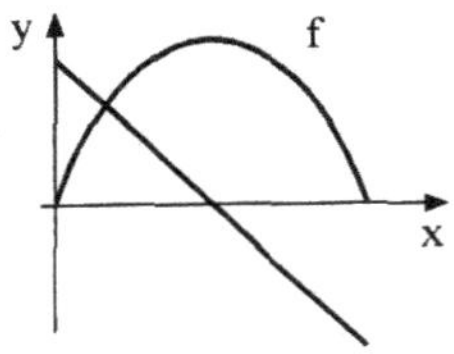

b)

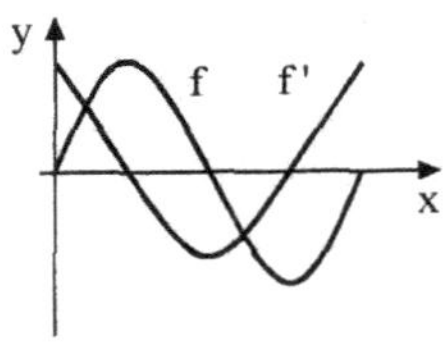

c)

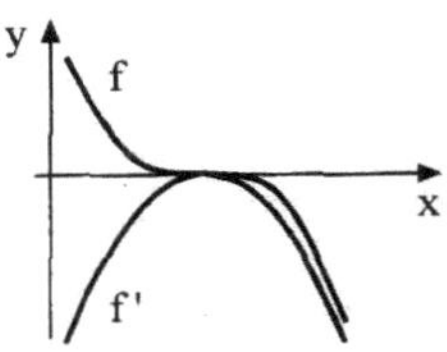

d)

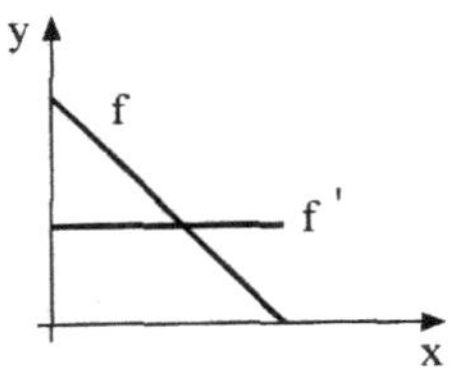

e)

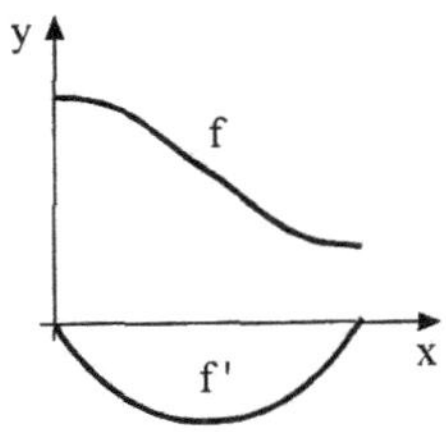

f)

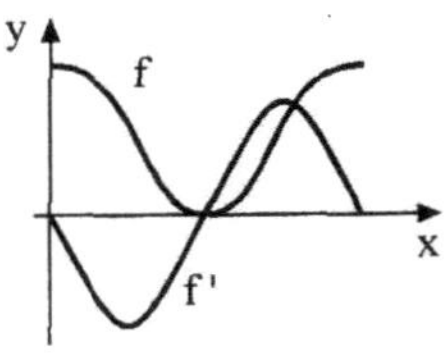

20. a) $f'(x) = x$, $x = 1$

b) $f'(x) = \frac{1}{2\sqrt{x}} = \tan 30° = \frac{1}{\sqrt{3}}, \quad x = \frac{3}{4}$

c) $f'(x) = \frac{3}{\sqrt{x}} = \tan 60° = \sqrt{3}, \quad x = 3$

d) $f'(x) = -\frac{3}{x^2} = -1, \quad x = \pm\sqrt{3} \approx \pm 1{,}73$

4. Anwendung des Ableitungsbegriffs

1. a) $f(x) = 0$ für $x = 2$ und $x = 6$ b) $f'(x) = -x + 4$, $f'(2) = 2$, $\tan\alpha = 2$, $\alpha \approx 63{,}4°$ 49

2. a) $d = 2\sqrt{3} \approx 3{,}46$ LE 50
   b) $f'(x) = -3x^2 + 3$, $f'(x) = 0$ für $x = \pm 1$
   tiefste Stelle bei $x = -1$, $y = -2$; Berggipfel bei $x = 1$, $y = 2$

3. $f'(x) = 3 - x$, $f'(4) = -1$ 51
   Tangente durch P: $t(x) = -x + n$, $4 = -4 + n$, $n = 8$
   $t(x) = -x + 8$, $t(x) = 0$ für $x = 8$, $Q(8|0)$, $d(P;Q) = \sqrt{4^2 + 4^2} = \sqrt{32} \approx 5{,}66$
   Die Leiter ist 5,66 LE lang.

4. a) $f = g$ führt auf: $x^2 - 12x + 32 = 0$ mit den Lösungen $x = 8$ und $x = 4$ 52
   Ja, es kommt zur Kollision.
   b) Anstieggswinkel von f bei $x = 4$: $f'(x) = 0{,}5x - 1$, $f'(4) = 1$, $\alpha = 45°$
   Anstiegswinkel von g bei $x = 4$: $g'(x) = 2$, $\beta \approx 63{,}4°$
   Kollisionswinkel: $\gamma = \beta - \alpha \approx 18{,}4°$

5. $f'(x) = 2x$, $f'(0) = 0$; $g'(x) = -3x^2$, $g'(0) = 0$ 53
   $f(0) = 1$, $g(0) = 1$ also Berührpunkt $B(0;1)$

6. Es muss $f'(x) = 1$ gelten, also $2x = 1$, $x = 0{,}5$
   Weiter muss $f(0{,}5) = 0{,}5$ gelten: $a + 0{,}25 = 0{,}5$ gilt für $a = 0{,}25$

7. Es gilt: I. $f(1) = g(1)$ sowie II. $f'(1) = g'(1)$, also I. $a + b = 1$ und II. $2a = -1$
   d.h. $a = -0{,}5$ und $b = 1{,}5$, also $f(x) = -0{,}5x^2 + 1{,}5$

8. b) $f'(x) = 3x^2 - 6x$ 54
   c) $f'(x_0) = 0$ bedeutet, dass f bei x_0 den Anstieg 0 hat, d.h. eine waagerechte Tangente.
   a)

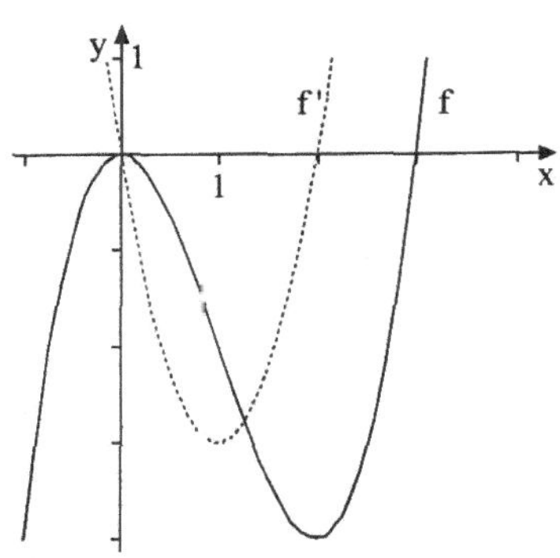

9. a)

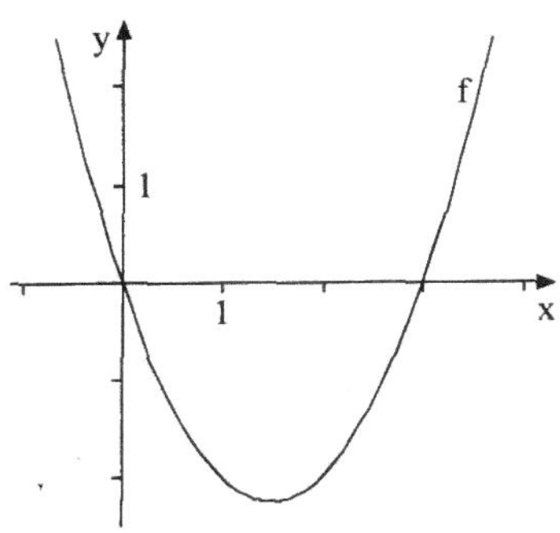

   b) $f'(x) = 2x - 3$, $f'(2) = 1$
   c) $\tan\alpha = 1$, $\alpha = 45°$
   d) $f'(0) = -3$, Anstiegswinkel ca. 108,4°
   Anstiegswinkel der y–Achse: 90°
   Schnittwinkel: 18,4°

54 10. a) $f = g$: $x^2 - 7x + 10 = 0$ gilt für $x = 5$ und $x = 2$, $S_1(2;1)$ und $S_2(5;4)$

b) $f'(x) = -2x + 8$

S_1: $f'(2) = 4$, Anstiegswinkel $\alpha \approx 76°$, $g'(2) = 1$, $\beta = 45°$, $\gamma \approx 31°$

S_2: $f'(5) = -2$, Anstiegswinkel $\alpha \approx 116{,}6°$, $g'(2) = 1$, $\beta = 45°$, $\gamma = \alpha - \beta \approx 71{,}6°$

11. a) $x \approx 4{,}83$, $x \approx -0{,}83$

b) $f'(x) = -x + 2$ $f'(x) = 0$ gilt für $x = 2$, $H(2;4)$

c) $f'(0) = 2$, Anstiegswinkel von f: $\alpha \approx 63{,}4°$

Anstiegswinkel der y–Achse: $\beta = 90°$

Schnittwinkel: $\gamma = \beta - \alpha \approx 26{,}6°$

d) Schnittpunkt von f und g: $S(3;3{,}5)$

Anstieg von g: $m = \frac{7}{8}$, Ansatz für g: $g(x) = \frac{7}{8}x + n$, mit $0 = -\frac{7}{8} + n$ folgt $n = \frac{7}{8}$

$g(x) = \frac{7}{8}x + \frac{7}{8}$, Steigungswinkel von g: $g'(3) = \frac{7}{8}$, $\beta \approx 41{,}2°$

Steigungswinkel von f: $f'(3) = -1$, $\alpha = 135°$

Schnittwinkel: $\alpha - \beta \approx 93{,}8°$; $\gamma = 180° - 93{,}8° = 86{,}2°$

12. b) $S(1;1)$

$f'(x) = \frac{1}{2\sqrt{x}}$, $g'(x) = -\frac{1}{x^2}$

Tangente an f: $f'(1) = 0{,}5$

$t_f(x) = 0{,}5x + n$, $1 = 0{,}5 + n$, $n = 0{,}5$

$t_f(x) = 0{,}5x + 0{,}5$

Tangente an g: $g'(1) = -1$

$t_g(x) = -x + n$, $1 = -1 + n$, $n = 2$

$t_g(x) = -x + 2$

c) Anstiegswinkel von f bei $x = 1$:

$\tan\alpha = 0{,}5$, $\alpha \approx 26{,}6°$

Anstiegswinkel von g bei $x = 1$: $\tan\beta = -1$, $\beta = 135°$

Schnittwinkel: $\gamma = \beta - \alpha \approx 71{,}6°$

d) $f'(x) = 1$ gilt für $x = 0{,}25$

a)

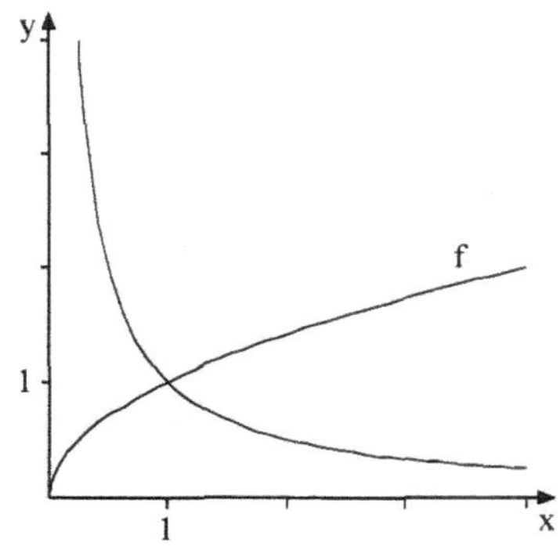

13. b) $f'(x) = 1 - \frac{4}{x^2} = 0$ gilt für $x = 2$

$T(2;4)$

c) $f'(x) = 1 - \frac{4}{x^2} = 0{,}5$ gilt für $x = \sqrt{8} \approx 2{,}83$

d) Der Anstieg ist für $x < 2$ negativ.
Ab $x = 2$ steigt der Anstieg von $m = 0$ für $x = 2$ kontinuierlich und erreicht den Grenzwert $\lim_{x \to \infty} f(x) = 1$, also den Grenzwinkel von 45°.

a)

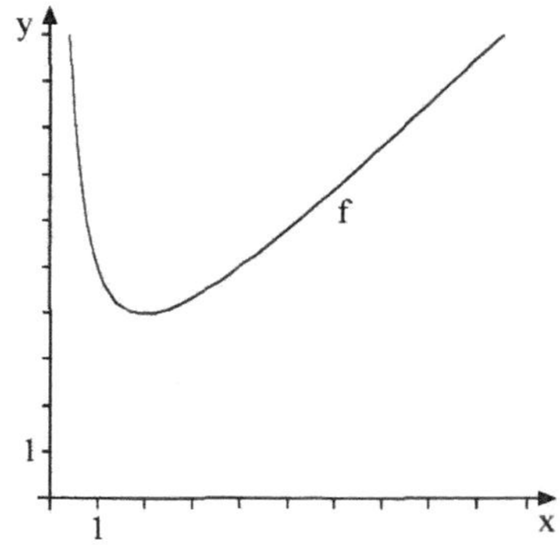

14. b) Es muss I. $f(x) = g(x)$ a) 54
und II. $f'(x) = g'(x)$ gelten.
also I. $x^2 = -x^2 + 4x - 2$
und II. $2x = -2x + 4$
Beide Gleichungen haben die Lösung $x = 1$.
Also berühren sich f und g im Punkt B(1;1).

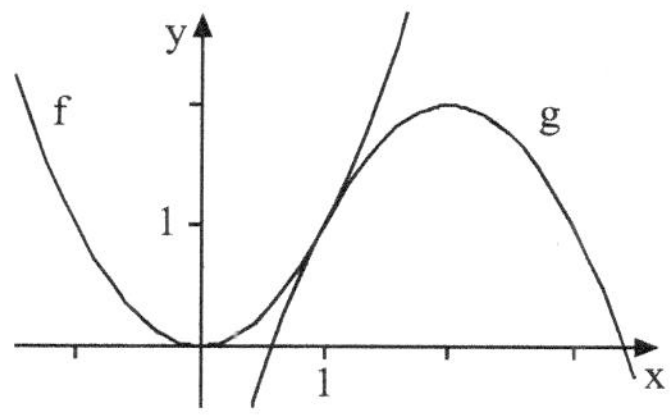

15. a) $f(x) = \frac{1}{800}x^2 - 200$ 55
b) $f'(x) = \frac{1}{400}x$, $f'(400) = 1$, d.h. $\alpha = 45° > 30°$, der Kraterrand kann nicht erreicht werden.
c) $\tan 5 \approx 0{,}0875$, $\frac{1}{400}x = 0{,}0875$, $x \approx 35$, der Durchmesser beträgt ca. 70 m.

16. a) $s = 0$: $x = \sqrt{8} \approx 2{,}83$; $s'(x) = -0{,}5x$, $s'(2{,}83) \approx 1{,}41$, $\tan\alpha = 1{,}41$, $\alpha \approx 54{,}7°$
Die Straße kreuzt die Bahn bei ca. 2,83 unter etwa 54,7°.
b) $s = f$: $0{,}5x^2 = 2$ gilt für $x = 2$, $f(2) = 1$, Brücke bei B(2|1)
c) Nordosten: $\alpha = 45°$ bzw. $f'(x) = 1$ gilt für $x = 2$
Bei B(2;1) verläuft der Fluss genau in NO-Richtung.
d) PQ: $g(x) = x$, $g = s$: $x^2 + 4x - 8 = 0$, $x = -2 \pm \sqrt{12} \approx 1{,}46$
Bei ca. 1,46 kreuzt der Kanal die Straße.

17. a) $g'(x) = \frac{a}{2\sqrt{x}}$, es muss gelten: I. $f(x) = g(x)$ $0{,}5x + 2 = a\sqrt{x}$
II. $f'(x) = g'(x)$ $0{,}5 = \frac{a}{2\sqrt{x}}$, $x = 4$, $a = 2$
Anschlusspunkt: B(4|4)
b) Nordosten: $\alpha = 45°$ bzw. $g'(x) = 1$, $x = 1$, in P(1|2) verläuft g genau in NO-Richtung.

18. a) Weg–Zeit–Funktion der Lawine: $s_W(t) = 30t - 180$ 56
Wenn $s(t-1) = s_W(t)$ gilt, hat die Lawine den Läufer eingeholt.
$1{,}5(t-1)^2 = 30t - 180$ führt auf $t^2 - 22t + 121 = 0$, $t = 11$.
Die Lawine berührt den Skifahrer, verschluckt ihn aber nicht, da er ab diesem Zeitpunkt schneller als die Lawine ist.
Alternative Lösung: $s'(t) = 3t$ ist die Geschwindigkeit des Läufers.
Er erreicht die Lawinengeschwindigkeit 30 m/s also nach t = 10 s+1s (Schrecksek.).
Die Lawine ist dann 300 – 180 = 120 m über seinen alten Standort hinweggefegt, wobei er selbst die Strecke von 120 m zurückgelegt hat, d.h. die gleiche Strecke.
Da er nun schneller als die Lawine wird, kann er entkommen.
b) Bei weniger als 180m wird der Skifahrer verschüttet, bei mehr als 180m entkommt er.
c) Die Lawine erreicht den Läufer, wenn zu einem Zeitpunkt beide Wegstrecken gleich lang sind: $a(t-1)^2 = 30t - 180$, $t^2 - \frac{30+2a}{a}t + \frac{180+a}{a} = 0$, $t = \frac{15+a}{a} \pm \sqrt{\frac{150(1{,}5-a)}{a^2}}$

Diese Gleichung ist nur lösbar für $a \leq 1{,}5$, d.h. nur dann erreicht die Lawine den Läufer.
Für $a = 1{,}5$ siehe Teilaufgabe a). Für $a > 1{,}5$ entkommt der Läufer.

56 19. $f'(x) = 2x - 2$; $g'(x) = 2a(x-4)$

I. $f(2) = g(2) = 2$: ist für f erfüllt, für g muss $4a + b = 2$, bzw. $b = 2 - 4a$ gelten.

II. $f'(2) = g'(2) = 2$: $g'(2) = -4a = 2$, führt auf $a = -0{,}5$ und mit I. auf $b = 4$.

Resultat: $g(x) = -0{,}5(x-4)^2 + 4$

gemeinsame Tangente: $t(x) = mx + n$, mit $m = f'(2) = g'(2) = 2$

Punktprobe: $t(2) = 2$: $2 = 4 + n$ führt auf $n = -2$

Resultat: $t(x) = 2x - 2$

20. a) Ansatz: $f(x) = a(x-x_s)^2 + y_s$

Ursprung in der linken Bodenverankerung, dann gilt $x_s = 85$ und $y_s = 69$.

Punktprobe mit P(0;0): $0 = a(0-85)^2 + 69$, also $a = -\frac{69}{85^2} \approx -0{,}01$

Resultat: $f(x) = -0{,}01(x-85)^2 + 69$

b) Steigungswinkel im Ursprung: $\tan\gamma = f'(0)$, $f'(x) = -0{,}02(x-85)$, $f'(0) = 1{,}7$, $\gamma \approx 60°$

Die Verankerung muss also im Ursprung um 30° im Uhrzeigersinn gedreht werden.

57 21. a) Ansatz: $f(x) = ax^2 + 18$

Punktprobe mit P(80;50): $50 = 80^2a + 18$ führt auf $a = \frac{32}{80^2} = \frac{1}{200}$, $f(x) = \frac{1}{200}x^2 + 18$

b) mittlerer Anstieg: $m = \frac{50-18}{80-0} = \frac{2}{5} = 0{,}4$

c) $f'(x) = \frac{1}{100}x$, $f'(80) = 0{,}8$, $\tan\gamma \approx 38{,}66°$

Resultat: Das Auto schafft es.

d) $f'(x) = \tan 25° \approx 0{,}47$ gilt für $x \approx 47$, die Grenzhöhe liegt bei ca. 47 m.

22. a) Im Punkt Q hat f' den Wert null: $f'(x) = \frac{1}{600}x + \frac{1}{6} = 0$ führt auf $x = -100$.
Mit $f(-100) = -8{,}33$ folgt Q(−100;−8,33).

b) Höhendifferenz: $h = f(120) + 8{,}33 = 32 + 8{,}33 = 40{,}33$ m

c) mittlerer Anstieg: $m = \frac{32+8{,}33}{120+100} = \frac{40{,}33}{220} \approx 0{,}183$

mittlerer Anstiegswinkel: $\tan\gamma \approx 0{,}275$ führt auf $\gamma \approx 10{,}4°$
Der maximaler Anstiegswinkel befindet sich im Punkt P.
Dort ist der Anstieg mit $m = f'(120) \approx 0{,}37$ am steilsten. $\tan\alpha \approx 0{,}37$ führt auf $\alpha \approx 20{,}3°$.
Resultat: Der mittlere Anstiegswinkel beträgt 10,4°, der maximale 20,3°.

23. a) $f'(x) = -2x$, $g'(x) = 2x - 5$ b) 58

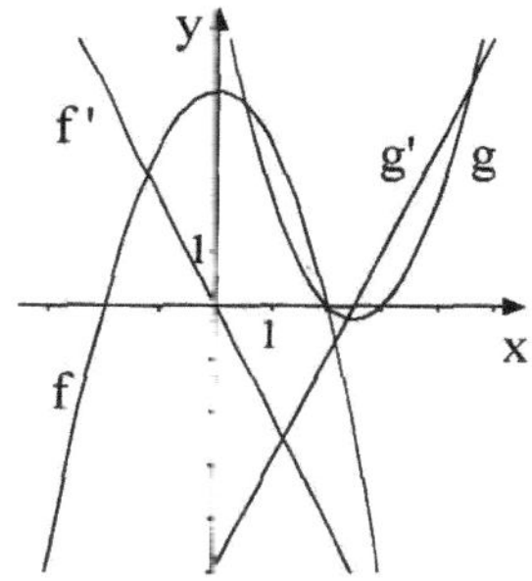

c) $f' = g'$: $x = 1{,}25$

d) Ansatz: $t(x) = mx + n$

I. $m = f'(-1{,}5) = 3$

II. $B(-1{,}5;1{,}75)$: $1{,}75 = -4{,}5 + n$, $n = 6{,}25$

Resultat: $t(x) = 3x + 6{,}25$

e) I. $h = g$: $3x + a = x^2 - 5x + 6$

II. $h' = g'$: $3 = 2x - 5$, $x = 4$

$x = 4$ in I. liefert $a = -10$ und $P(4;2)$

f) $f'(1) = \lim\limits_{h\to 0} \frac{f(1+h)-f(1)}{h} = \lim\limits_{h\to 0} \frac{(-(1+h)^2+4)-(-1^2+4)}{h} = \lim\limits_{h\to 0} \frac{-1-2h-h^2+4+1-4}{h} = \lim\limits_{h\to 0} \frac{(-2-h)h}{h} = -2$

g) Schnittpunkte von f und g: $-x^2+4 = x^2-5x+6$ liefert $x^2 - 2{,}5x + 1 = 0$

mit den Lösungen $x = 0{,}5$ und $x = 2$

$S_1(0{,}5;3{,}75)$, $S_2(2;0)$

Schnittwinkel: $f'(0{,}5) = -1$, $\alpha = 135°$, $g'(0{,}5) = -4$

$f'(2) = -4$, $\alpha = 59°$, $g'(2) = -1$, d.h. die Schnittwinkel sind gleich groß.

h) $\lim\limits_{x\to\infty} \frac{f(x)}{g(x)} = \lim\limits_{x\to\infty} \frac{-x^2+4}{x^2-5x+6} = \lim\limits_{x\to\infty} \frac{-1+\frac{4}{x^2}}{1-\frac{5}{x}+\frac{6}{x^2}} = -1$

24. a)

x	y
−1	1
−0,5	3,63
0	4
0,5	2,88
1	1
1,5	−0,88
2	−2
2,5	−1,63
3	1

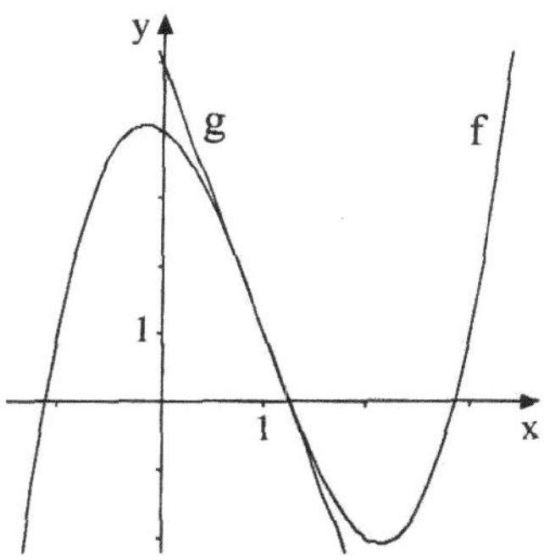

b) $f'(x) = 3x^2-6x-1$

$g'(x) = -4$

c) f und g schneiden sich in $P(1\,;1)$.

Es gilt $f'(1) = -4$

sowie $g'(1) = -4$.

d) Der Ansatz $f'(x) = -\frac{1}{g'(x)}$ liefert: $x_1 = 1-\sqrt{\frac{17}{12}} \approx -0{,}19$ $(y_1 \approx 4{,}07)$,

$x_2 = 1+\sqrt{\frac{17}{12}} \approx 2{,}19$ $(y_2 \approx -2{,}07)$.

e) Der Graph von f schneidet die Gerade $y = 1$ bei $x = -1$, $x = 1$ und $x = 3$.

$f'(-1) = -8 \Rightarrow \alpha \approx 82{,}88^0$, $f'(1) = -4 \Rightarrow \alpha \approx 75{,}96^0$, $f'(3) = -8 \Rightarrow \alpha \approx 82{,}88^0$

f) $f'(x) = \lim\limits_{h\to 0} \frac{f(x+h)-f(x)}{h} = \lim\limits_{h\to 0} \frac{[(x+h)^3-3(x+h)^2-(x+h)+4]-(x^3-3x^2-x+4)}{h}$

$= \lim\limits_{h\to 0}(3x^2+3xh+h^2-6x-3h-1) = 3x^2-6x-1$

g) Der Ansatz $f'(x) = 3x^2-6x-1 > 104$ liefert $x < -5$ bzw. $x > 7$.

h) $\lim\limits_{x\to\infty} \frac{f(x)}{g(x)} = -\infty$

58 25. a) $h'(x) = -0{,}026x + 0{,}25$, $h'(x) = 0$ für $x = 9{,}62$, $h(9{,}62) = 2{,}2$ m ist die maximale Höhe.
b) $h(x) = 0{,}5$ liefert $x = 21{,}06$ m bis zum Aufsetzen in 0,5 m Höhe.
c) $h'(21{,}06) = -0{,}3$ liefert den Anstiegswinkel von $-16{,}7°$
d.h. um 16,7° gegenüber der Waagerechten, eine Abweichung von ca. 2,7°.
d) Gleichung der Landerampe: $y = mx + n$ mit $m = \tan 14° = 0{,}25$ bzw $-0{,}25$
Punktprobe mit $P(21{,}06;0{,}5)$: $0{,}5 = -0{,}25 \cdot 21{,}06 + n$ liefert $n = 5{,}77$
Die Rampe endet bei der Nullstelle von $y = -0{,}25x + 5{,}77$, also bei $x = 23{,}08$.
Die Rampe muss bei $x = 23{,}08$ verankert werden.

5. Produkt- und Kettenregel

60 1. a) $f'(x) = 4x^3 \cdot x^5 + x^4 \cdot 5x^4 = 9x^8$ $\quad f'(x) = [x^9]' = 9x^8$
b) $f'(x) = 6x^2 \cdot 3x^4 + 2x^3 \cdot 12x^3 = 42x^6$ $\quad f'(x) = [6x^7]' = 42x^6$
c) $f'(x) = (3x^2 + 2x)\cdot(x^2 + x) + (x^3 + x^2)\cdot(2x + 1) = 5x^4 + 8x^3 + 3x^2$
$f'(x) = [x^5 + 2x^4 + x^3]' = 5x^4 + 8x^3 + 3x^2$
d) $f'(x) = \frac{1}{2\sqrt{x}} \cdot \sqrt{x} + \sqrt{x} \cdot \frac{1}{2\sqrt{x}} = 1$ $\quad f'(x) = [x]' = 1$
e) $f'(x) = 3x^2 \cdot \frac{1}{x} - x^3 \cdot \frac{1}{x^2} = 2x$ $\quad f'(x) = [x^2]' = 2x$
f) $f'(x) = (3ax^2 + 2bx) \cdot \frac{1}{x^2} - (ax^3 + bx^2) \cdot \frac{2}{x^3} = a$ $\quad f'(x) = [ax + b]' = a$

2. a) $f'(x) = 2x \cdot (x^3 - 5) + (x^2 + 3) \cdot 3x^2$
b) $f'(x) = \sqrt{x} + x \cdot \frac{1}{2\sqrt{x}}$
c) $f'(x) = -2x(1 + x^2) + (1 - x^2) \cdot 2x$
d) $f'(x) = 3x^2 \cdot \sqrt{x} + x^3 \cdot \frac{1}{2\sqrt{x}}$
e) $f(x) = x \cdot \frac{1}{x+1}$, $\quad f'(x) = \frac{1}{x+1} - x \cdot \frac{1}{(x+1)^2} = \frac{1}{(x+1)^2}$
f) $f'(x) = -\frac{1}{x^2} \cdot \sqrt{x} + \frac{1}{x} \cdot \frac{1}{2\sqrt{x}}$

62 3. $(x \cdot \sqrt{x})' = \sqrt{x} + x \cdot \frac{1}{2\sqrt{x}} = \frac{3x}{2\sqrt{x}}$, $\quad (\sqrt{x^3})' = \frac{1}{2\sqrt{x^3}} \cdot 3x^2 = \frac{3x}{2\sqrt{x}}$

63 4. a) $k'(x) = 3(1 + 4x)^2 \cdot 4 = 12 + 96x + 192x^2 = (1 + 12x + 48x^2 + 64x^3)'$
b) $k'(x) = 2(9x - 1) \cdot 9 = 162x - 18 = (81x^2 - 18x + 1)'$
c) $k'(x) = 2(a+bx)b = 2b^2x + 2ab = (a^2+2abx+b^2x^2)'$

5. a) $k'(x) = 4(1 - x)^3 \cdot (-1)$
b) $k'(x) = \frac{-2}{2\sqrt{4-2x}}$
c) $k'(x) = -\frac{5}{(5x-2)^2}$
d) $k'(x) = 2(1 + x^2) \cdot 2x$
e) $k'(x) = -\frac{1}{x} \cdot \frac{1}{2\sqrt{x}} = -\frac{1}{2x\sqrt{x}}$
f) $k'(x) = -\frac{1}{2\sqrt{\frac{1}{x}}} \cdot \frac{1}{x^2} = -\frac{1}{2x\sqrt{x}}$

64 6. a) $f'(x) = (1+x^2) + x \cdot 2x = 1 + 3x^2$ $\quad f'(x) = [x+x^3]' = 1 + 3x^2$
b) $f'(x) = -\frac{1}{x^2} \cdot x^4 + \frac{1}{x} \cdot 4x^3 = 3x^2$ $\quad f'(x) = [x^3]' = 3x^2$

c) $f'(x) = \frac{1}{2\sqrt{x}} \cdot \sqrt{x} + \sqrt{x} \cdot \frac{1}{2\sqrt{x}} = 1$ $\qquad f'(x) = [x]' = 1$ 64

d) $f'(x) = 2x \cdot (2x^2 + 5) + (x^2 - 1) \cdot 4x = 8x^3 + 6x$ $\qquad f'(x) = [2x^4 + 3x^2 - 5]' = 8x^3 + 6x$

e) $f'(x) = a \cdot (ax^2 + b) + (ax + b) \cdot 2ax$

$f'(x) = [a^2x^3 + abx^2 + abx + b^2]' = 3a^2x^2 + 2abx + ab$

f) $f'(x) = 2x \cdot \frac{1}{x} - (x^2 + 1) \cdot \frac{1}{x^2}$ $\qquad f'(x) = [x + \frac{1}{x}]' = 1 - \frac{1}{x^2}$

7. a) $f'(x) = \frac{1}{2\sqrt{x}} \cdot (x + x^2) + \sqrt{x} \cdot (1 + 2x)$ $\qquad$ b) $f'(x) = -\frac{1}{x^2} \cdot \frac{1}{x^2} - \frac{1}{x} \cdot \frac{2}{x^3} = -\frac{3}{x^4}$

c) $f'(x) = g'(x) \cdot x + g(x)$ $\qquad$ d) $f'(x) = \frac{1}{\sqrt{2x+1}} \cdot \sqrt{x} + \sqrt{2x+1} \cdot \frac{1}{2\sqrt{x}}$

e) $f'(x) = -\frac{1}{(x+2)^2} \cdot \sqrt{x-1} + \frac{1}{x+2} \cdot \frac{1}{2\sqrt{x-1}}$ $\qquad$ f) $f'(x) = \frac{1}{(1-x)^2} \cdot \frac{1}{x} - \frac{1}{(1-x)} \cdot \frac{1}{x^2}$

8. a) $f'(x) = 3(1+5x)^2 \cdot 5 = 15 + 150x + 375x^2 = (1 + 15x + 75x^2 + 125x^3)'$

b) $f'(x) = 3(x^2)^2 \cdot 2x = 6x^5 = (x^6)'$

c) $f'(x) = 2(1-3x) \cdot (-3) = 18x - 6 = (1 - 6x + 9x^2)'$

d) $f'(x) = \frac{2}{2\sqrt{2x}} = \sqrt{2} \cdot \frac{1}{2\sqrt{x}} = (\sqrt{2} \cdot \sqrt{x})'$

e) $f'(x) = 3(1-x)^2$ $\qquad$ f) $f'(x) = 2(\sqrt{x} - 2) \cdot \frac{1}{2\sqrt{x}}$ $\qquad$ g) $f'(x) = \frac{x}{\sqrt{x^2-5}}$

h) $f'(x) = \frac{-1}{2\sqrt{2-x}} - \frac{1}{\sqrt{2x-2}}$ $\qquad$ i) $f'(x) = 2 - \frac{0,5}{(3-0,5x)^2}$

9. a) $f'(x) = 3(x^2-3) + (3x-1)2x$ $\qquad$ b) $f'(x) = 4 - (1-x)^{-2}$

c) $f'(x) = 4(1-x)^{-1} + (4x-1)(1-x)^{-2}$ $\qquad$ d) $f'(x) = \frac{x}{\sqrt{x^2-1}}$

e) $f'(x) = -\frac{1}{(x-1)^2} \cdot \frac{1}{x+1} - \frac{1}{x-1} \cdot \frac{1}{(x+1)^2}$ $\qquad$ f) $f'(x) = \frac{\frac{1}{x^2}}{2\sqrt{1-\frac{1}{x}}}$

10. a) $f'(x) = 3(2x-1)^2 \cdot 2 \cdot \sqrt{x} + (2x-1)^3 \cdot \frac{1}{2\sqrt{x}}$

b) $f'(x) = -\frac{1}{x^2} \cdot (4x+3)^2 + \frac{1}{x} \cdot 2(4x+3) \cdot 4$

c) $f'(x) = 2(x+1)(1-x)^4 - (x+1)^2(1-x)^3$

d) $f'(x) = \frac{-1}{2\sqrt{1-x}} \cdot \frac{1}{x} + \sqrt{1-x} \cdot (-\frac{1}{x^2})$

e) $f'(x) = 4(x-1)^3 \cdot (2x+1)^2 + 4(x-1)^4 \cdot (2x+1)$

f) $f'(x) = \frac{\sqrt{x-1}}{\sqrt{2x+1}} + \frac{\sqrt{2x+1}}{2 \cdot \sqrt{x-1}}$

64 11. a) $f'(x)=6(2x)^2\cdot\frac{1}{2x}+(2x)^3\cdot\frac{-1}{2x^2}=8x$

b) $f'(x)=\frac{3}{(1-x)^2}\cdot(3x)^{-2}-\frac{18}{1-x}\cdot(3x)^{-3}$

c) $f'(x)=\frac{5}{2\sqrt{5x-1}}\cdot(4x)^5+\sqrt{5x-1}\cdot 20(4x)^4$

d) $f'(x)=(7x-2)^2+14x(7x-2)$

e) $f'(x)=\frac{3(2x)^2-1}{\sqrt{(2x)^3-2x}}$

f) $f'(x)=4(2x-3)(2-3x)^{-2}+6(2x-3)^2(2-3x)^{-3}$

65 12. a) $f'(x)=\frac{2(x+5)-(2x-3)}{(x+5)^2}=\frac{13}{(x+5)^2}$

b) $f'(x)=1-\frac{1}{x^2}$

c) $f'(x)=\frac{1}{\sqrt{x+1}}-\frac{x-1}{2(x+1)\sqrt{x+1}}$

66 13. a) $f'(x)=4x^3(x^3+1)+(x^4-4)\cdot 3x^2=7x^6+4x^3-12x^2$

b) $f'(x)=(1-5x^4)\cdot\sqrt{x}+(x-x^5)\cdot\frac{1}{2\sqrt{x}}$

c) $f'(x)=(-\frac{1}{x^2})(\frac{1}{x}+1)+(\frac{1}{x}-1)(-\frac{1}{x^2})=-\frac{2}{x^3}$

d) $f'(x)=\frac{\frac{x}{2\sqrt{x}}-(1+\sqrt{x})}{x^2}=\frac{-2-\sqrt{x}}{2x^2}$

e) $f'(x)=(2x+5)\cdot\sqrt{x}+(x^2+5x-4)\cdot\frac{1}{2\sqrt{x}}$

f) $f'(x)=\frac{\sqrt{x-1}}{2\sqrt{x+1}}+\frac{\sqrt{x+1}}{2\sqrt{x-1}}=\frac{x}{\sqrt{x^2-1}}$

14. a) $f'(x)=16(2x-1)^7$

b) $f'(x)=-\frac{8}{(8x+1)^2}$

c) $f'(x)=\frac{3}{\sqrt{6x-2}}$

d) $f'(x)=\frac{-4x+1}{(2x^2-x)^2}$

e) $f'(x)=2(\sqrt{x}-1)\cdot\frac{1}{2\sqrt{x}}$

f) $f'(x)=\frac{x}{\sqrt{x^2-1}}$

15. a) $f'(x)=\sqrt{2x}+\frac{x}{\sqrt{2x}}$

b) $f'(x)=8(2x-1)^3+6x$

c) $f'(x)=24(2x-1)^3x^2+6(2x-1)^4x$

d) $f'(x)=\frac{2}{(1-2x)^2}-\frac{2}{(x-2)^2}$

e) $f'(x)=-4(2x+1)+2(3-4x)$

f) $f'(x)=-25x(5x-1)^{-6}+(5x-1)^{-5}$

16. a) $h'(x)=\frac{3(2x+1)}{\sqrt{2x+1}}$

b) $h'(x)=2(\sqrt{x}+\frac{1}{\sqrt{x}})(\frac{1}{2\sqrt{x}}-\frac{1}{2x\sqrt{x}})$

c) $h'(x)=\frac{x}{2\sqrt{\sqrt{x^2+1}}\cdot\sqrt{x^2+1}}$

d) $h'(x)=4((x^2+1)^2+x)^3\cdot(2(x^2+1)\cdot 2x+1)$

17. a) $f'(x)=4x\cdot\sqrt{x^2-1}+\frac{(2x^3-x)}{\sqrt{x^2-1}}$

b) $f'(x)=\frac{\sqrt{x}+\frac{x}{2\sqrt{x}}}{2\sqrt{x\cdot\sqrt{x}}}=\frac{3x}{4x\cdot\sqrt{\sqrt{x}}}$

c) $f'(x)=12x^2(x^3-1)^3\cdot(\sqrt{x}+x)+(x^3-1)^4\cdot(\frac{1}{2\sqrt{x}}+1)$

d) $(2x+\frac{3x^2}{2\sqrt{x^3}})\cdot\sqrt{2x}+(x^2+\sqrt{x^3})\frac{1}{\sqrt{2x}}$

18. $(f^{-1})' = -f^{-2}f' = \frac{-f'}{f^2}$ 66

19. a) $f'(x) = \frac{1}{(1-x)^2}$ b) $f'(x) = \frac{1}{(1+x)^2}$ c) $f'(x) = \frac{-15}{(1+10x)^2}$

d) $f'(x) = \frac{\frac{1}{2\sqrt{x-1}}\sqrt{x+1} - \sqrt{x-1}\frac{1}{2\sqrt{x+1}}}{x+1} = \frac{1}{\sqrt{x^2-1}\cdot(x+1)}$ e) $f'(x) = 3\cdot\left(\frac{3x+1}{x-2}\right)^2 \cdot \frac{-7}{(x-2)^2}$

f) $f'(x) = \frac{2ab}{(a-bx)^2}$

20. a) $f'(x) = \frac{-3x^2}{(x^2+x)^2}$, $f''(x) = \frac{6x^3}{(x^2+x)^3}$ b) $f'(x) = \frac{1}{(x+2)^2}$, $f''(x) = \frac{-2}{(x+2)^3}$

c) $f'(x) = \frac{-2(x+1)}{(x-1)^3}$, $f''(x) = \frac{4x+8}{(x-1)^4}$ e) $f'(x) = \frac{ab}{(ax+b)^2}$, $f''(x) = \frac{-2a^2b}{(ax+b)^3}$

21. a) $f'(x) = \frac{2}{3\sqrt[3]{4x^2}}$ b) $f'(x) = \frac{5}{4\sqrt[4]{125x^3}}$ c) $f'(x) = 2(2x)^{-0,8}$

d) $f'(x) = \frac{2\sqrt{3}\cdot x}{3\sqrt[3]{4x^2}} + \sqrt[3]{2x}\cdot\sqrt{3}$ e) $f(x) = 3(4x)^{-0,2}$, $f'(x) = -2,4(4x)^{-1,2}$

f) $f'(x) = -0,1(1-x)^{-0,9}(2x)^{1,5} + 3(1-x)^{0,1}(2x)^{0,5}$

g) $f'(x) = -7,5(2+3x)^{-3,5}(5x)^{0,5} + 2,5(2+3x)^{-2,5}(5x)^{-0,5}$

h) $f'(x) = \frac{1}{3\sqrt[3]{x}}\cdot\frac{1}{2\sqrt{x}}$ i) $f'(x) = -1,2(1-\sqrt{x})^{0,2}\cdot\frac{1}{\sqrt{2}} + (1-\sqrt{x})^{1,2}\cdot\frac{1}{\sqrt{2x}}$

Test

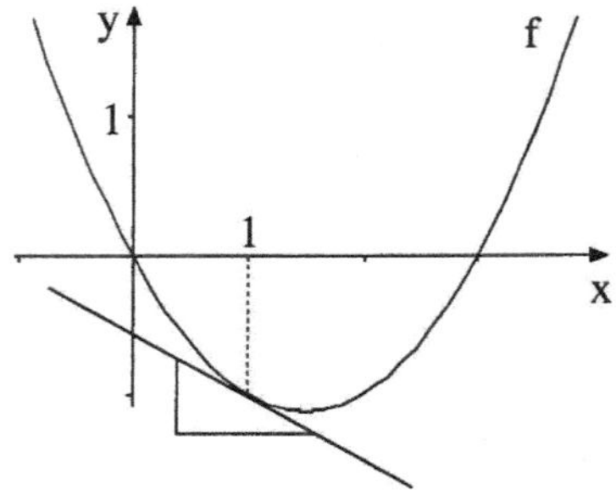

72 1. a) Dem Anstiegsdreieck entnehmen wir, dass der Anstieg ca. −0,5 beträgt.

b) $f'(1) = \lim\limits_{h\to 0} \frac{f(1+h)-f(h)}{h}$

$= \lim\limits_{h\to 0} \frac{0{,}5(1+h)^2-1{,}5(1+h)-0{,}5+1{,}5}{h}$

$= \lim\limits_{h\to 0} \frac{h+0{,}5h^2-1{,}5h}{h} = \lim\limits_{h\to 0} \frac{h(1+0{,}5h-1{,}5)}{h} = -0{,}5$

c) Ansatz: $t(x) = mx + n$
I. $m = f'(1) = -0{,}5$
II. Punktprobe mit $P(1;-1)$: $-1 = -0{,}5 + n$, d.h. $n = -0{,}5$
Resultat: $t(x) = -0{,}5x - 0{,}5$

2. a) $f'(x) = 3x^2 + \frac{1}{2\sqrt{x}}$

b) $f'(x) = 51x^{16} - 60x^{11} + 12x^2$

c) $f'(x) = nx^{n-1} + 1 - \frac{1}{x^2}$

d) $f'(x) = -2x + 2$

e) $f'(x) = \frac{1}{2\sqrt{4x+7}} \cdot 4 = \frac{2}{\sqrt{4x+7}}$

f) $f'(x) = 2 \cdot 3 \cdot \left(-\frac{1}{(3x-6)^2}\right) = \frac{-6}{(3x-6)^2}$

g) $f'(x) = 2x(x^2-1) + 2x(x^2+1) = 4x^3$

h) $f'(x) = \frac{5}{(x+5)^2}$

3. a) $f'(x) = \frac{-2}{(2x-1)^2}$

b) I. $f(1) = 1 = g(1)$
II. gleicher Anstieg: $g'(x) = -2x$
$f'(1) = -2 = g'(1)$

c) Ansatz: $t(x) = mx + n$ mit $m = f'(1) = -2$
Punktprobe mit $P(1;1)$: $1 = -2 + n$, d.h. $n = 3$
Resultat: $t(x) = -2x + 3$

d) $f'(x) = \frac{-2}{(2x-1)^2} > -0{,}02$ führt auf $-2 > -0{,}02(2x-1)^2$

bzw. $100 < (2x-1)^2$ führt auf $10 < 2x-1$ bzw. $-10 > 2x-1$
Resultat: Für $x > 5{,}5$ sowie für $x < -4{,}5$ ist der Anstieg von f größer als −0,02.

4. a) $f(2) = 2$; der Hang ist 2m hoch

b) $\bar{m} = \frac{2-0}{2} = 1$

c) $f'(x) = 3x^2 - 6x + 3$, $f'(0) = 3$

d) $f''(x) = 6x - 6 = 0$: $x = 1$; bei $x = 1$ ist er am flachsten

III. Kurvenuntersuchungen

1. Monotonie und erste Ableitung

1. B (bzw. A), B, C, A 77
   B, C, A, B (bzw.A)

2. a) Wir zeichnen den Graphen von f und lesen die Monotoniebereiche ab:
   f ist streng monoton fallend für $x < 3$
   und streng monoton steigend für $x > 3$.

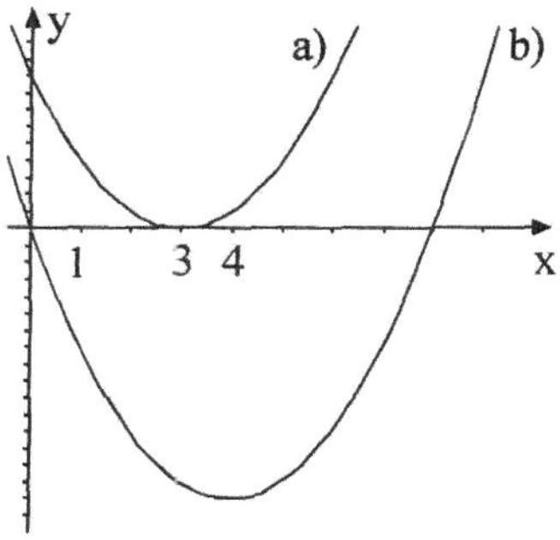

   b) f ist streng monoton fallend für $x < 4$
   und streng monoton steigend für $x > 4$.

3. a) $f(x) = \frac{1}{3}x^3 - x$
   $f'(x) = x^2 - 1$
   Monotonieverhalten:
   $x < -1$: steigend
   $-1 < x < 1$: fallend
   $x > 1$: steigend

   b) $f(x) = \frac{1}{3}x^3 + x^2 + x$
   $f'(x) = x^2 + 2x + 1$
   Monotonieverhalten:
   steigend auf $\mathbb{R}$

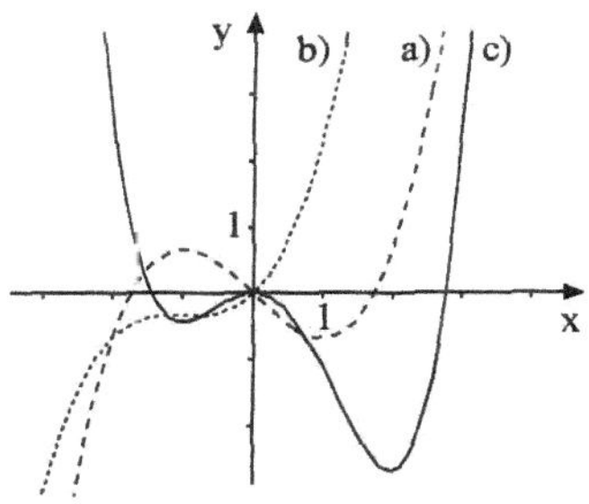

   c) $f(x) = \frac{1}{4}x^4 - \frac{1}{3}x^3 - x^2$
   $f'(x) = x^3 - x^2 - 2x = x(x^2 - x - 2)$
   Monotonieverhalten:
   $x < -1$: fallend, $-1 < x < 0$: steigend, $0 < x < 2$: fallend, $x > 2$: steigend

4.

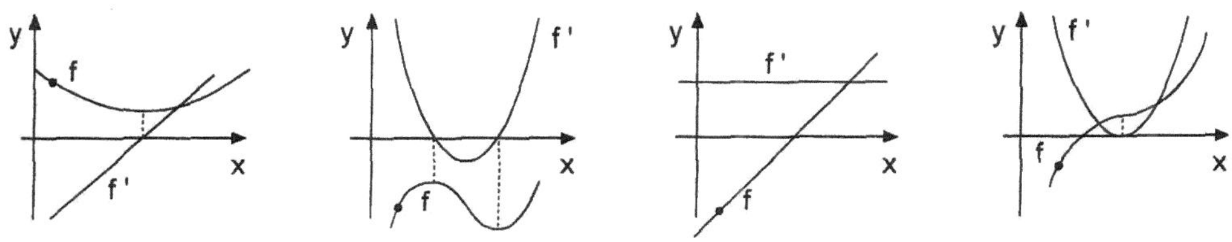

5. a) $f'(x) = 5x^4 + 3x^2 \geq 0$ f. a. $x \in \mathbb{R}$, steigend auf $\mathbb{R}$
   b) $f'(x) = 4x^3 + 1$, $x < -\sqrt[3]{0{,}25}$: fallend, $x > -\sqrt[3]{0{,}25}$ steigend
   c) $f'(x) = 1 - \frac{1}{x^2}$, $x < 1$: fallend, $x > 1$: steigend

6. $0 < x < 2$: fallend, $2 < x < 3$: steigend

7. a) $f'(x) = 2ax - a^2 > 0$ für $0 < a < 2$
   b) $f'(x) = ax^2 - \frac{1}{a} > 0$ für $a > 1$
   c) $f'(x) = 8a^3x - \frac{1}{x^2} > 0$ für $a > 0{,}5$

77 8.

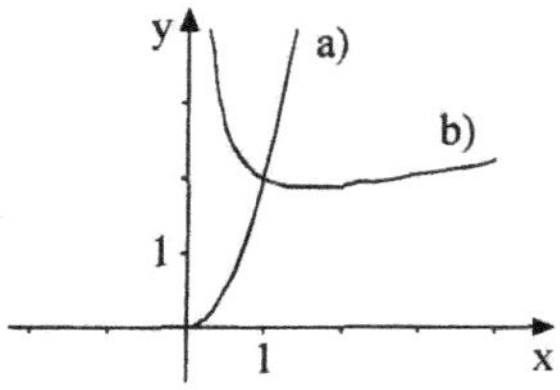

a) Zeichnung $\Rightarrow$ $x > 0$: steigend
Rechnerisch:

$$f(x) = \begin{cases} 2x^2, & x > 0 \\ 0, & x \le 0 \end{cases}, \quad f'(x) = \begin{cases} 4x, & x > 0 \\ 0, & x \le 0 \end{cases}$$

$4x > 0$ für $x > 0 \Rightarrow$ steigend für alle $x > 0$

b) $f'(x) = -\frac{1}{x^2} + \frac{1}{2\sqrt{x}}$, $f'(x) > 0$

$\Rightarrow x^4 - 4x > 0 \Rightarrow x^3 - 4 > 0$ für $x > \sqrt[3]{4}$

$\Rightarrow$ steigend für $x > \sqrt[3]{4}$, fallend für $x < \sqrt[3]{4}$

78 9. a) $f'''(x) = 336x^5$
b) $f''(x) = 24x - 24$
c) $f^{(5)}(x) = n(n-1)(n-2)(n-3)(n-4)x^{n-5}$

10. a) $f(x) = \frac{1}{12}x^4$, $f(x) = \frac{1}{12}x^4 + x$
b) $f(x) = x^3$, $f(x) = x^3 + x^2$
c) $f(x) = ax^3 + x^2$, $f(x) = ax^3 + x^2 + x$
d) $f(x) = 0$, $f(x) = x^3$

11. a) $f^{(6)}(x) = 0$
b) $f^{(10)}(x) = 10!$
c) Die ersten n Ableitungen sind verschieden von null, die folgenden sind alle null.

2. Krümmung und zweite Ableitung

1. a) $f(x) = \frac{1}{6}x^3 - 2x$ b) $f(x) = -\frac{1}{3}x^3 + \frac{3}{2}x^2$ c) $f(x) = x^2 - 4x$ 80

$f'(x) = \frac{1}{2}x^2 - 2$ $f'(x) = -x^2 + 3x$ $f'(x) = 2x - 4$

$f''(x) = x$ $f''(x) = -2x + 3$ $f''(x) = 2$

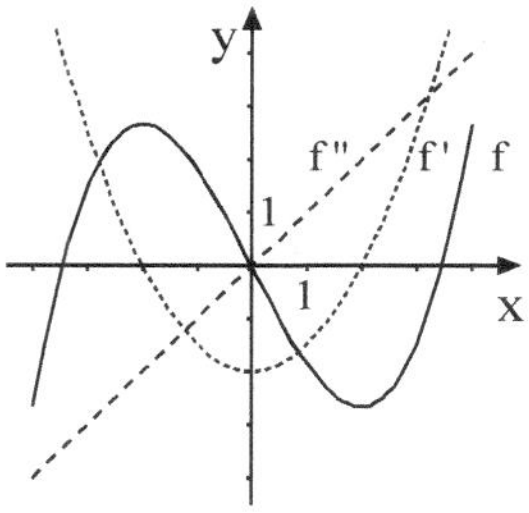

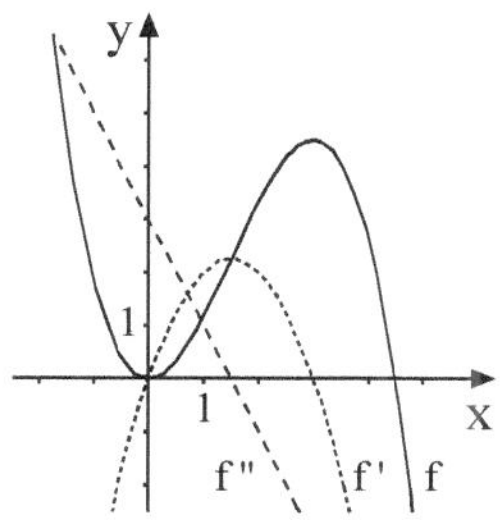

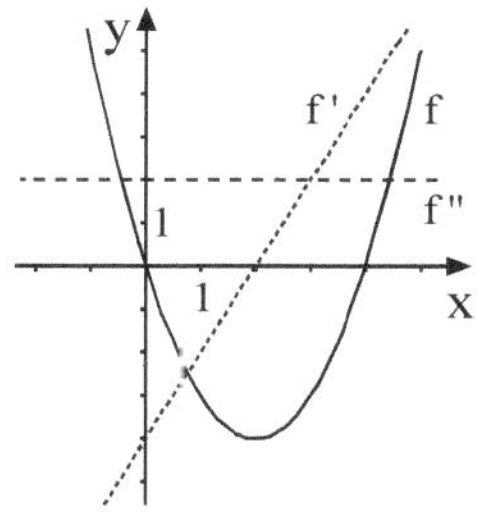

a) Extrema:
$H(-2\,;\,\frac{8}{3})$, $T(2\,|\,-\frac{8}{3})$
Wendepunkte:
$W(0\,;\,0)$

b) Extrema:
$T(0\,;\,0)$, $H(3\,;\,4{,}5)$
Wendepunkte:
$W(1{,}5\,;\,2{,}25)$

c) Extrema:
$H(-1\,;\,5{,}33)$, $T(3\,;\,-5{,}33)$
Wendepunkte:
$W(1\,;\,0)$

2. a) $f''(x) = 6x+6$: $x < -1$: $f'' < 0$ Rechtskrümmung, $x = -1$: $f'' = 0$, $W(-1\,;\,4)$
   $x > -1$: $f'' > 0$ Linkskrümmung
   b) $f''(x) = 3x$: $x < 0$: Rechtskrümmung, $x = 0$: $W(0\,;\,0)$, $x > 0$: Linkskrümmung
   c) $f''(x) = 3x^2-2x$: $x < 0$: Linkskrümmung, $x = 0$: $W(0\,;\,0)$, $0<x<\frac{2}{3}$: Rechtskrümmung
   $x = \frac{2}{3}$: $W(\frac{2}{3}\,;\,-\frac{4}{81})$, $x > \frac{2}{3}$: Linkskrümmung
   d) $f''(x) = -2$: Rechtskrümmung; keine Wendepunkte

3. Extrema und Wendepunkte

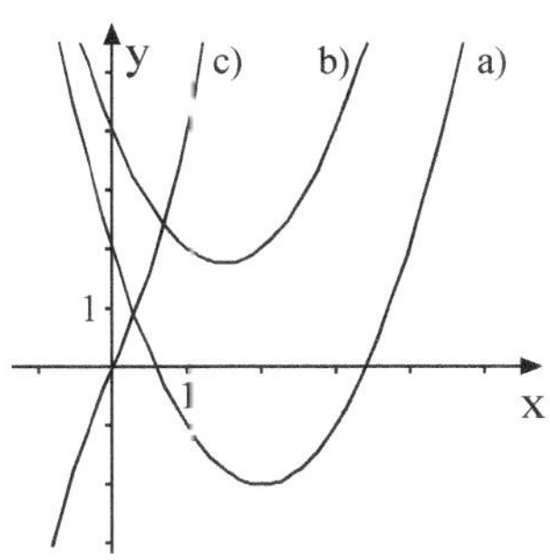

1. a) $x = 2$, Extremalpunkt 82
   b) $x = 1{,}5$, Extremalpunkt
   c) keine Extremalpunkte

2. Bei der ersten Stelle mit waagerechter Tangente handelt es sich um einen Sattelpunkt. Hier gilt $f'(x_S) = 0$ und $f'(x) > 0$ für die x-Werte aus einer Umgebung von x_S.
   Bei der zweiten Stelle mit waagerechter Tangente handelt es sich um ein Maximum. Hier gilt $f'(x_H) = 0$ und $f'(x) > 0$ für $x < x_H$ und $f'(x) < 0$ für $x > x_H$ in einer Umgebung von x_H.

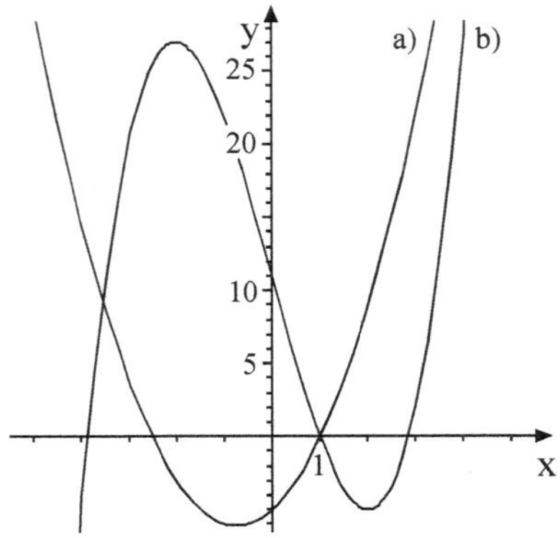

85 3. a) $f(x) = 2x^2+3x-5$
$f'(x) = 4x+3,\ f'(x) = 0 \Rightarrow x = -0{,}75$
$f''(x) = 4$
$f''(-0{,}75) = 4 > 0 \Rightarrow$ Minimum
Tiefpunkt T(−0,75 ; −6,125)

b) $f(x) = x^3-12x+11$
$f'(x) = 3x^2-12,\ f'(x) = 0 \Rightarrow x_1=-2,\ x_2=2$
$f''(x) = 6x$
$f''(-2) = -12 < 0 \Rightarrow$ Maximum H(−2 ; 27)
$f''(2) = 12 > 0 \Rightarrow$ Minimum T(2 ; −5)

4. $f(x) = ax^3-3x^2,\ f'(x) = 3ax^2-6x,\ f'(2) = 0 \Rightarrow 12a-12 = 0 \Rightarrow a = 1$
$f''(x) = 6ax,\ f''(2) = 12a > 0$ für $a = 1 \Rightarrow$ Tiefpunkt

87 5. a) $f(x) = \frac{1}{8}x^3 - \frac{3}{8}x^2,\quad f''(x) = \frac{3}{4}x - \frac{3}{4},\quad f''(x) = 0 \Rightarrow x = 1$
$f'''(x) = \frac{3}{4} \Rightarrow f'''(1) = \frac{3}{4} \neq 0 \Rightarrow$ Wendepunkt $W(1; -\frac{1}{4})$

b) $f(x) = \frac{1}{10}x^5 - x^2,\quad f''(x) = 2x^3 - 2 = 0 \Rightarrow x = 1$
$f'''(1) = 6 \neq 0 \Rightarrow$ Wendepunkt $W(1; -0{,}9)$

6. $f''(x) = 6a^2x + 4a,\quad f''(2) = 0 \Rightarrow 12a^2 + 4a = 0 \Rightarrow a = -\frac{1}{3}$

$f'''(x) = 6a^2 \Rightarrow f'''(2) = 6a^2 \neq 0$ für $a = -\frac{1}{3} \Rightarrow$ Wendepunkt

Da $6a^2 > 0$ gilt, ist es ein Rechts–links–Wendepunkt.

88 7. a) $G'(t) = 3t^2 + 6t - 105$
Gewinne sinken bei $G' < 0$: $t^2 + 2t - 35 = 0,\ t = -7$ bzw. $t = 5$
Für den Zeitraum $-7 < t < 5$ sanken die Gewinne. Also von Juni 07 bis Juni 08. Davor und danach stiegen sie. Tiefststand Juni 08.

b) $G''(t) = 6t + 6,\ G''(t) = 0$ für $t = -1$
Im Dezember 2007 war der Gewinneinbruch am stärksten.

89 8. a) $f'(x) = 2x,\ f''(x) = 2,\ f'(x) = 0$ gilt für $x = 0,\ f''(0) > 0$, also T(0|0)

b) $f'(x) = 3x^2,\ f''(x) = 6x,\ f'''(x) = 6,\ f'(x) = 0$ gilt für $x = 0,\ f''(0) = 0$
$f'''(0) = 6$, S(0|0), RL-W(0|0)

c) $f'(x) = 4x^3,\ f''(x) = 12x^2,\ f'''(x) = 24x,\ f'(x) = 0$ gilt für $x = 0$
VWK: $f'(-1) = -4 < 0,\ f'(1) = 4 > 0$, also T(0|0)

d) $f'(x) = 6x^2 - 12x,\ f''(x) = 12x - 12,\ f'''(x) = 12$
$f'(x) = 0$ gilt für $x = 0$ und $x = 2,\ f''(0) = -12 < 0,\ f''(2) = 12 > 0$, also H(0|0), T(2|−8)
$f''(x) = 0$ gilt für $x = 1,\ f'''(1) = 12$, also W(1|−4)

e) $f'(x) = 12 - 3x^2,\ f''(x) = -6x,\ f'''(x) = -6$
$f'(x) = 0$ gilt für $x = -2$ und $x = 2,\ f''(-2) = 12 > 0,\ f''(2) = -12 < 0$, also T(−2|−16), H(2|16)
$f''(x) = 0$ gilt für $x = 0,\ f'''(0) = -6$, also W(0|0)

f) $f'(x) = \frac{1}{3}x^3 - 4x,\quad f''(x) = x^2 - 4,\quad f'''(x) = 2x$
$f'(x) = 0$ gilt für $x = 0$ und $x = \pm\sqrt{12}$
$f''(0) = -4 < 0,\ f''(\pm\sqrt{12}) = 10 > 0$, H(0|0), T($\pm\sqrt{12}$ | −12)
$f''(x) = 0$ gilt für $x = -2$ und $x = 2,\ f'''(-2) = -4,\ f'''(2) = 4$, W(−2 | $\frac{20}{3}$), W(2 | $\frac{20}{3}$)

9. a) H(−2|1), T(2|1) b) H(9|1,5) c) T(4|3) 89

10. I = f, II = f'; I = f', II = f; I = f', II = f; I = f, II = f'

11.

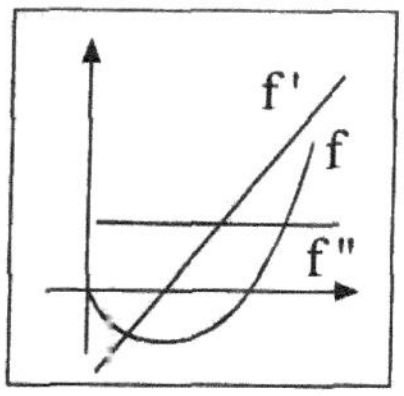

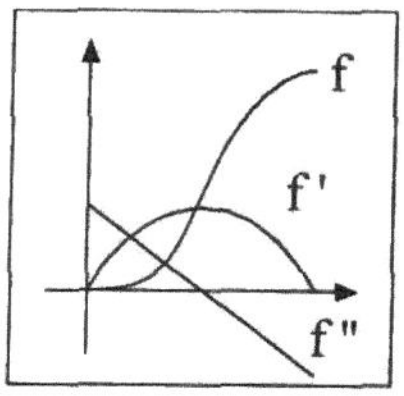

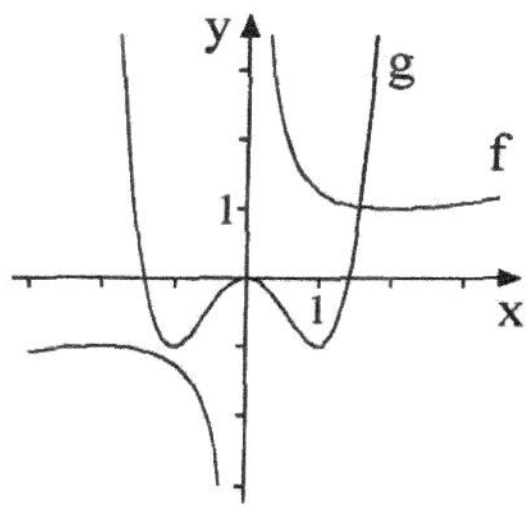

12. a) f: Nullstellen: keine

Extrema: $f'(x) = \frac{1}{4} - \frac{1}{x^2} = 0$, $x = \pm 2$

$f''(x) = 2x^{-3}$, $f''(-2) < 0$, $f''(2) > 0$, H(−2|−1), T(2|1)
Wendepunkte: keine

g: Nullstellen: x = 0 (doppelte), $x = \pm\sqrt{2}$
Extrema: $f'(x) = 4x^3 - 4x = 0$, x = 0, x = −1 und x = 1
$f''(x) = 12x^2 - 4$, $f''(0) < 0$, $f''(-1) = f''(1) = 8 > 0$
T(−1|1), H(0|0), T(1|−1)

b) $f'(x) = 3ax^2 + 2bx + c$, $f''(x) = 6ax + 2b$, $f'''(x) = 6a$

$f''(x) = 0$ gilt für $x = -\frac{b}{3a}$, $f''(-\frac{b}{3a}) = 6a \neq 0$, $W(-\frac{b}{3a} \mid f(-\frac{b}{3a}))$

13. a) $r'(t) = 30t - 3t^2 = 0$ gilt für t = 0 und t = 10
$r''(t) = 30 - 6t$, $r(10) = -30 < 0$, also Maximum
Nach der 10. Woche erreicht der Absatz ein Maximum.

b) Im Wendepunkt: $r''(t) = 0$ gilt für t = 5
Nach der 5. Woche steigen die Absatzzahlen am stärksten.

c) $m = \frac{r(10)-r(0)}{10-0} = \frac{500}{10} = 50$

4. Sekanten, Tangenten und Normalen

91 1. a) $s(x) = \frac{f(4)-f(3)}{4-3} \cdot (x-3) + f(3) \approx 0{,}27x + 0{,}93$

b) $f'(x) = \frac{1}{2\sqrt{x}}$, $f'(4) = \frac{1}{4}$

Tangente: $t(x) = \frac{1}{4}x + 1$

Normale: $n(x) = -4x + 18$

c) Eckpunkte des Vierecks: A(0 ; 0), B(4,5 | 0), C(4 ; 2), D(0 ; 1)
$A = A_{Trapez} + A_{Dreieck} = 6 + 0{,}5 = 6{,}5$ FE

92 2. a) $f'(x) = -\frac{1}{x^2}$, $\left.\begin{array}{ll} \text{I.} & mx = \frac{1}{x} - 1 \\ \text{II.} & m = -\frac{1}{x^2} \end{array}\right\}$ $-\frac{1}{x^2} \cdot x = \frac{1}{x} - 1 \Rightarrow x = 2$, $B(2;-0{,}5)$, $m = -\frac{1}{4}$

Ursprungstangente: $t(x) = -\frac{1}{4}x$

b) $f'(x) = \frac{1}{2\sqrt{x}}$, $\left.\begin{array}{ll} \text{I.} & mx = \sqrt{x} - 1 \\ \text{II.} & m = \frac{1}{2\sqrt{x}} \end{array}\right\}$ $\frac{1}{2\sqrt{x}} \cdot x = \sqrt{x} - 1 \Rightarrow x = 4$, $m = \frac{1}{4}$, B(4;1)

Ursprungstangente: $t(x) = \frac{1}{4}x$

3. $m = \frac{1}{2}$, $t(x) = \frac{1}{2}x + b$, $f'(x) = \frac{1}{2\sqrt{x}} = \frac{1}{2}$, $x = 1$
$B(1;1)$, $1 = \frac{1}{2} + b$, $b = \frac{1}{2}$
$t(x) = \frac{1}{2}x + \frac{1}{2}$

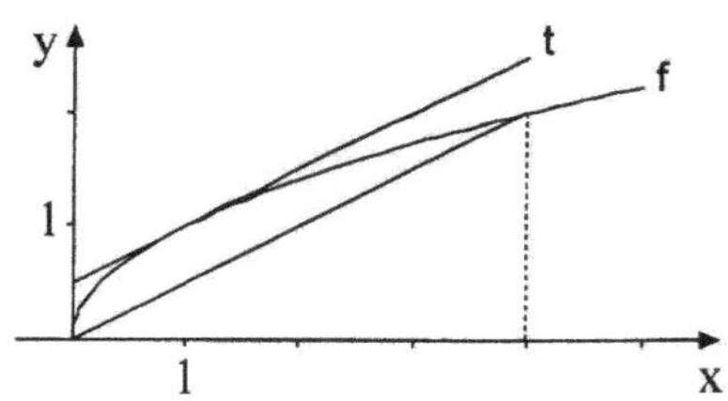

4. $f'(x) = 2x$
Die Gerade schneidet die Parabel in $S(x \mid x^2)$ und geht durch P(0 ; 1).

Die Gerade hat die Steigung $m_g = \frac{x^2-1}{x}$.
Im Schnittpunkt S muss wegen der Orthogonalität

$f'(x) = 2x = -\frac{1}{m_g} = -\frac{x}{x^2-1}$ gelten.

Hieraus folgt $x = \sqrt{\frac{1}{2}} \approx 0{,}707$.

Schnittpunkt: $S(\sqrt{\frac{1}{2}} ; \frac{1}{2})$

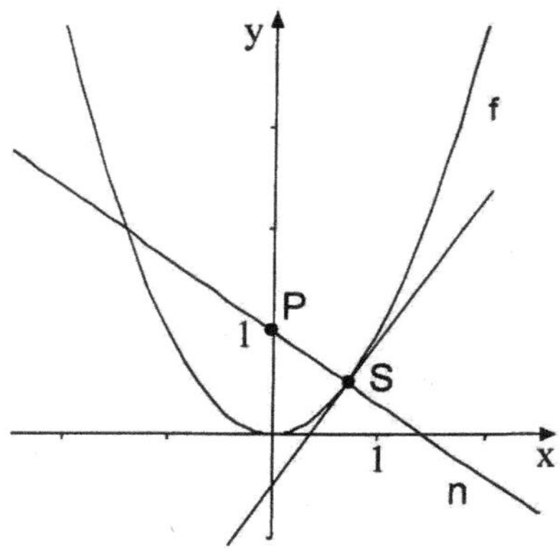

5. Kurvendiskussionen ganzrationaler Funktionen

1. a) $f'(x) = \frac{1}{2}x - \frac{1}{2}$ 96

$f''(x) = \frac{1}{2}$

Symmetrie: keine
Nullstellen: keine

Extrema: $T(1; \frac{7}{4})$

Wendepunkte: keine

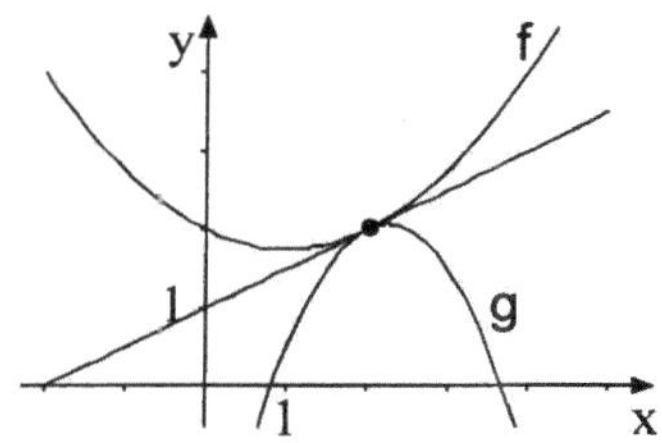

b) Schnittpunkte von f und g:
$f = g$: $x^2+4,5x+3 = 0$, $S(2 ; 2)$

Tangentensteigung in S: $\left.\begin{array}{l} f'(x) = \frac{1}{2}x - \frac{1}{2} \Rightarrow f'(2) = \frac{1}{2} \\ g'(x) = -2x + \frac{9}{2} \Rightarrow g'(2) = \frac{1}{2} \end{array}\right\} \Rightarrow$ S ist Berührpunkt

c) Gleichung der gemeinsamen Tangente: $y(x) = 0,5x+1$

2. a) $f'(x) = 3x^2 + 1$

$f''(x) = 6x$

$f'''(x) = 6$

Nullstelle: $x = 0$
Punktsymmetrie zum Ursprung
Extrema: keine
Wendepunkt: $W(0 ; 0)$

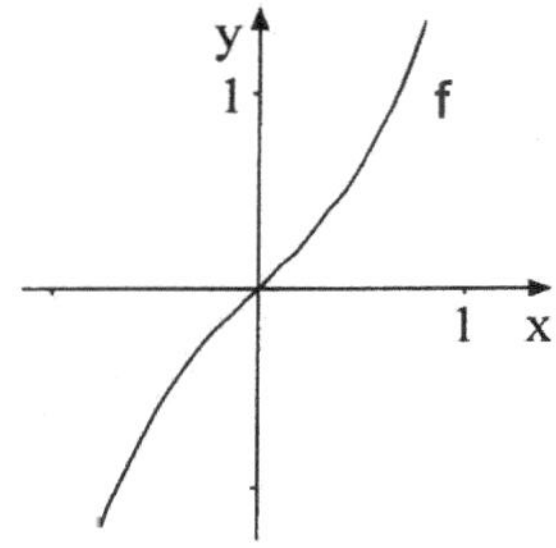

b) $f'(x) = 4x^3 - 4x$
$f''(x) = 12x^2 - 4$
$f'''(x) = 24x$

Nullstellen: $x = 0$, $x = \pm\sqrt{2}$
achsensymmetrisch zur y-Achse
Extrema: $T(-1 ; -1)$, $H(0 \mid 0)$, $T(1 ; -1)$
Wendepunkte: $W(-0,58 ; -0,56)$, $W(0,58 ; -0,56)$

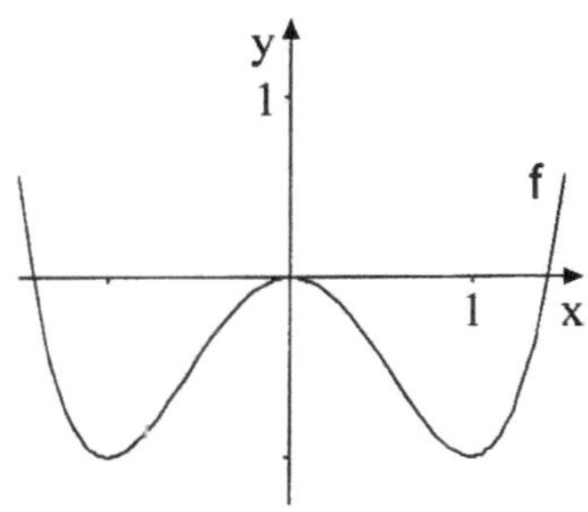

c) $f'(x) = 4x^3 + 1$

$f''(x) = 12x^2$

$f'''(x) = 24x$

Nullstellen: $x = 0$, $x = -1$
Symmetrie: keine

Extrema: $T(-\sqrt[3]{\frac{1}{4}} ; -0,472)$, Wendepunkte: keine

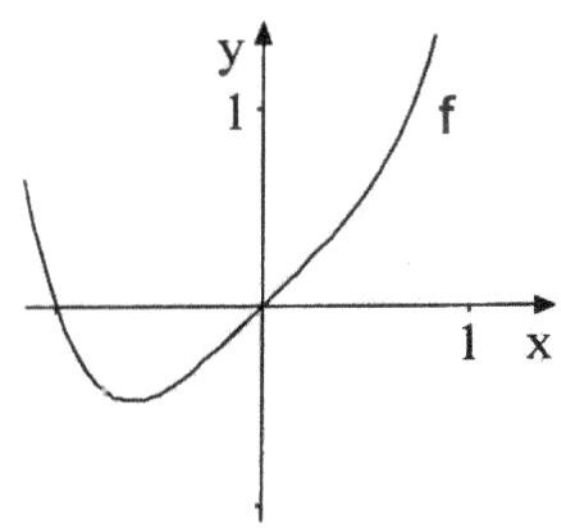

96 2. d) $f'(x) = 4x^3 - 6x^2$

$f''(x) = 12x^2 - 12x$

$f'''(x) = 24x - 12$

Nullstellen: $x = 0$, $x = 2$
Symmetrie: keine
Extrema: T(1,5;–1,6875)
Wendepunkte: S(0 ; 0), W(1 ; –1)

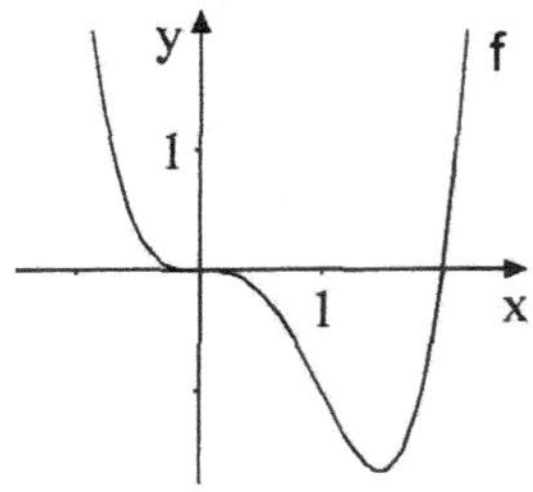

97 3. a) $f'(x) = 3x^2 + 3x - 2{,}25$

$f''(x) = 6x + 3$

$f'''(x) = 6$

Symmetrie: keine
Nullstellen: 0 ; 0,927 ; –2,427
Extrema: H(–1,5 ; 3,375), T(0,5 ; –0,625)
Wendepunkte: W(–0,5 ; 1,375)

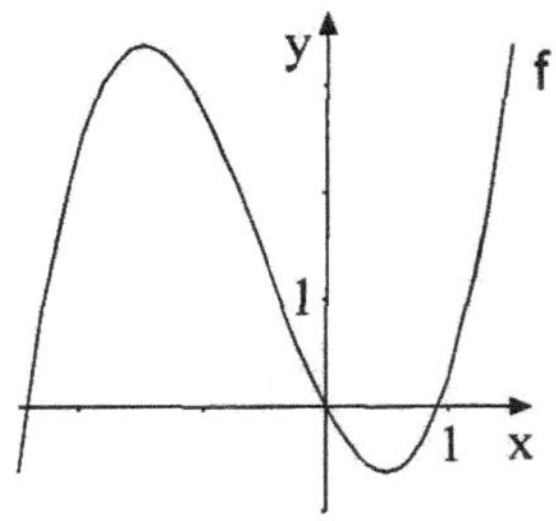

b) $f'(x) = 3x^2 + 6x + 2{,}25$

$f''(x) = 6x + 6$

$f'''(x) = 6$

Symmetrie: keine
Nullstellen: $x = 0$, $x = -1{,}5$
Extrema: H(–1,5 ; 0), T(–0,5 ; –0,5)
Wendepunkt: W(–1 ; –0,25)

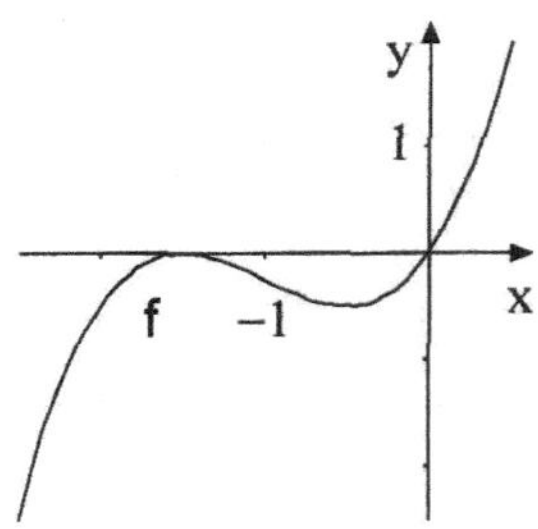

c) $f'(x) = 3x^2 - 12x + 9$
$f''(x) = 6x - 12$, $f'''(x) = 6$

Symmetrie: keine
Nullstellen: $x = 0$, $x = 3$
Extrema: H(1 ; 4), T(3 ; 0)
Wendepunkt: W(2 ; 2)

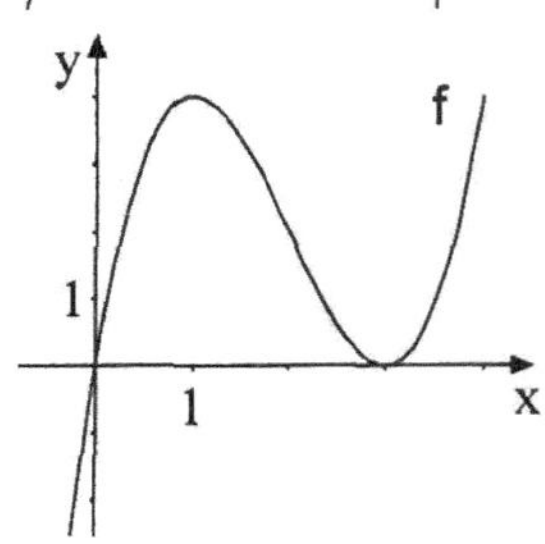

4. a) $f'(x) = 3x^2 + 2x - 1$
$f''(x) = 6x + 2$, $f'''(x) = 6$

Symmetrie: keine
Nullstellen: 0 ; 0,62 ; –1,62

Extrema: H(–1 ; 1), $T(\frac{1}{3}; -\frac{5}{27})$

Wendepunkt: $W(-\frac{1}{3}; \frac{11}{27})$

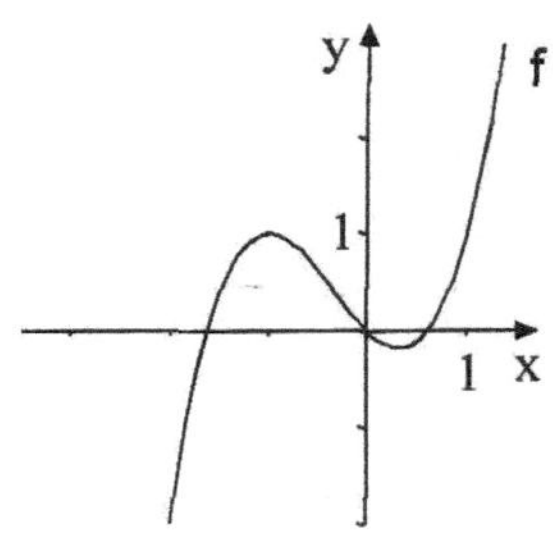

4. b) $f'(x) = -6x^2 + 2x + 4$ 97

$f''(x) = -12x + 2$

$f'''(x) = -12$

Symmetrie: keine
Nullstellen: 0 ; −1,19 ; 1,7

Extrema: $T(-\frac{2}{3} \mid -1{,}63)$, $H(1 \mid 3)$

Wendepunkte: $W(\frac{1}{6} \mid 0{,}69)$

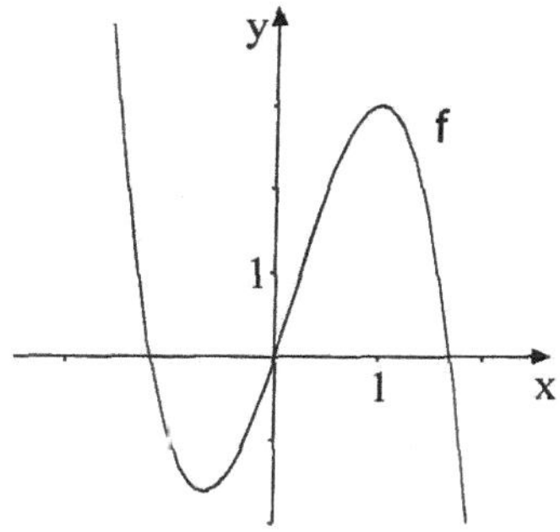

c) $f'(x) = \frac{3}{4}x^2 + x - \frac{15}{4}$

$f''(x) = \frac{3}{2}x + 1$

$f'''(x) = \frac{3}{2}$

Symmetrie: keine
Nullstellen: 0 ; −5 ; 3

Extrema: $H(-3 \mid 9)$, $T(\frac{5}{3} \mid -3{,}7)$

Wendepunkt: $W(-\frac{2}{3} \mid 2{,}65)$

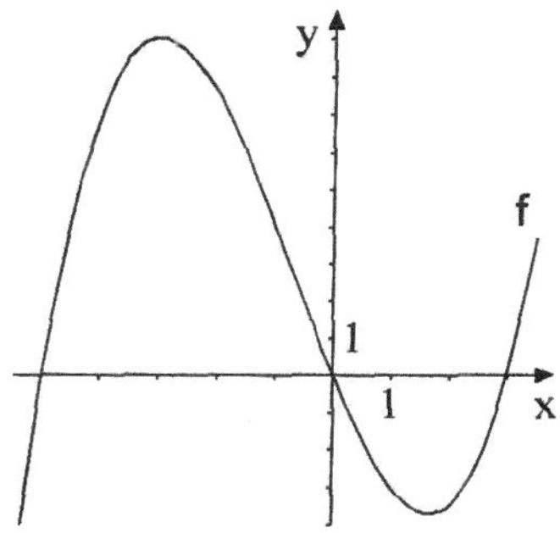

5. a) $f(x) = x^2 - 8x + 15$ b) $f(x) = x^3 - 3x$ c) $f(x) = x^4 - 2x^2$ (Graph s.b)) 98

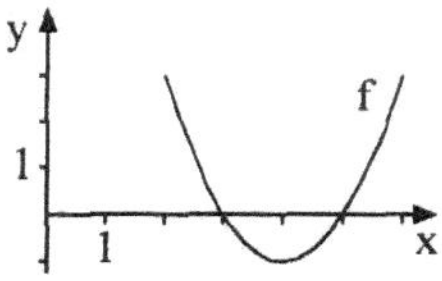

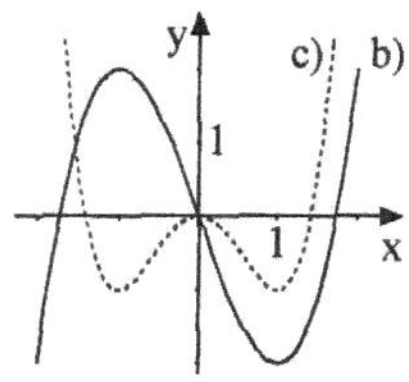

a)

Nullstellen:

3 und 5

Extrema:

$T(4 \mid -1)$

Wendepunkte:

keine

b)

Nullstellen:

$0, \; -\sqrt{3}$ und $\sqrt{3}$

Extrema:

$H(-1 \mid 2)$, $T(1 \mid -2)$

Wendepunkte:

$W(0 \mid 0)$

c)

Nullstellen:

$0, \; -\sqrt{2}, \sqrt{2}$

Extrema:

$T(-1 \mid -1)$, $H(0 \mid 0)$, $T(1 \mid -1)$

Wendepunkte:

$W(-\frac{\sqrt{3}}{3} \mid -\frac{5}{9})$, $W(\frac{\sqrt{3}}{3} \mid -\frac{5}{9})$

98 5. d) $f(x)=\frac{1}{3}x^3+0{,}5x^2-2x$

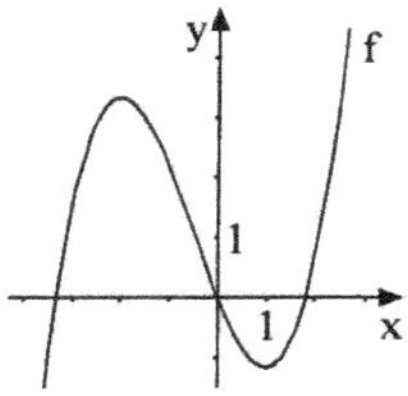

Nullstellen:
0, −3,31 und 1,81
Extrema:
H(−2 ; 3,33), T(1|−1,17)

Wendepunkte:

W(−0,5 ; 1,08)

e) $f(x)=4-x^3$

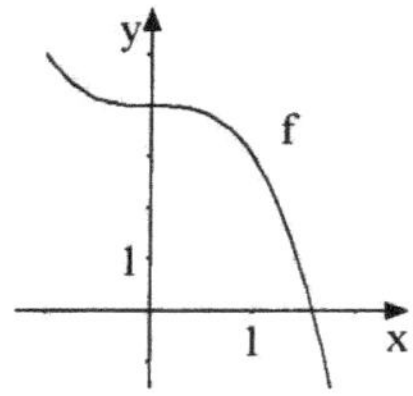

Nullstellen:
1,59
Extrema:
keine

Wendepunkte:

W(0 ; 4)

f) $f(x)=-x^4+5x^2-4$

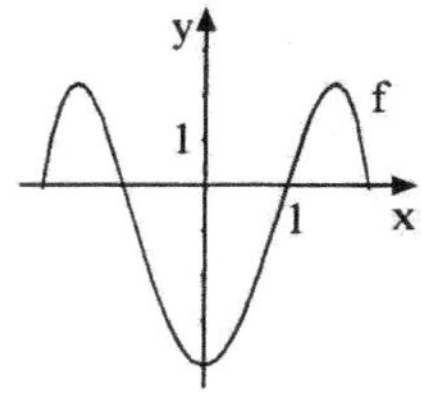

Nullstellen:
−1 , 1 , −2 und 2
Extrema:
H(−1,58 ; 2,25), H(1,58 ; 2,25)
T(0|-4)

Wendepunkte:

$W(-\sqrt{\frac{5}{6}}\,;-0{,}53)$, $W(\sqrt{\frac{5}{6}}\,;-0{,}53)$

g) $f(x)=x^3-x^2-x-1$

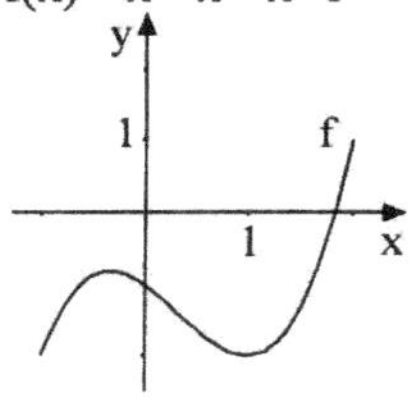

Nullstellen: 1,84
Extrema:
$H(-\frac{1}{3};-0{,}81)$, $T(1;-2)$
Wendepunkte:

$W(\frac{1}{3};-1{,}41)$

h) $f(x)=\frac{1}{8}(3x^4-8x^3+16)$

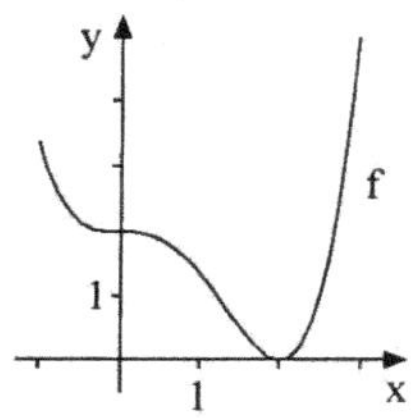

Nullstelle: x = 2
Extrema: T(2 | 0)

Wendepunkte:

$S(0\,;2)$, $W(\frac{4}{3};0{,}81)$

6. a) $f'(x)=3x^2-6x-1$, $f''(x)=6x-6$, $f'''(x)=6$
b) $Y(0;3)$, $X_1(-1;0)$, $X_2(1;0)$, $X_3(3;0)$

c) $f'(x)=0$: $0=x^2-2x-\frac{1}{3}$, $x_{1/2}=1\pm\sqrt{\frac{4}{3}}$

$x_1\approx-0{,}1547$, $f''(-0{,}1547)=-6{,}9282<0\Rightarrow H(-0{,}1547;3{,}079)$

$x_2\approx2{,}1547$, $f''(2{,}1547)=6{,}9282>0\Rightarrow T(2{,}1547;-3{,}079)$

d) $f''(x)=0$: $x=1$, $f'''(1)=6\neq0\Rightarrow W(1;0)$

e)

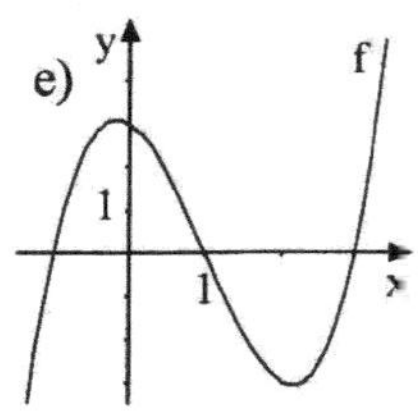

f) $f'(3)=8$, $\gamma\approx82{,}87°$

g) $f'(1)=-4$, Ansatz $t(x)=-4x+n$, Punktprobe: $0=-4+n$, $n=4$
Resultat: $t(x)=-4x+4$

7.a) $f(x) = ax^3+bx+c$, $f'(x) = 3ax^2+b$, $f''(x) = 6ax$ 98
I. $f(1) = 0$: $0 = a + b + c$
II. $f'(1) = 0$: $0 = 3a + b$
III. $f(0) = 1$: $1 = c$, II.–I.: $0 = 2a-1$, $a = 0{,}5$, $b = -1{,}5$
Resultat: $f(x) = 0{,}5x^3 - 1{,}5x + 1$
Wendetangente: $t(x) = mx + n$, $m = f'(0) = -1{,}5$
Punktprobe: $1 = n$, Resultat: $t(x) = -1{,}5x+1$

b) $f(x) = ax^3+bx^2+c$, $f'(x) = 3ax^2+2bx$, $f''(x) = 6ax+2b$
I. $f(0) = 1$: $1 = c$
II. $f(2) = 0$: $0 = 8a + 4b + 1$
III. $f'(2) = 0$: $0 = 12a + 4b$, III.–II.: $0 = 4a - 1$, $a = 0{,}25$, $b = -0{,}75$
Resultat: $f(x) = 0{,}25x^3 - 0{,}75x^2 + 1$
Wendetangente: $t(x) = mx + n$, $m = f'(1) = -0{,}75$
Punktprobe: $0{,}5 = -0{,}75 + n$, $n = 1{,}25$, Resultat: $t(x) = -0{,}75x + 1{,}25$

8. a) $h'(t) = \frac{1}{1000}(3t^2 - 360t + 6000)$, $h'(t) = 0$: $t^2 - 120t + 2000 = 0$ für $t = 20$ und $t = 100$
größte Höhe: $h(20) = 456$ m ; geringste Höhe: $h(100) = 200$ m

b) größter Höhenanstieg im Wendepunkt: $h''(t) = \frac{1}{1000}(6t - 360)$, $h''(t) = 0$ für $t = 60$
Zum Zeitpunkt $t = 60$ ist der Anstieg am größten.

9. Gewinn: $G(p) = (p-4) \cdot N(p) = (p-4)(\frac{250000}{p} - 10000) = 250000 - 10000p - \frac{1000000}{p} + 40000$

$G'(p) = -10000 + \frac{1000000}{p^2}$, $G'(p) = 0$ für $p = 10$

$G(10) = 90000$, $N(10) = 15000$
Bei einem Verkaufspreis von 10 Euro ist der Gewinn der Firma am größten.
Bei 15000 verkauften Teilen beträgt der Gewinn dann 90000 Euro.

6. Einfache Kurvenscharen

101 1. a) $f_a'(x) = 2x - 2a$, $f_a''(x) = 2$

Nullstellen: $x = a \pm \sqrt{a^2 - 1}$

Extrema: $T(a\,;\,1-a^2)$

Wendepunkte: keine

c) $f_a'(4) = 1 \Rightarrow 8 - 2a = 1 \Rightarrow a = 3{,}5$

d) $x = a \pm \sqrt{a^2 - 1} \Rightarrow$ genau eine Nullstelle für $a^2-1 = 0$ bzw. $a = 1$, keine Nullstelle für $a < 1$.

b)

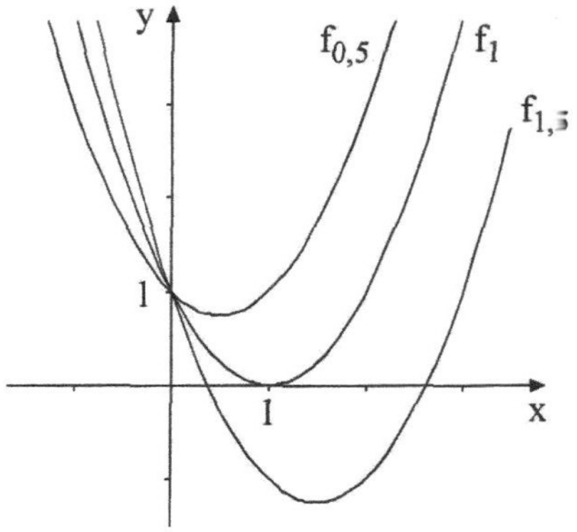

102 2. a) Nullstellen:

0, $\sqrt{a}$ und $-\sqrt{a}$

Sym. zum Ursprung

Extrema:

$T(\sqrt{\frac{a}{3}}\,;\,-\frac{2}{3}a\sqrt{\frac{a}{3}})$

$H(-\sqrt{\frac{a}{3}}\,;\,\frac{2}{3}a\sqrt{\frac{a}{3}})$

Wendepunkte:

$W(0\,;\,0)$

b) Nullstellen:

0 und 2a

keine Sym.

Extrema:

$P_1(0\,;\,0)$

$a < 0$: Ma

$a = 0$: Sa

$a > 0$: Mi

$\underbrace{P_2\left(\frac{4}{3}a\,;\,\frac{32}{27}a^3\right)}_{a<0:\text{Mi},\ a=0:\text{Sa},\ a>0:\text{Ma}}$

Wendepunkte:

$W(\frac{2}{3}a\,;\,\frac{16}{27}a^3)$

c) Nullstellen:

0, $\sqrt{a}$ und $-\sqrt{a}$

Sym. zur y-Achse

Extrema:

$T(\sqrt{\frac{a}{2}}\,;\,-\frac{a^2}{4})$

$T(-\sqrt{\frac{a}{2}}\,;\,-\frac{a^2}{4})$

$H(0\,|\,0)$

Wendepunkte:

$W(\pm\sqrt{\frac{a}{6}}\,;\,-\frac{5}{36}a^2)$

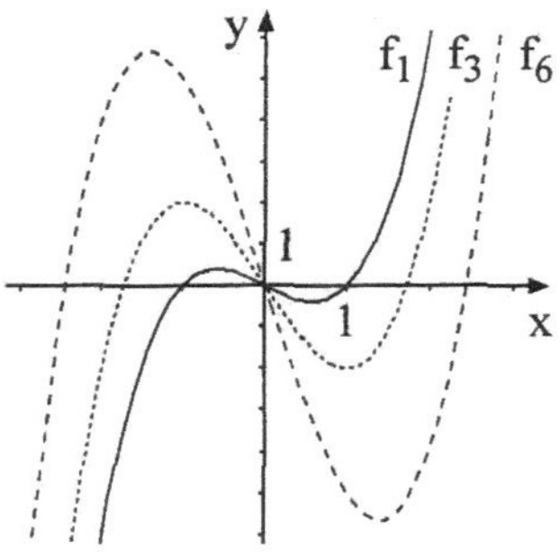

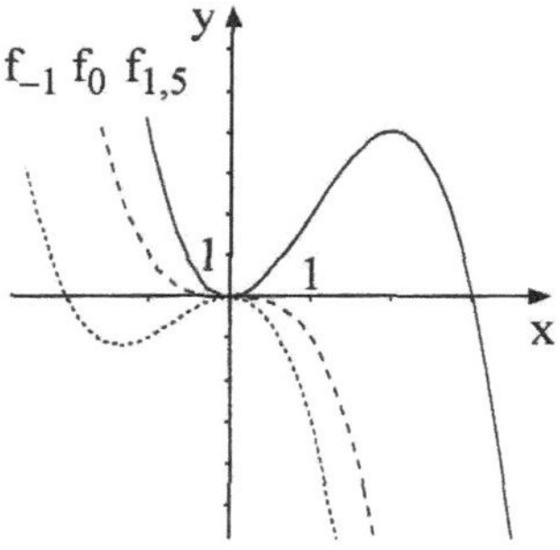

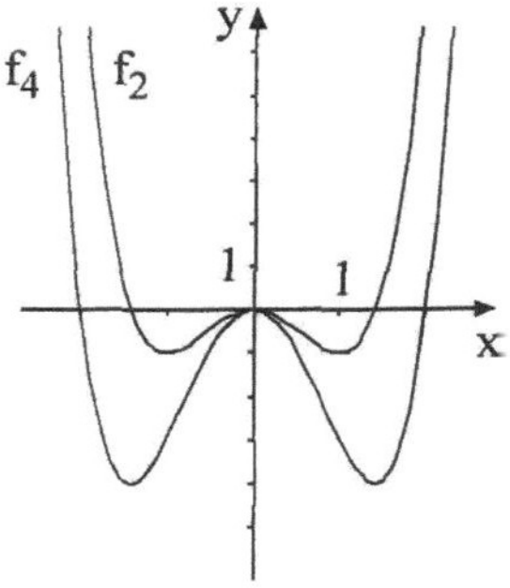

3. Es muss $a \neq 1$ gelten. Für $a = 1$ ist der Graph eine Gerade. 102
   a) Symmetrie : Punktsymmetrie zum Ursprung

   Nullstellen : $x_1 = 0$, $x_{2/3} = \pm\sqrt{\frac{3a}{a-1}}$, $a < 0, a > 1$

   Ableitungen : $f'(x) = (a-1)x^2 - a$
   $f''(x) = 2(a-1)x$
   $f'''(x) = 2(a-1)$

   Extrema : $E_1\left(\sqrt{\frac{a}{a-1}} \,\middle|\, -\frac{2}{3}a\sqrt{\frac{a}{a-1}}\right)$
   $a > 1$: Mi, $a < 0$: Ma

   $E_2\left(-\sqrt{\frac{a}{a-1}} \,\middle|\, \frac{2}{3}a\sqrt{\frac{a}{a-1}}\right)$
   $a > 1$: Ma, $a < 0$: Mi

   Wendepunkte: $W(0 \mid 0)$

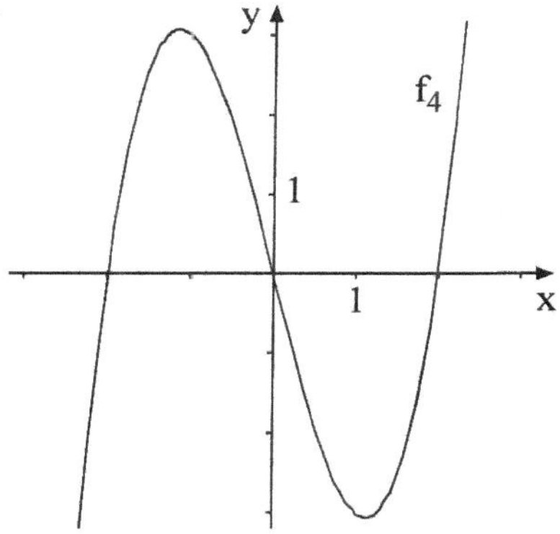

   b) $a > 1$: 3 Nullstellen, $a < 0$: 3 Nullstellen
   ($a = 0$: 1 Nullstelle), ($a = 1$: 1 Nullstelle)

4. a) $f_a'(x) = \frac{1}{4}(4x^3 - 2ax)$, $f_a''(x) = \frac{1}{4}(12x^2 - 2a)$, $f'''(x) = 6x$

   $f_a''(1) = 0 \Leftrightarrow a = 6$, $W_1\left(1 \,\middle|\, -\frac{5}{4}\right)$, $W_2\left(-1 \,\middle|\, -\frac{5}{4}\right)$

   b) $x_W^2 = \frac{a}{6} \Rightarrow x_{W_{1/2}} = \pm\sqrt{\frac{a}{6}}$, $y_{W_{1/2}} = -\frac{5a^2}{144}$, $f_a'\left(\pm\sqrt{\frac{a}{6}}\right) = -\frac{a}{3}\left(\pm\sqrt{\frac{a}{6}}\right) = m_{1/2}$

   Mit der 2-Punktegleichung $y(x) = m(x - x_W) + y_W$ erhalten wir die

   Tangentengleichungen: $y_1(x) = -\frac{a}{18}\sqrt{6a}\left(x - \frac{1}{6}\sqrt{6a}\right) - \frac{5a^2}{144} = -\frac{a}{18}\sqrt{6a}\cdot x + \frac{3a^2}{144}$

   $y_2(x) = \frac{a}{18}\sqrt{6a}\left(x + \frac{1}{6}\sqrt{6a}\right) - \frac{5a^2}{144} = \frac{a}{18}\sqrt{6a}\cdot x + \frac{3a^2}{144}$

Knobelaufgabe

Der große Zeiger einer Uhr bewegt sich 12 mal schneller als der kleine Zeiger und überstreicht in 1 Stunde einen Winkel von 360°, während der kleine Zeiger nur einen Winkel von 30° in 1 Stunde überstreicht. Dreht sich der kleine Zeiger mit einem Winkel α, so überstreicht der große Zeiger in dieser Zeit einen Winkel von 12α. Da die Zeiger sich in die gleiche Richtung bewegen, beträgt das zwischen beiden Zeigern liegende Winkelmaß 11α. Wenn beide Zeiger erneut übereinander stehen sollen, muss also $11\alpha = 360°$ sein und somit $\alpha = \frac{360°}{11} = 32,\overline{72}\,°$ betragen.

Da der kleine Zeiger für $\alpha = 30°$ 1 Stunde bzw. 3600 Sekunden benötigt, werden für $\alpha = 32,\overline{72}\,°$ also $32,\overline{72} \cdot 120 = 3927,\overline{27}$ Sekunden bzw. 65 Minuten und $27,\overline{72}$ Sekunden benötigt.
Resultat: Es müssen also (ungefähr) 65 Minuten und 27,3 Sekunden verstreichen, bis die Zeiger erneut übereinander stehen.

7. Gebrochen-rationale Funktionen

104 1. a) $f(x) = x^2 + 4x - 6 - \frac{49}{x-5}$ ist gebr.-rat. b) $f(x) = x^2 + 2x - 3$ ist ganzrat.

2. a) $f(x) = \frac{1}{3x-2}$ gebr. b) $f(x) = \frac{x^3+6x^2+11x+6}{x^2+5x+6} = x + 1$ ganzrat.
c) $f(x) = \frac{x^3-6x^2+12x-8}{3x-5} = \frac{1}{3}x^2 - \frac{13}{9}x + \frac{43}{27} - \frac{1}{27(3x-5)}$ gebr. d) $f(x) = \frac{x^4+2x^3+x^2}{x^2+2x+1} = x^2$

107 3. a) Pol mit Vorzeichenwechsel von + nach – bei $x = -2$
b) Pol ohne Vorzeichenwechsel bei $x = 1$ c) hebbare Lücke bei $x = 3$: $\lim\limits_{x \to 3} f(x) = 4$
d) hebbare Lücke bei $x = 1$: $\lim\limits_{x \to 1} f(x) = \frac{1}{2}$, Pol bei $x = -1$ mit VZW von – nach +

109 4. a) Pol mit Vorzeichenwechsel von – nach + bei $x = 2$, $A(x) = 1$
b) Pol mit Vorzeichenwechsel von – nach + bei $x = 3$, $A(x) = 2x+6$
c) Pol mit Vorzeichenwechsel von – nach + bei $x = 2$, $A(x) = x+2$
hebbare Lücke bei $x = -2$: $\lim\limits_{x \to -2} f(x) = -1$

110 5. a) $A(x) = 0$ b) $A(x) = 2$ c) $A(x) = \frac{3}{2}x + \frac{1}{4}$

111 6. a) $f(x) = x^2 + \frac{4}{x-2}$ gebr.-rat. b) $f(x) = x^2 - 2x + 1$ ganz-rational
c) $f(x) = x^2 - 2x + 1$ ganz-rational d) $f(x) = x^3 - 3x^2 + 6x - 18 + \frac{57}{x+3}$ gebr.

7. a) Pol mit Vorzeichenwechsel von + nach – bei $x = -1$, $A(x) = 1$
b) Pol mit Vorzeichenwechsel von – nach + bei $x = 2$, $A(x) = 3x+4$
c) $A(x) = 0$, keine Definitionslücken
d) Pol mit Vorzeichenwechsel von – nach + bei $x = 3$, $A(x) = x^2+3x+6$

8. a)
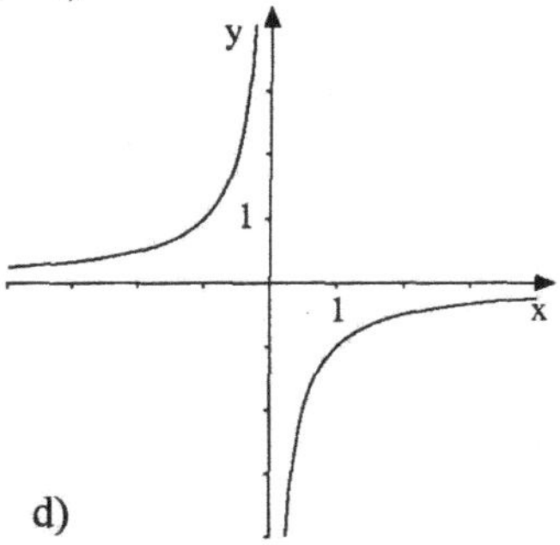

b)
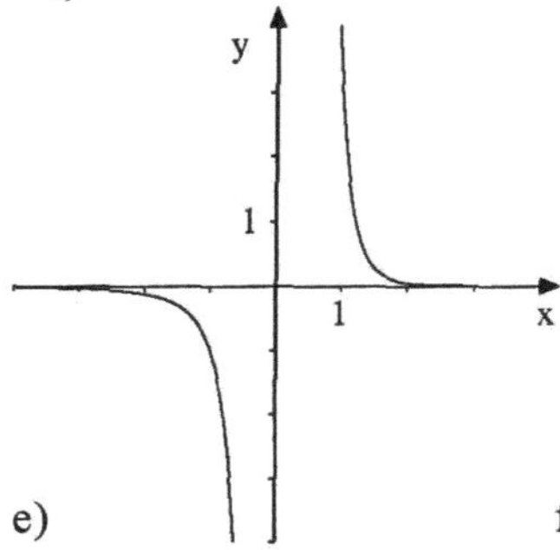

c)
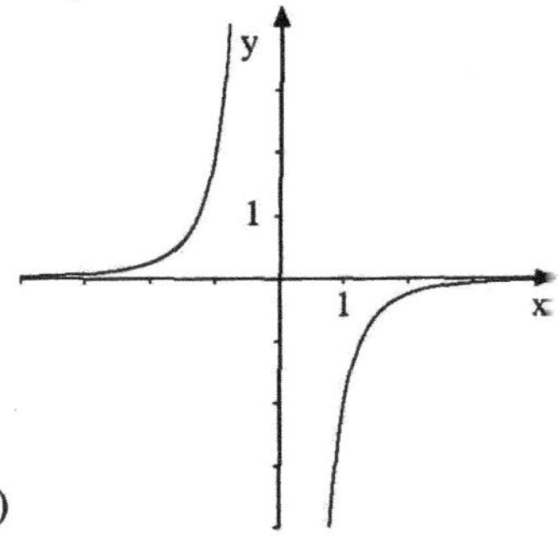

d)
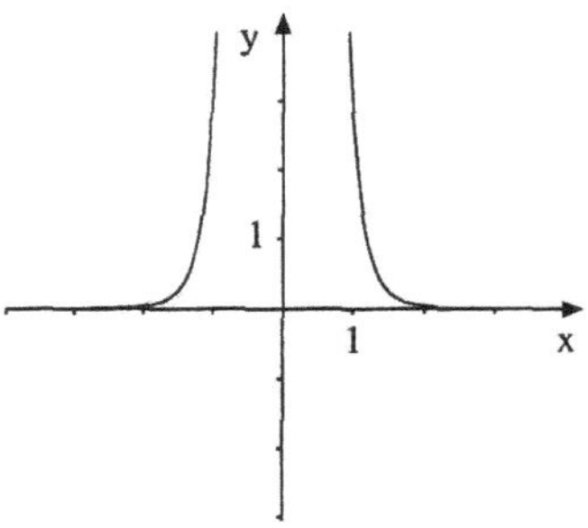

e)
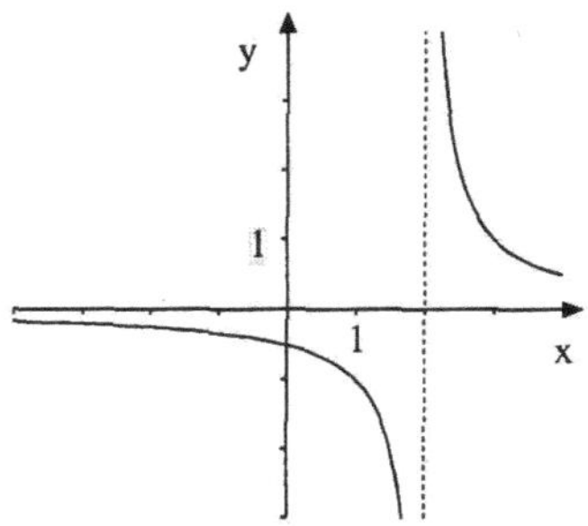

f)
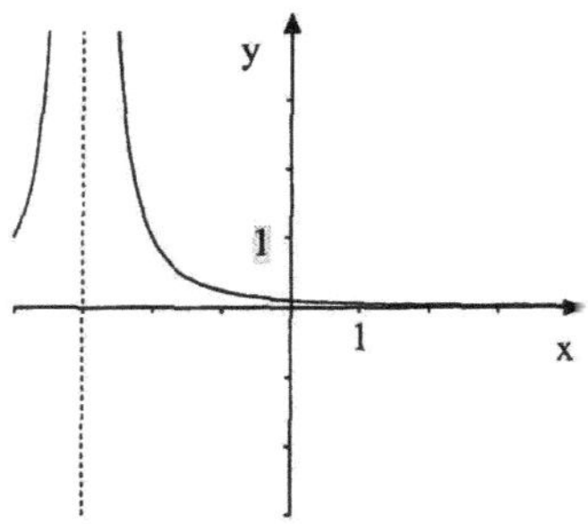

111

8. g)

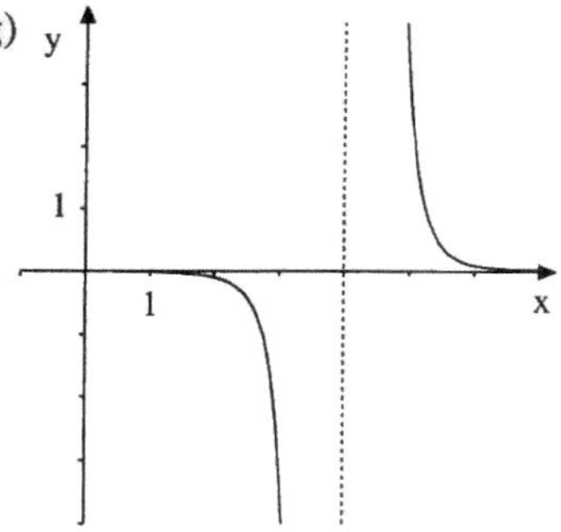

h)

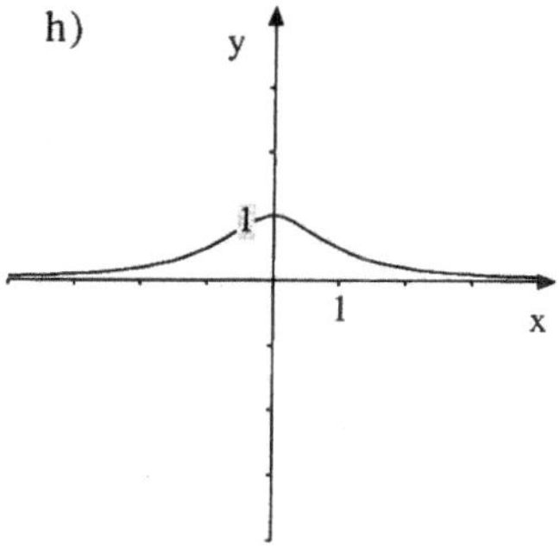

9. a)

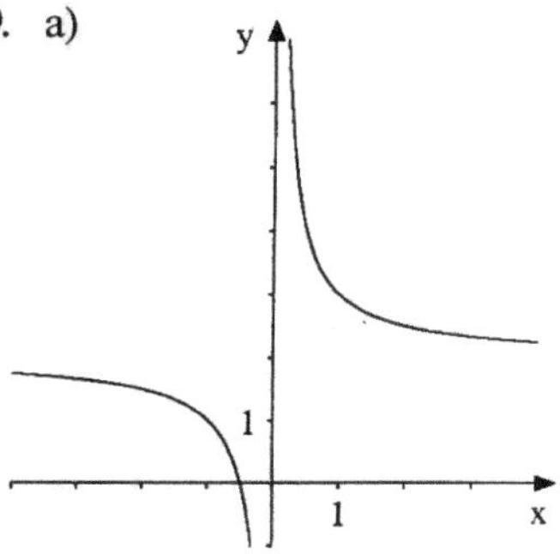

b)

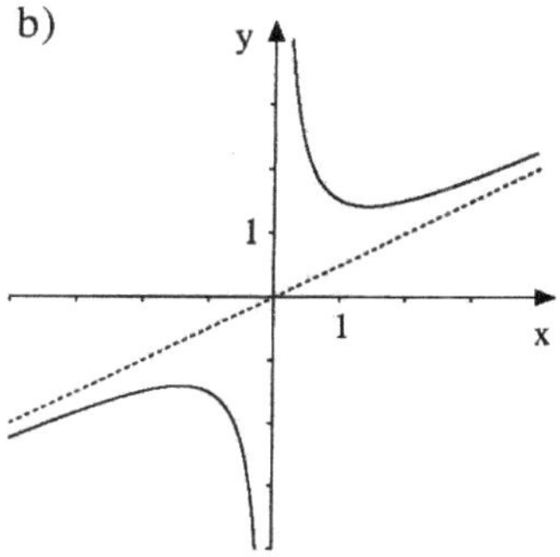

c)

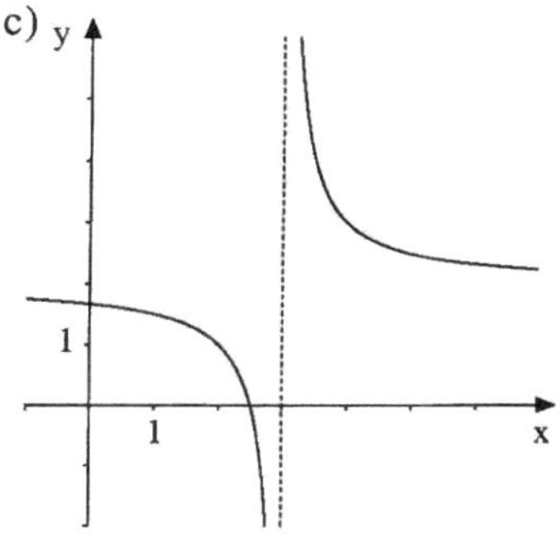

d)

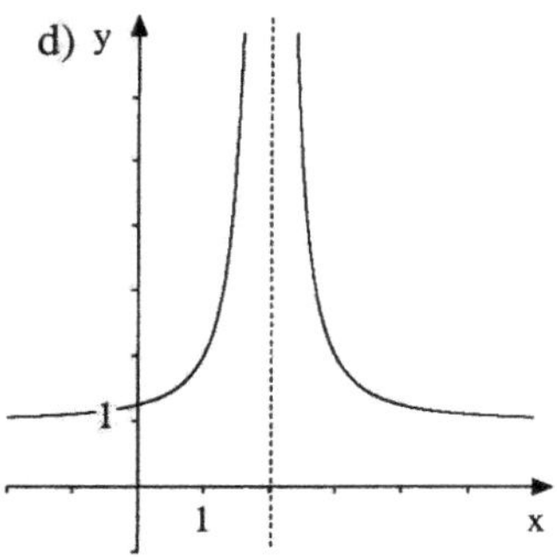

e)

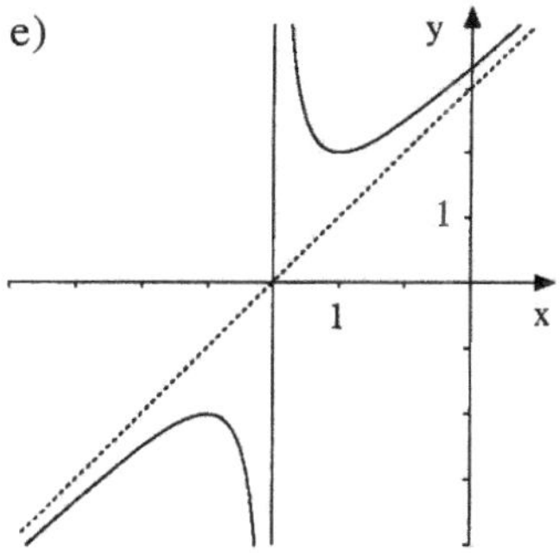

f)

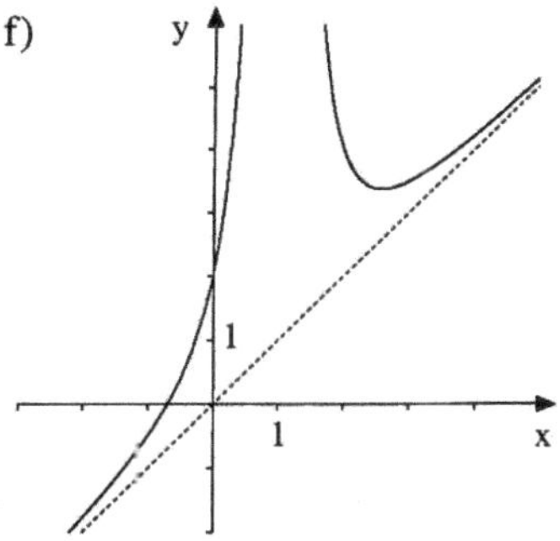

a) $f(x) = 2 + \frac{1}{x}$ b) $f(x) = \frac{1}{2}x + \frac{1}{x}$ c) $f(x) = 2 + \frac{1}{x-3}$

d) $f(x) = 1 + \frac{1}{(x-2)^2}$ e) $f(x) = x + 3 + \frac{1}{x+3}$ f) $f(x) = x + \frac{2}{(x-1)^2}$

10.a) $f(x) = \frac{1}{x} - 1$ b) $f(x) = \frac{1}{(x-2)^2}$ c) $f(x) = 2 + \frac{1}{x-1}$

d) $f(x) = x - \frac{1}{x}$ e) $f(x) = \frac{1}{2}x - 1 + \frac{1}{(x-2)^2}$ f) $f(x) = \frac{1}{(x-1)^2 \cdot (x+2)}$

11.a) $f(x) = \frac{1}{x-3} - 1$ b) $f(x) = \frac{1}{(x-5)^2} + x - \frac{1}{2}$ c) $f(x) = \frac{1}{x^2-4}$

d) $f(x) = \frac{x-1}{(x-5)(x-1)}$ e) $f(x) = \frac{1}{1+x^2} + x$

112 12. a) $f'(x)=\frac{-2x^2-4x+6}{(x^2+3)^2} \Rightarrow f'(-2)=\frac{6}{49}$, $f(-2)=\frac{-2}{7}$, $t(x)=\frac{6}{49}x-\frac{2}{49}$

b) Nullstelle bei $x=-1$: $f'(-1)=\frac{1}{2}$, $\tan\alpha=\frac{1}{2} \Rightarrow \alpha \approx 26{,}57°$

c) $f'(x)=0 \Rightarrow -2x^2-4x+6=0 \Rightarrow x_1=1$, $x_2=-3$ (waagerechte Tangenten)

13. a) $f'(x)=\frac{2x}{(x+1)^3}$, $f''(x)=\frac{-4x+2}{(x+1)^4}$, Stellen mit waagerechter Tangente: $f'(x)=0$, $x=0$

Überprüfen mit f'': $f''(0)=2>0$, Minimum T(0;0)

b) $f'(x)=\frac{3x^2+24x+36}{(x+4)^2}$, $f''(x)=\frac{24}{(x+4)^3}$, waagerechter Tangenten bei $x=-2$ und $x=-6$

$f''(-2)=3>0$, Minimum $T(-2|-3)$, $f''(-6)=-3<0$, Maximum $H(-6;-27)$

c) $f'(x)=\frac{-20x^3+10}{(x^3+1)^2}$, $f''(x)=\frac{60x^5-120x^2}{(x^3+1)^3}$, waagerechte Tangente bei $x=\sqrt[3]{\frac{1}{2}}\approx 0{,}7937$

$f''(\sqrt[3]{\frac{1}{2}})\approx -16{,}8<0$, Maximum H(0,79;5,29)

113 14. a) $f(x)=x^2+\frac{1}{x}$, $f'(x)=2x-\frac{1}{x^2}$, $f''(x)=2+\frac{2}{x^3}$, $f'''(x)=-\frac{6}{x^4}$

$f''(x)=\frac{2x^3+2}{x^3}=0 \Rightarrow x=-1$, $f'''(-1)=-6\neq 0 \Rightarrow W(-1;0)$

b) $f(x)=x+\frac{1}{x}$, $f'(x)=1-\frac{1}{x^2}$, $f''(x)=\frac{2}{x^3}$, $f'''(x)=-\frac{6}{x^4}$

$f''(x)\neq 0$ für alle $x\in\mathbb{R} \Rightarrow$ keine WP

c) $f'(x)=\frac{-2x^2+1}{(2x^2+1)^2}$, $f''(x)=\frac{8x^3-12x}{(2x^2+1)^3}$, $f'''(x)=\frac{-48x^4+144x-12}{(2x^2+1)^4}$

$f''(x)=0 \Rightarrow x_1=0, x_{2/3}=\pm\sqrt{\frac{3}{2}}$

$f'''(0)=-12\neq 0$, $f'''(\sqrt{\frac{3}{2}})\approx 0{,}22\neq 0$, $f'''(-\sqrt{\frac{3}{2}})\approx -1{,}58\neq 0$

$\Rightarrow W(0;0)$, $W(\sqrt{\frac{3}{2}};\frac{1}{4}\cdot\sqrt{\frac{3}{2}})$, $W(-\sqrt{\frac{3}{2}};-\frac{1}{4}\cdot\sqrt{\frac{3}{2}})$

bzw. W(0|0), W(1,22|0,31), W(−1,22|−0,31)

15. Polstelle bei $x=2$: $\Rightarrow f(x)=\frac{ax^2+b}{x-2}$

T(4;2): $\frac{16a+b}{2}=2 \Leftrightarrow$ I. $16a+b=4$

$f'(x)=\frac{ax^2-4ax-b}{(x-2)^2}$, $f'(4)=-\frac{b}{4}=0 \Rightarrow b=0$, $a=\frac{1}{4}$, $f(x)=\frac{x^2}{4(x-2)}$

114 16. a) $f'(x)=\frac{4}{(x+3)^2}$, $f''(x)=\frac{-8}{(x+3)^3}$

b) $f'(x)=\frac{8-x}{x^3}$, $f''(x)=\frac{2x-24}{x^4}$

c) $f'(x)=\frac{x^2-1}{x^2}$, $f''(x)=\frac{-2}{x^3}$

d) $f'(x)=-\frac{1}{3}\cdot\frac{x+24}{x^3}$, $f''(x)=\frac{1}{3}\cdot\frac{2x+72}{x^4}$

17. a) $f'(x)=\frac{2x^2+2x-8}{(2x+1)^2}$, $f'(-1)=-8$, $f(-1)=-5$

Tangentengleichung: $t(x)=-8(x+1)-5=-8x-13$

Normalengleichung: $n(x)=\frac{1}{8}(x+1)-5=\frac{1}{8}x-\frac{39}{8}$

18. a) $f'(x) = \frac{9}{(x+2)^2}$, Nullstelle $N(1|0)$, Anstieg in $x = 1$: $f'(1) = 1 = \tan\alpha$, $\alpha = 45°$ 114

b) f schneidet die y-Achse im Punkt $Y(0;-1,5)$, Anstieg in Y: $f'(0) = 2,25 = \tan\beta$, $\beta \approx 66,03°$
Der Graph von f schneidet die y–Achse unter einem Winkel von $90° - 66,03° = 23,96°$.

19. a) $f(x) = \frac{1}{3} - \frac{1}{x}$, $f'(x) = \frac{1}{x^2} = m = 1$ für $x_{1/2} = \pm 1$, $P_1(-1;\frac{4}{3})$, $P_2(1;-\frac{2}{3})$

$t_1(x) = (x+1) + \frac{4}{3} = x + \frac{7}{3}$, $t_2(x) = (x-1) - \frac{2}{3} = x - \frac{5}{3}$

b) $f = g$: $S(2;1)$, $T(-2;1)$, $f'(2) = -1 = g'(2)$, $f'(-2) = 1 = g'(-2)$

c) I. $mx = \frac{1}{x^2}$, II. $m = -\frac{1}{f'(x)} = \frac{x^3}{2}$ $\Rightarrow$ $x^6 = 2$, $x = \pm\sqrt[6]{2}$, $n(x) = \pm\sqrt[6]{2} \cdot x$

20. a) Asymptote: $A(x) = \frac{1}{2}(x^2 - x + 1)$
Polstelle mit VZW bei $x = -1$
Nullstelle: $x = 0$

$f'(x) = \frac{x^2\,(2x+3)}{2(x+1)^2}$

$f''(x) = \frac{x(x^2+3x+3)}{(x+1)^3}$, $f'''(x) = \frac{3}{(x+1)^4}$

Extrema: $T(-1,5;3,38)$
Wendepunkte: $S(0;0)$

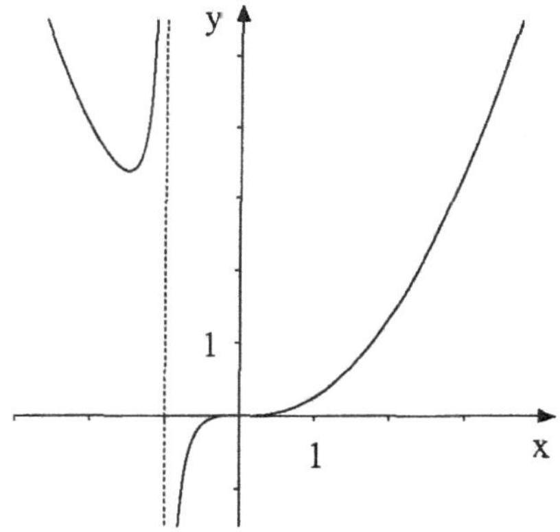

b) Asymptote: $A(x) = \frac{2}{3}x + \frac{2}{9}$

$D = \mathbb{R} / \{0\}$, Polstelle mit VZW bei $x = \frac{4}{3}$
Nullstellen: $x = 0$, $x = 1$

$f'(x) = \frac{2(3x^2-8x+4)}{(3x-4)^2}$

$f''(x) = \frac{16}{(3x-4)^3}$

Extrema: $H(0,67;0,22)$, $T(2;2)$
Wendepunkte: keine

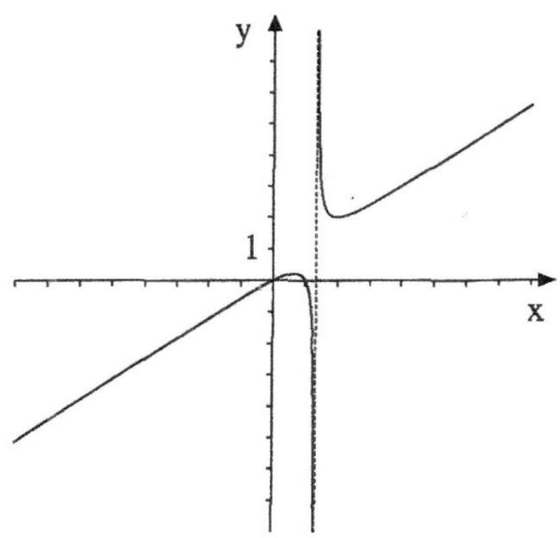

c) Asymptote: $A(x) = 1$
keine Definitionslücken
Nullstellen: $x = -1$, $x = 1$

$f'(x) = \frac{4x}{(x^2+1)^2}$, $f''(x) = \frac{-4(3x^2-1)}{(x^2+1)^3}$

$f'''(x) = \frac{48x(x^2-1)}{(x^2+1)^4}$

Extrema und Wendepunkte: $T(0;-1)$
$W_1(-0,58;-0,5)$, $W_2(0,58;-0,5)$

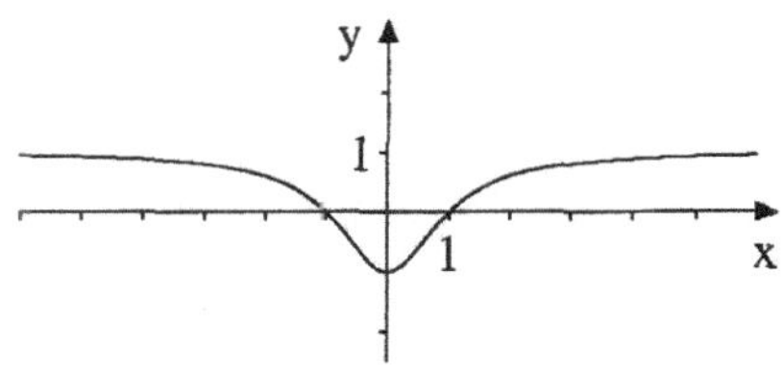

114 20.d) Asymptote: $A(x) = 1$

$D = \mathbb{R} / \{1\}$, Polstelle ohne VZW bei $x = 1$

Nullstelle: $x = 0$

$f'(x) = \frac{-2x}{(x-1)^3}$, $f''(x) = \frac{2(2x+1)}{(x-1)^4}$

$f'''(x) = \frac{-12(x+1)}{(x-1)^5}$

Extrema: T(0;0)

Wendepunkte: W(−0,5;0,11)

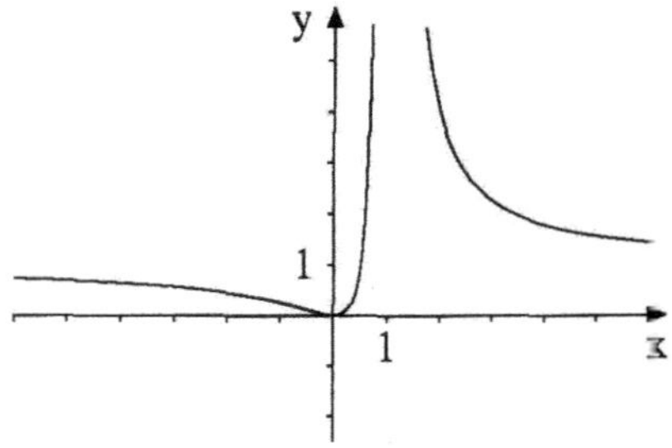

e) Asymptote: $A(x) = 2$

keine Definitionslücken

Nullstelle: $x = 0$

$f'(x) = \frac{16x}{(x^2+4)^2}$, $f''(x) = \frac{-16(3x^2-4)}{(x^2+4)^3}$

$f'''(x) = \frac{192x(x^2-4)}{(x^2+4)^4}$

Extrema: T(0;0)

Wendepunkte:

$W_1(-1,15;0,5)$, $W_2(1,15;0,5)$

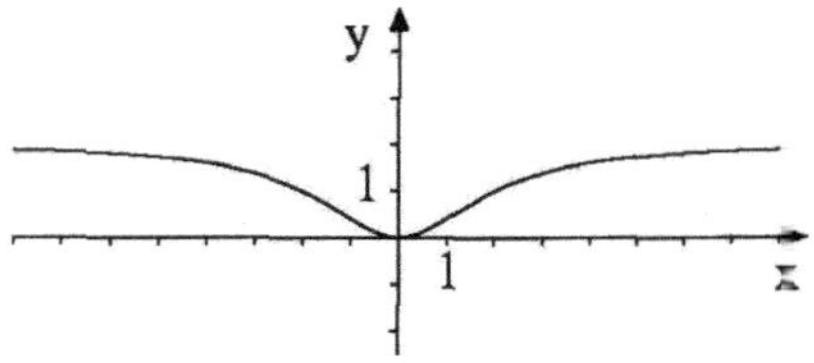

f) Asymptote: $A(x) = 1$

$D = \mathbb{R} / \{0;3\}$, Polstellen mit VZW bei $x = 0$, x

Nullstellen: $x = 0,38$, $x = 2,62$

$f'(x) = \frac{3-2x}{x^2(x-3)^2}$, $f''(x) = \frac{6(x^2-3x+3)}{x^3(x-3)^3}$

Extrema: H(1,5;0,56)

Wendepunkte: keine

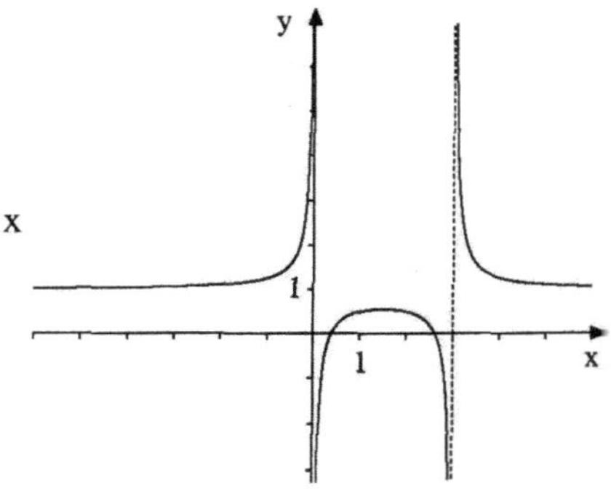

21.a) $D = \mathbb{R} \setminus \{0\}$

Polstelle ohne VZW bei $x = 0$

Achsensymmetrie zur y-Achse

keine Nullstellen

$f'(x) = \frac{x^4-16}{2x^3}$, $f''(x) = \frac{x^4+48}{2x^4}$

Extrema: $T_1(-2;2)$, $T_2(2;2)$

keine Wendepunkte

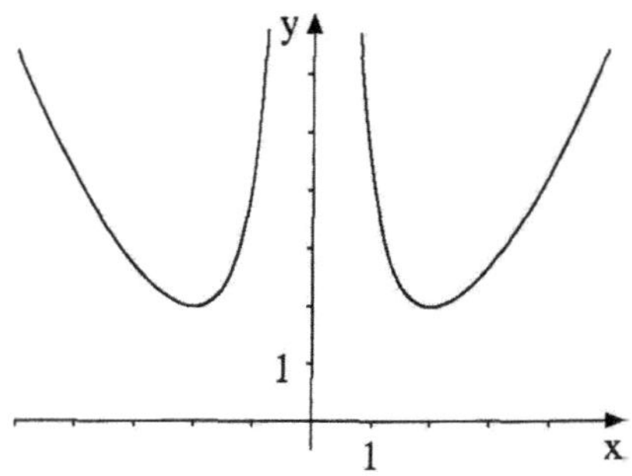

b) $\lim\limits_{|x|\to\infty} [f(x) - g(x)] = \lim\limits_{|x|\to\infty} (\frac{x^4}{4} + \frac{4}{x^2} - \frac{x^2}{4}) = \lim\limits_{|x|\to\infty} \frac{4}{x^2} = 0$

d) $f'(4) = 1,875$, $f(4) = 4,25$, Tangente: $t(x) = 1,875(x-4) + 4,25 = 1,875x - 3,25$

22. Ansatz: $f(x) = ax + \frac{b}{x^2}$, $f'(x) = a - \frac{2b}{x^3}$ 114

$$\left.\begin{array}{lll} (1) & f'(-1) = 0, & a + 2b = 0 \\ (2) & f(-1) = -1{,}5, & -a + b = -1{,}5 \end{array}\right\} \Rightarrow f(x) = \frac{x^3 - 0{,}5}{x^2}$$

23. Ansatz: $f(x) = a + \frac{b-ac}{x+c}$, $f'(x) = \frac{ac-b}{(x+c)^2}$

$$\left.\begin{array}{lll} (1) & N(3) = 0, & 3 + c = 0 \\ (2) & A(x) = -1, & a = -1 \end{array}\right\} \Rightarrow f(x) = \frac{-x+2}{x-3}$$

116 24. $f'(x) = \frac{x^2-1}{x^2}$, $f''(x) = \frac{2}{x^3}$

Nullstellen: keine
Symmetrie: zum Ursprung
Extrema: T(−1;−2) , H(1;2)
Wendepunkte: keine

$D = \mathbb{R} / \{0\}$

Polstelle mit VZW von − nach + bei x = 0
Asymptote: A(x) = x

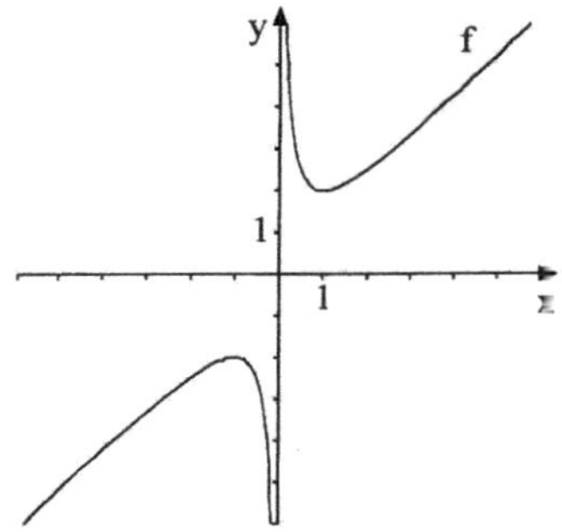

25. Asymptote: A(x) = x+3

$D = \mathbb{R} / \{0\}$

Polstelle bei x = 0 ohne VZW
Nullstellen: x = 1, x = −2

$f'(x) = 1 + \frac{8}{x^3}$, $f''(x) = -\frac{24}{x^4}$

$f'(x) = 0$: $x = -2$, $f''(-2) < 0$, H(−2;0)

keine Wendepunkte

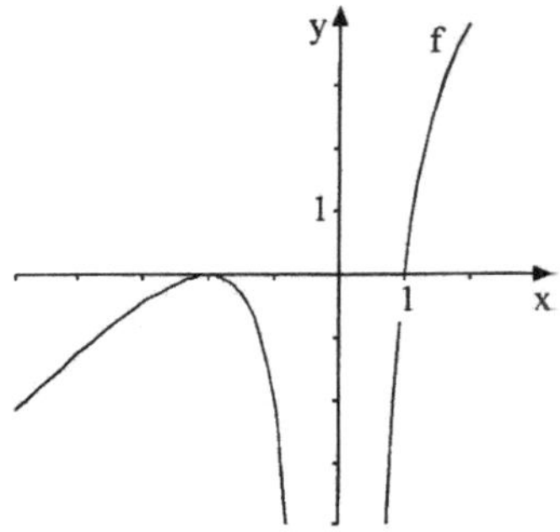

26. $f'(x) = \frac{x^2-2x+2}{4(x-1)^2}$, $f''(x) = -\frac{1}{2(x-1)^3}$

$D = \mathbb{R} / \{1\}$

Polstelle bei x = 1 mit VZW von + nach −
Nullstellen: x = 0 , x = 2
keine Symmetrie, keine Extrema, keine W.P.
Asymptote: A(x) = 0,25(x−1)

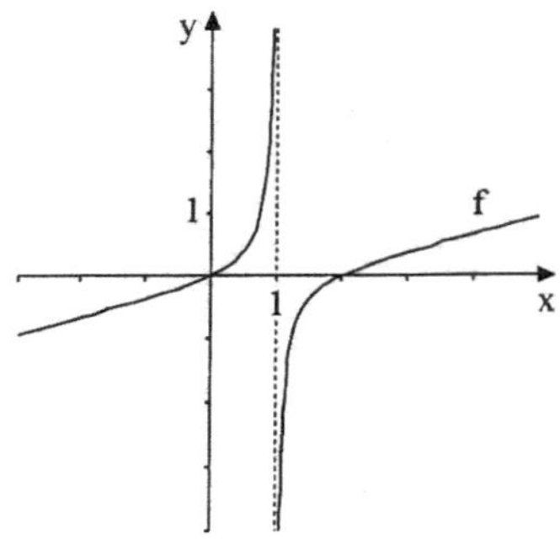

27. $f'(x) = \frac{x^2(2x+3)}{2(x+1)^2}$, $f''(x) = -\frac{x(x^2+3x+3)}{(x+1)^3}$

$f'''(x) = \frac{3}{(x+1)^4}$

$D = \mathbb{R} / \{-1\}$

Polstelle bei x = −1 mit VZW von + nach −
Nullstellen: x = 0
keine Symmetrie

Extrema: $T(-\frac{3}{2}; \frac{27}{8})$

Wendepunkte: S(0;0) (Sattelpunkt)

Asymptote: $A(x) = \frac{x^2-x+1}{2}$

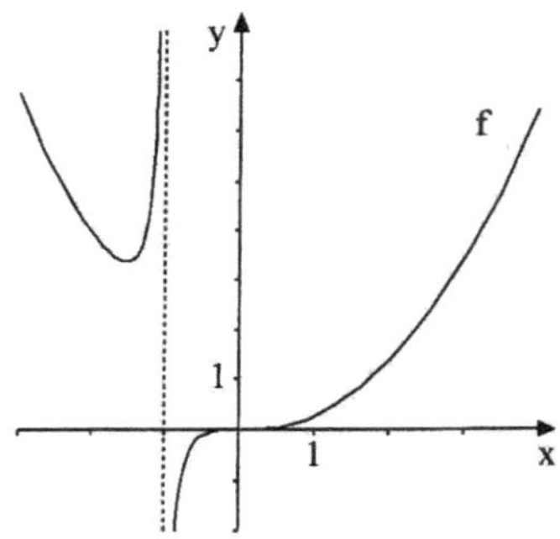

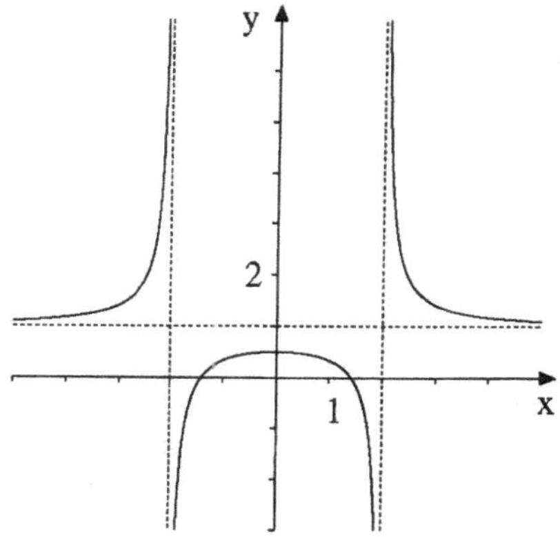

28. Asymptote: $A(x) = 1$ 116

Polstellen mit VZW bei $x = -2$ und $x = 2$

Nullstellen: $x = \pm\sqrt{2}$

$f'(x) = \frac{-4x}{(x^2-4)^2}$, $f''(x) = \frac{12x^2+16}{(x^2-4)^3}$

Extrema: H(0;0,5) , keine Wendepunkte

Knobelaufgabe s.S. 56

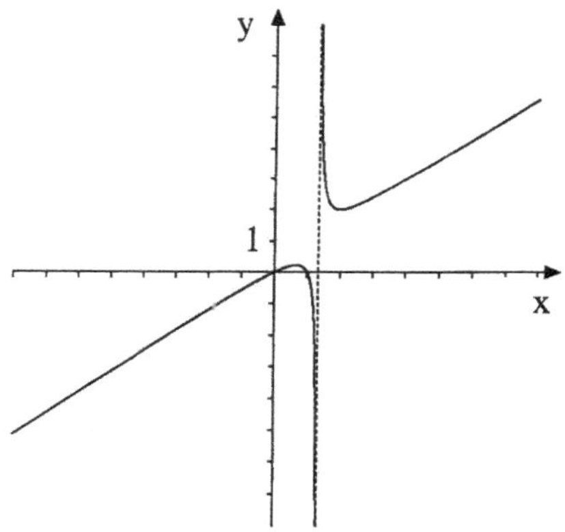

29. a) Asymptote: $A(x) = \frac{2}{3}x + \frac{2}{9}$ 117

$D = \mathbb{R}/\{0\}$, Polstelle mit VZW bei $x = \frac{4}{3}$

Nullstellen: $x = 0$, $x = 1$

$f'(x) = \frac{2(3x^2-8x+4)}{(3x-4)^2}$

$f''(x) = \frac{16}{(3x-4)^3}$

Extrema: H(0,67;0,22), T(2;2)

Wendepunkte: keine

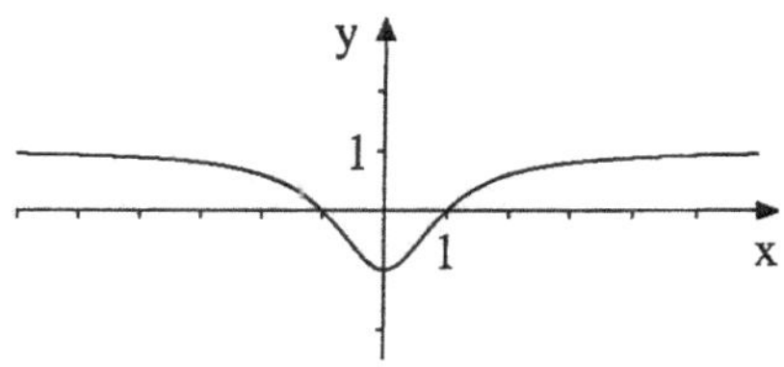

b) Asymptote: $A(x) = 1$

keine Definitionslücken

Nullstellen: $x = -1$, $x = 1$

$f'(x) = \frac{4x}{(x^2+1)^2}$, $f''(x) = \frac{-4(3x^2-1)}{(x^2+1)^3}$

$f'''(x) = \frac{48x(x^2-1)}{(x^2+1)^4}$

Extrema und Wendepunkte: T(0;−1)

$W_1(-0{,}58;-0{,}5)$, $W_2(0{,}58;-0{,}5)$

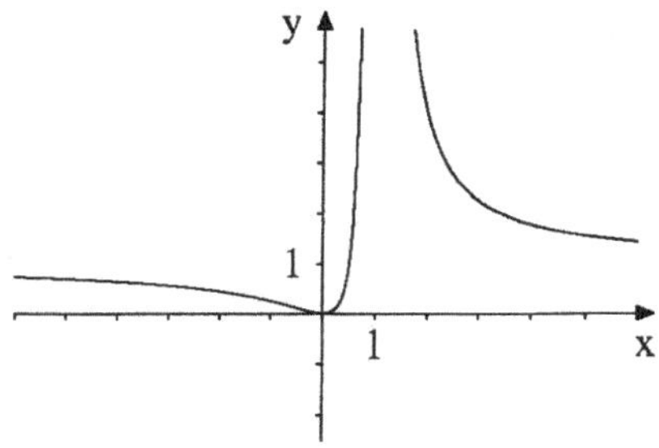

c) Asymptote: $A(x) = 1$

$D = \mathbb{R}/\{1\}$, Polstelle ohne VZW bei $x = 1$

Nullstelle: $x = 0$

$f'(x) = \frac{-2x}{(x-1)^3}$, $f''(x) = \frac{2(2x+1)}{(x-1)^4}$

$f'''(x) = \frac{-12(x+1)}{(x-1)^5}$

Extrema: T(0;0)

Wendepunkte: W(−0,5;0,11)

117 29.d) Asymptote: $A(x) = 2$
keine Definitionslücken
Nullstelle: $x = 0$

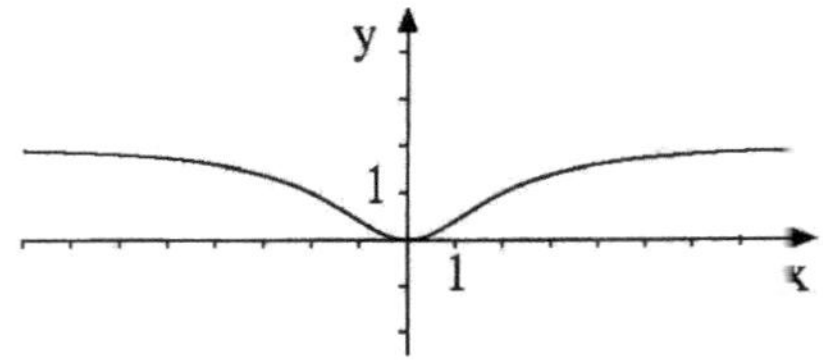

$$f'(x) = \frac{16x}{(x^2+4)^2}, \quad f''(x) = \frac{-16(3x^2-4)}{(x^2+4)^3}$$

$$f'''(x) = \frac{192x(x^2-4)}{(x^2+4)^4}$$

Extrema: T(0;0)
Wendepunkte:
$W_1(-1,15;0,5)$, $W_2(1,15;0,5)$

e) Asymptote: $A(x) = 1$

$D = \mathbb{R} / \{0;3\}$, Polstellen mit VZW bei $x = 0$, $x =$

Nullstellen: $x = 0,38$, $x = 2,62$

$$f'(x) = \frac{3-2x}{x^2(x-3)^2}, \quad f''(x) = \frac{6(x^2-3x+3)}{x^3(x-3)^3}$$

Extrema: H(1,5;0,56)
Wendepunkte: keine

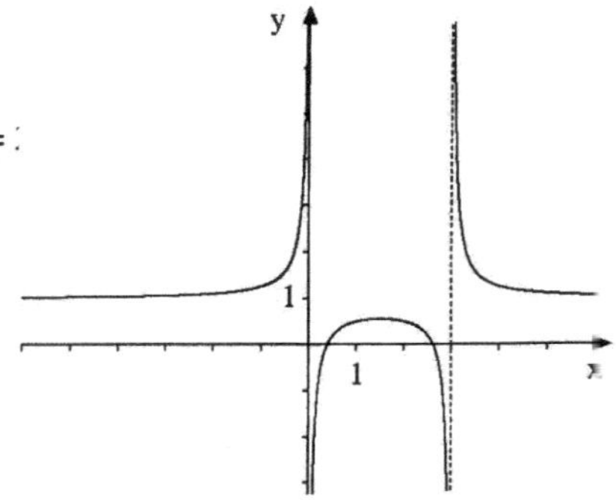

f) Asymptote: $A(x) = 1$

$D = \mathbb{R} / \{-2;2\}$, Polstellen mit VZW bei $x = -2$, $x = 2$

Nullstellen: keine

$$f'(x) = \frac{-16x}{(x^2-4)^2}, \quad f''(x) = \frac{16(3x^2+4)}{(x^2-4)^3}$$

Extrema: H(0;–1)
Wendepunkte: keine

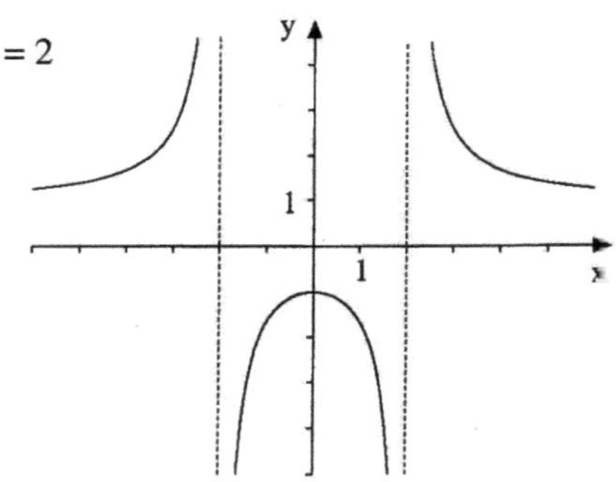

g) Asymptote: $A(x) = 2$
keine Definitionslücken
Nullstellen: $x = -2,62$, $x = -0,38$

$$f'(x) = -\frac{6(x^2-1)}{(x^2+1)^2}, \quad f''(x) = \frac{12x(x^2-3)}{(x^2+1)^3}$$

$$f'''(x) = -\frac{36(x^4-6x^2+1)}{(x^2+1)^4}$$

Extrema: T(–1;–1), H(1;5)
Wendepunkte: $W_1(-1,73;-0,6)$
$W_2(0;2)$, $W_3(1,73;4,6)$

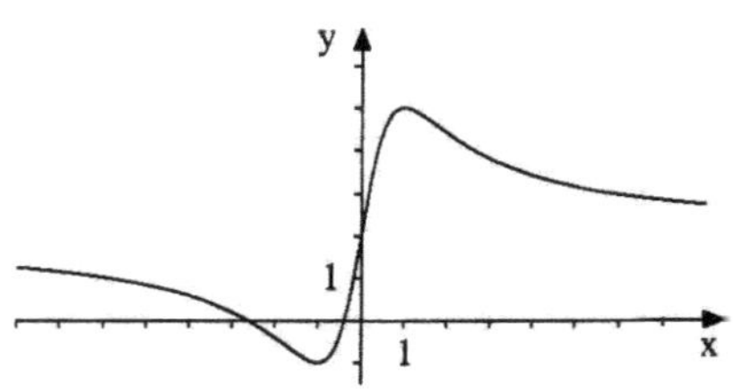

30.a) $D = \mathbb{R} \setminus \{0\}$ 117
Polstelle ohne VZW bei $x = 0$
Achsensymmetrie zur y-Achse
keine Nullstellen
$f'(x) = \frac{x^4-16}{2x^3}$, $f''(x) = \frac{x^4+48}{2x^4}$
Extrema: $T_1(-2;2)$, $T_2(2;2)$
keine Wendepunkte

c)
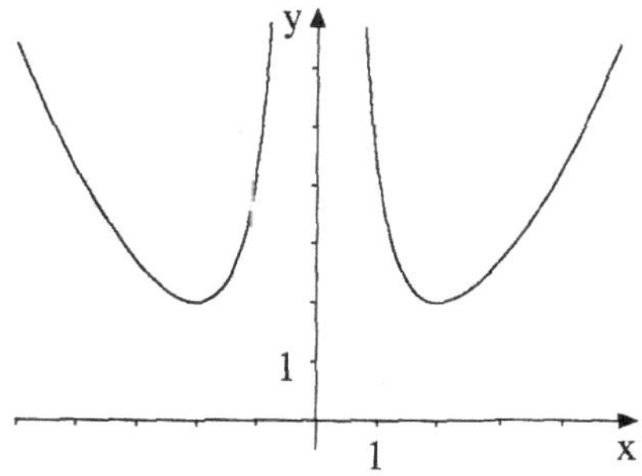

b) $\lim\limits_{|x|\to\infty} [f(x) - g(x)] = \lim\limits_{|x|\to\infty} \left(\frac{x^4}{4} + \frac{4}{x^2} - \frac{x^2}{4}\right) = \lim\limits_{|x|\to\infty} \frac{4}{x^2} = 0$

d) $f'(4) = 1{,}875$, $f(4) = 4{,}25$, Tangente: $t(x) = 1{,}875(x-4) + 4{,}25 = 1{,}875x - 3{,}25$

31.a) $D = \mathbb{R}$, Asymptote: $A(x) = -1$
Achsensymmetrie zur y-Achse
keine Definitionslücken
Nullstellen: $x = \pm\sqrt{8} \approx \pm 2{,}83$, $Y(0;2)$

$f'(x) = \frac{-24x}{(x^2+4)^2}$, $f''(x) = \frac{72x^2-96}{(x^2+4)^3}$
$f'''(x) = \frac{-288x^3+1152x}{(x^2+4)^4}$

Extrema: $H(0;2)$
Wendepunkte:
$W_1(-1{,}15;1{,}25)$, $W_2(1{,}15;1{,}25)$

b)
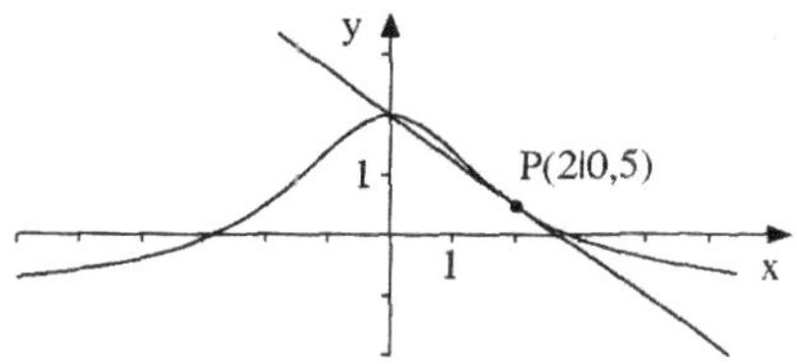

c) $t(x) = -0{,}75x + 2$, Schnittpunkt mit der y-Achse $S(0;2)$, Schnittwinkel $\alpha = 53{,}13°$

32 a) $D = \mathbb{R} \setminus \{0\}$
Asymptote: $A(x) = x^2 + 3x$
Polstelle mit VZW bei $x = 0$
Nullstellen: $x = -2$, $x = 1$

$f'(x) = \frac{2x^3+3x^2+4}{x^2}$, $f''(x) = \frac{2x^3-8}{x^3}$
$f'''(x) = \frac{24}{x^4}$

Extrema: $T(-2;0)$
Wendepunkte: $W(1{,}59;4{,}76)$

b)
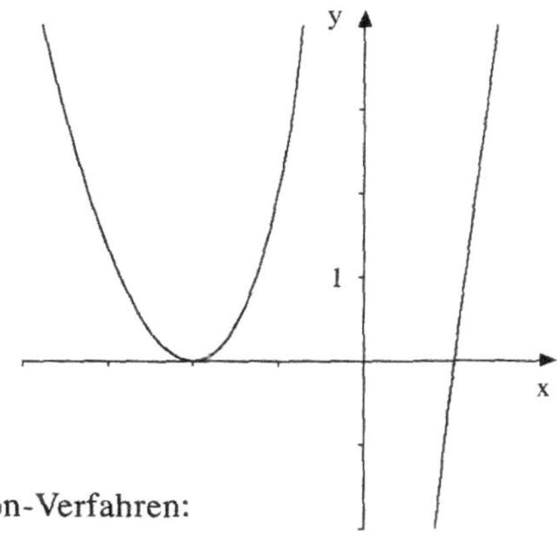

c) $t(x) = 7{,}76x - 7{,}58$

d) $f'(1) = 9$, Kurvennormale: $n(x) = -\frac{1}{9}(x-1)$

e) $f(x) = 10 \iff 2x^3 + 6x^2 - 20x - 8 = 0$, Newton-Verfahren:

$$x_{n+1} = x_n - \frac{2x_n^3+6x_n^2-20x_n-8}{6x_n^2+12x_n-20}, \quad x_0 = 2,\ x_1 = \frac{16}{7} \approx 2{,}286,\ x_2 \approx 2{,}247,\ x_3 \approx 2{,}4581$$

119

33.a) Asymptote: $A(x) = -\frac{1}{t}x$

$D = \mathbb{R}/\{0\}$, Polstelle ohne VZW bei $x = 0$

Nullstelle: $x = \sqrt[3]{4} \cdot t$

$f_t'(x) = -\frac{x^3+8t^3}{tx^3}$, $f_t''(x) = \frac{24t^2}{x^4}$

Extrema: T(-2t;3)

Wendepunkte: keine

b) $T(-2t;3)$, $t = 0{,}5$

c) $y(x) = 3$

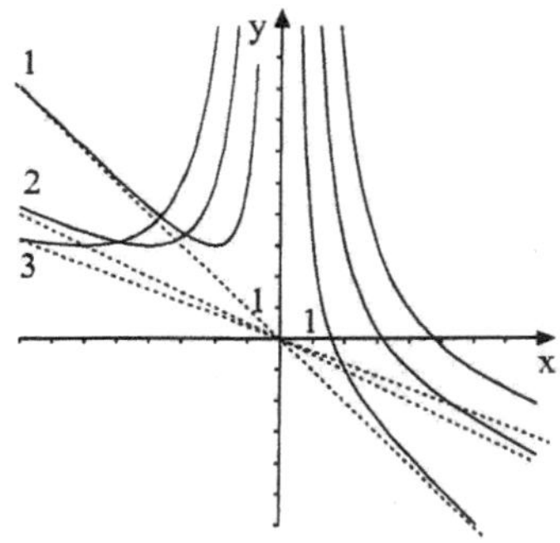

34.a) $D = \mathbb{R} \setminus \{-1\}$, Nullstellen: $x_{1/2} = \pm\sqrt{1-t}$, nur für $0 < t \le 1$

Polstelle mit VZW bei $x = -1$, Asymptote: $A(x) = x - 1$

$f_t'(x) = \frac{x^2+2x+1-t}{(x+1)^2}$

$f_t''(x) = \frac{2t}{(x+1)^3}$, $f_t'''(x) = \frac{-6t}{(x+1)^4}$

Extrema:

$T(-1+\sqrt{t};2\sqrt{t}-2)$, $H(-1-\sqrt{t};-2\sqrt{t}-2)$

Wendepunkte: keine

b) Ortskurve der Tiefpunkte: $y = 2x$

c) $f'(x) = \frac{x^2+2x-3}{(x+1)^2}$

Gesucht sind die Stellen, an denen $f_4'(x) = -1$ ist:

$x^2 + 2x - 3 = -(x+1)^2$

$\Leftrightarrow x^2 + 2x - 1 = 0$, $x = -1 \pm \sqrt{2}$

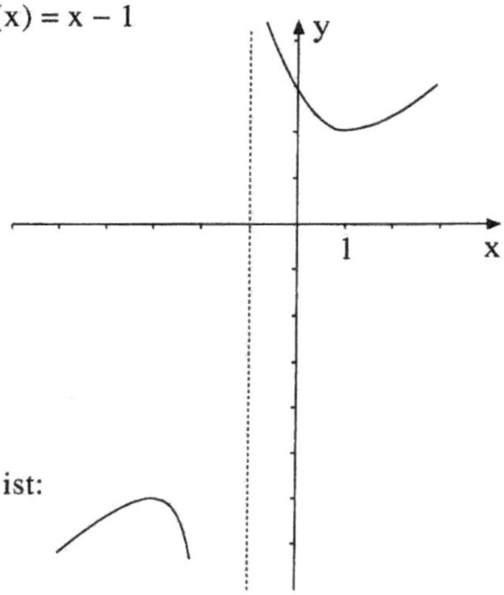

Lösung der Knobelaufgabe von S. 116:
Alfred: A, Balduin: B, Claus: C, Detlef: D
W: im Westen Wohnender, S: im Süden Wohnender
O: im Osten Wohnender, W: im Westen Wohnender

2 der 4: A und N sind Geiger, die anderen 2: C und O spielen keine Geige.
Das bedeutet, dass A und C W und S sind.
Dann müssen aber D und B N und O sein.
Da D jünger als N ist, muss er O sein und damit ist B N.
Da C älter als W ist, muss er S sein und damit ist A W.

Resultat: a) Alfred wohnt im Westen.
Balduin wohnt im Norden.
Claus wohnt imSüden und Detlef wohnt im Osten

b) Alfred und Balduin spielen Geige

8. Trigonometrische Funktionen

1. 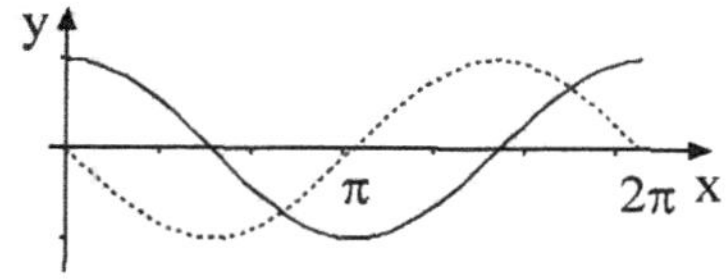

Vermutung: $f'(x) = -\sin x$ 122

2. Nullstellen: $\cos u = \frac{1}{3}$, $u \approx 1{,}23$, $u' \approx 5{,}05$, $x \approx 2{,}46$, $x' \approx 10{,}1$ 123

Extrema:

$f'(x) = -\frac{3}{2}\sin(\frac{1}{2}x) = 0$: $x = 0$, $x = 2\pi$, $x = 4\pi$, $H(0;2)$, $T(2\pi;-4)$, $H(4\pi;2)$

3. $f'(x) = -\sin(\frac{1}{2}x)$, $f''(x) = -\frac{1}{2}\cos(\frac{1}{2}x)$ 124

Extrema: $f'(x) = 0$ für $x = 0$, $x = 2\pi$, $x = 4\pi$

$f''(0) = -\frac{1}{2} < 0 \Rightarrow H(0;3)$, $f''(2\pi) = \frac{1}{2} > 0 \Rightarrow T(2\pi;-1)$, $f''(4\pi) < 0 \Rightarrow H(4\pi;3)$

Wendepunkte:
$f''(x) = 0$ für $x = \pi$, $x = 3\pi$, $W(\pi;1)$, $W(3\pi;1)$
momentane Änderungsrate: $f'(\pi) = -1$

$f'(x) = 0{,}5$: $\sin(\frac{1}{2}x) = -0{,}5$, $x \approx 7{,}33$, $x \approx 11{,}52$

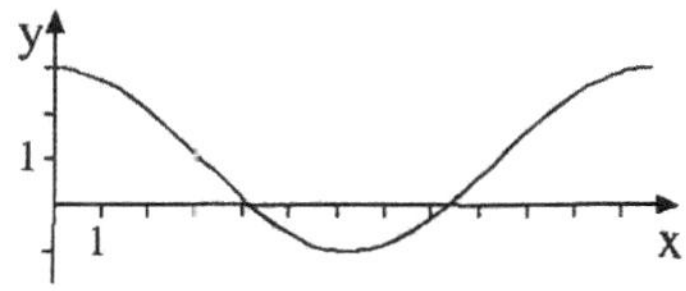

4. a) $f'(x) = 6\cos(2x - \frac{\pi}{2})$ b) $f'(x) = -2\sin(4x + \frac{\pi}{2})$ c) $f'(x) = -2\pi\sin(\frac{\pi}{3}x + 1)$ 125

d) $f'(x) = 2\cos(2x) + \frac{1}{2}\sin(\frac{1}{2}x)$

e) $f'(x) = \frac{\pi}{4}\cos(\frac{\pi}{4}x)\cos(2\pi x) - 2\pi\sin(\frac{\pi}{4}x)\sin(2\pi x)$

f) $f'(x) = 2(1 - 2\sin(\frac{1}{4}x)(-\frac{1}{2}\cos(\frac{1}{4}x))$

5. a) Periode: π

Nullstellen: $\cos u = \frac{1}{3}$, $u \approx 1{,}23$, $u' \approx 5{,}05$, $x \approx 1{,}4$, $x' \approx 0{,}17$

Extrema:

$f'(x) = -6\sin(2x - \frac{\pi}{2})$, $f''(x) = -12\cos(2x - \frac{\pi}{2})$

$f'(x) = 0$: $2x - \frac{\pi}{2} = 0$, $x = \frac{\pi}{4}$, $2x - \frac{\pi}{4} = \pi$, $x = \frac{3}{4}\pi$

$f''(\frac{\pi}{4}) = -12 < 0 \Rightarrow H(\frac{\pi}{4} \mid 2)$, $T(\frac{3}{4}\pi \mid -4)$

Wendepunkte:

$f''(x) = 0$: $2x - \frac{\pi}{2} = \frac{\pi}{2}$, $x = \frac{\pi}{2}$, $2x - \frac{\pi}{2} = \frac{3}{2}\pi$, $x = \pi$

$W(\frac{\pi}{2};-1)$, $W(\pi;-1)$, $W(0;-1)$

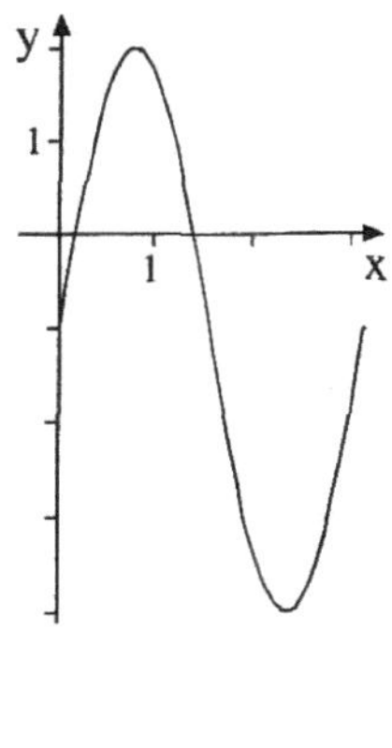

125 5.b) Periode: π

Nullstellen: $\pi - 2x = \frac{\pi}{2}$, $x = \frac{\pi}{4}$, $\pi - 2x = \frac{3}{2}\pi$, $x = \frac{3}{4}\pi$

Extrema:

$f'(x) = -2\sin(\pi - 2x)$, $f''(x) = 4\cos(\pi - 2x)$

$f'(x) = 0$: $\pi - 2x = 0$, $x = \frac{\pi}{2}$, $f''(\frac{\pi}{2}) > 0 \Rightarrow T(\frac{\pi}{2};-1)$

$\pi - 2x = \pi$, $x = 0$, $f''(0) < 0 \Rightarrow H(0;1)$, $H(\pi;1)$

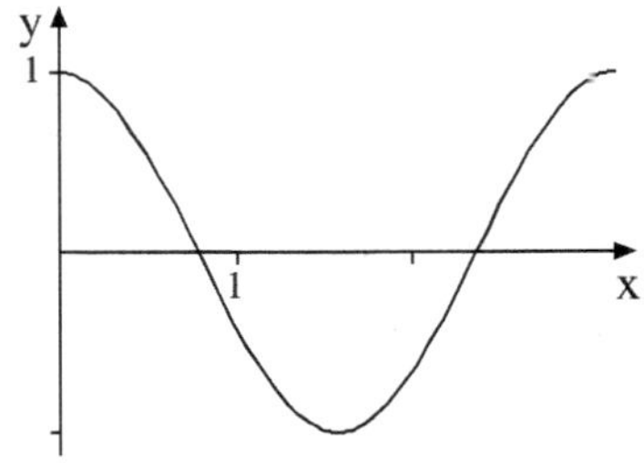

Wendepunkte:

$f''(x) = 0$: $\pi - 2x = \frac{\pi}{2}$, $x = \frac{\pi}{4}$, $W(\frac{\pi}{4};0)$

$\pi - 2x = \frac{3}{2}\pi$, $x = -\frac{\pi}{4}$, $x = \frac{3}{4}\pi$, $W(\frac{3}{4}\pi;0)$

c) Periode: 2

Nullstellen: $\sin u = \frac{1}{3}$, $u \approx 0{,}34$, $u' \approx 2{,}8$, $x \approx 0{,}11$, $x' \approx 0{,}89$

Extrema:

$f'(x) = 3\pi\cos(\pi x)$, $f''(x) = -3\pi^2\sin(\pi x)$

$f'(x) = 0$: $x = \frac{1}{2}$, $f''(\frac{1}{2}) < 0 \Rightarrow H(\frac{1}{2};2)$

$x = \frac{3}{2}$, $f''(\frac{3}{2}) > 0 \Rightarrow T(\frac{3}{2};-4)$

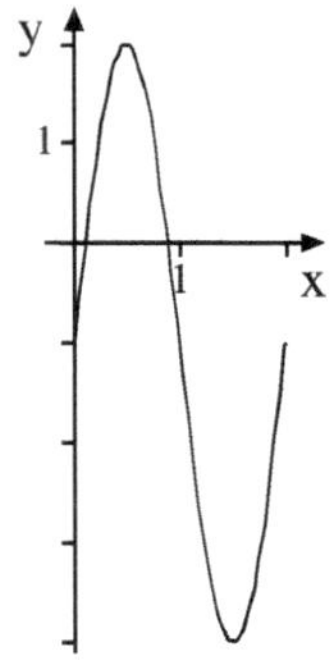

Wendepunkte:

$f''(x) = 0$: $x = 0$, $x = 1$, $x = 2$

$W(0;-1)$, $W(1;-1)$, $W(2;-1)$

6. a) Im Normalfall beträgt das Lungenvolumen 4 Liter, nach dem Einatmen sind es 7 Liter, nach dem Ausatmen 1 Liter, nach 8 s ist dann wieder der Normalfall von 4 Liter erreicht.
Ein- und Ausatmen dauert zusammen 8 Sekunden.

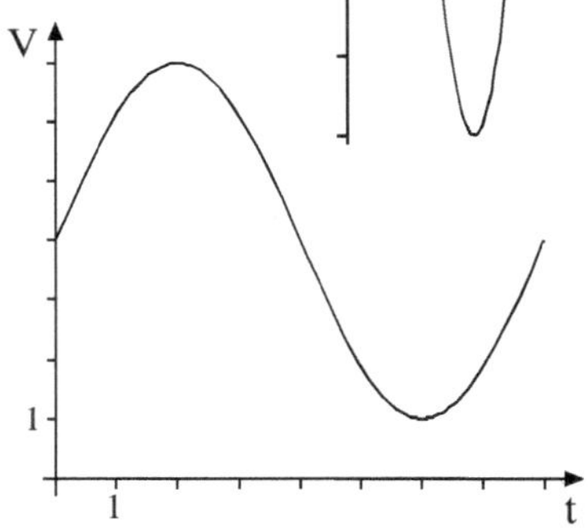

b) $V(t) = 5$: $\sin(\frac{\pi}{4}) = \frac{1}{3}$, $\sin u = \frac{1}{3}$, $u \approx 0{,}34$, $u' \approx 2{,}8$, $t \approx 0{,}43$, $t' \approx 3{,}57$

Das Zeitintervall beträgt ca. 3,14 Sekunden.

c) Die Änderungsrate ist im Wendepunkt maximal.

$V'(t) = \frac{3}{4}\pi\cos(\frac{\pi}{4}t)$, $V''(t) = -\frac{3}{16}\pi^2\sin(\frac{\pi}{4}t)$

$V''(t) = 0$ $t = 0$, $t = 4$, $V'(0) = \frac{3}{4}\pi \approx 2{,}36$, $V'(4) \approx -2{,}36$

Jeweils in der Mitte der Einatmenphase sowie der Ausatmenphase ist die Änderungsrate betragsmäßig mit ca. 2,36 Liter/s maximal.

$V'(t) = 1$: $\cos(\frac{\pi}{4}t) = \frac{4}{3\pi} \approx 0{,}42$, $\cos u = 0{,}42$

$u \approx 1{,}13$, $u' \approx 5{,}15$, $t \approx 1{,}44$, $t' \approx 6{,}56$

Nach ca. 1,44 und 6,56 Sekunden beträgt die Änderungsrate 1 Liter.

6. d) $V(t) = 4\sin(\frac{\pi}{6}t) + 6$ 125

$V'(t) = \frac{2}{3}\pi\cos(\frac{\pi}{6}t)$, $V''(t) = -\frac{1}{9}\pi^2\sin(\frac{\pi}{6}t)$

Die maximale Änderungsraten liegen bei den Wendepunkten.
Diese liegen bei $t = 0$, $t = 6$ und $t = 12$.

Die maximale Änderungsrate beträgt $V'(0) \approx 2{,}09$ Liter pro Sekunde.

7. a) Die Höhe ist zur Zeit $t = 0$ am kleinsten, zur Zeit $t = 10$ am höchsten und zur Zeit $t = 20$ wieder am niedrigsten.
Daher eignet sich eine verschobene und gespiegelte Kosinusfunktion:

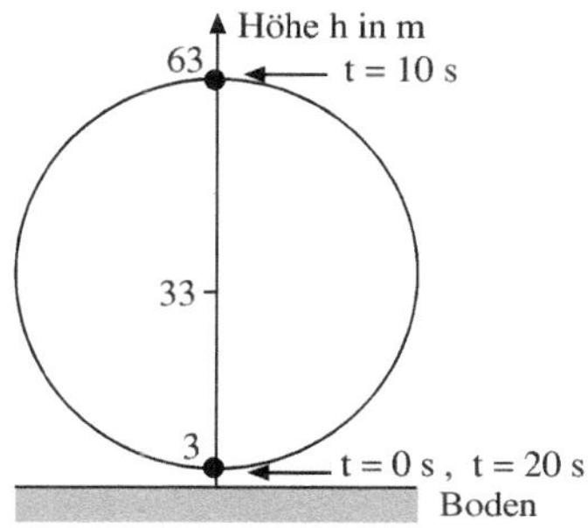

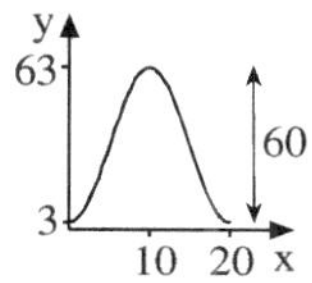

Ansatz:
$h(t) = 33 - 30 \cdot \cos(bt)$

Periodenlänge: $\frac{2\pi}{b} = 20 \quad \Rightarrow \quad b = \frac{\pi}{10}$

$h(t) = 33 - 30 \cdot \cos(\frac{\pi}{10}t)$

b)

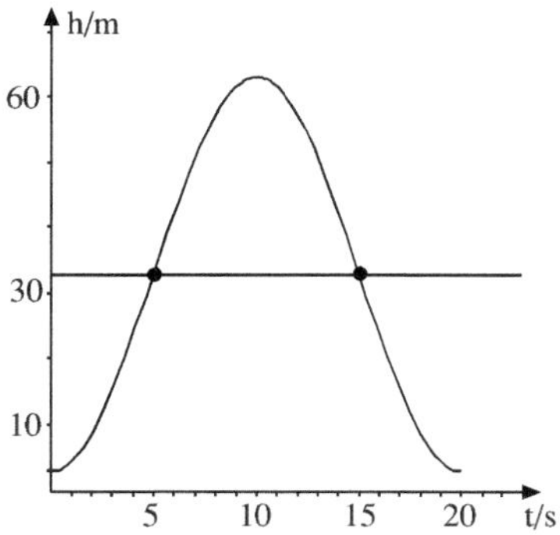

c) Ansatz: $h(t) = 45$

$\Rightarrow \quad 33 - 30 \cdot \cos(\frac{\pi}{10}t) = 45$

$\cos(\frac{\pi}{10}t) = -0{,}4$

$\frac{\pi}{10}t = 1{,}98 \quad \text{oder} \quad \frac{\pi}{10}t = -1{,}98$

$t = 6{,}3\text{ s} \quad \text{oder} \quad t = 13{,}7\text{ s}$

$\Rightarrow$ Über 45 m ist die Gondel $13{,}7\text{ s} - 6{,}3\text{ s} = 7{,}4\text{ s}$.

d) $v(t) = h'(t) = 30 \cdot \sin(\frac{\pi}{10}t) \cdot \frac{\pi}{10}$ (lin. Kettenregel), $v(t) = 3\pi \cdot \sin(\frac{\pi}{10}t)$

e) $v(115) = 3\pi \cdot \sin(\frac{\pi}{10}115) = -9{,}4\,\frac{\text{m}}{\text{s}}$ Die Gondel sinkt mit 9,4 m/s.

f) Das Maximum von $v(t)$ ist zu errechnen.

$v'(t) = 3\pi \cdot \cos(\frac{\pi}{10}t) \cdot \frac{\pi}{10}$ (lin. Kettenregel)

$\frac{3}{10}\pi^2 \cdot \cos(\frac{\pi}{10}t) = 0$, $\cos(\frac{\pi}{10}t) = 0$, $\frac{\pi}{10}t = \frac{\pi}{2}$, $t = 5\text{s}$

$v(5) = 3\pi \cdot \sin(\frac{\pi}{10} \cdot 5) = 3\pi \approx 9{,}4\,\frac{\text{m}}{\text{s}}$

Die Gondel erreicht maximal eine vertikale Steiggeschwindigkeit von 9,4 m/s.

g) $\overline{v} = \frac{h(3) - h(0)}{3 - 0} = \frac{[33 - 30\cos(\frac{\pi}{10} \cdot 3)] - [33 - 30\cos(\frac{\pi}{10} \cdot 0)]}{3} = \frac{15{,}37 - 3}{3} = 4{,}12\,\frac{\text{m}}{\text{s}}$

126 8. Die Tageslänge in Berlin

a)

Datum	Tag Nr.	Tageslänge in min
1. Jan	1	465,16
1. Feb	32	532,02
1. Mar	60	641,59
1. Apr	91	786,31
1. Mai	121	913,08
1. Jun	152	994,92
1. Jul	182	1005,37
1. Aug	213	942,20
1. Sep	244	821,37
1. Okt	274	681,06
1. Nov	305	551,10
1. Dez	335	473,54
31. Dez	365	463,94

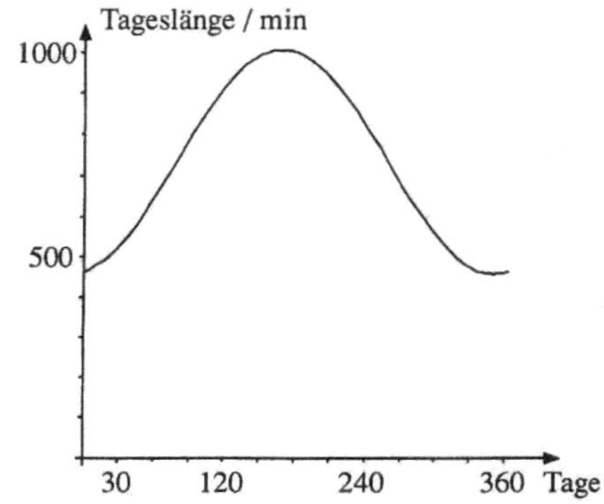

c) Periodenlänge $= \frac{2\pi}{0{,}0172} = 365{,}30$ Tage

d) $L(t) = 275{,}5 \cdot \sin(0{,}0172(t-80)) + 734{,}5 = 275{,}5 \cdot \sin(0{,}0172t-1{,}376) + 734{,}5$

$L'(t) = 275{,}5 \cdot \cos(0{,}0172t-1{,}376) \cdot 0{,}0172$ (nach der lin. Kettenregel)

$= 4{,}74 \cdot \cos(0{,}0172t-1{,}376)$

Extremalberechnung:

$L'(t) = 0$, $\cos(0{,}0172t-1{,}376) = 0$

$0{,}0172t - 1{,}376 = \frac{\pi}{2} + 2k\pi$ oder $0{,}0172t - 1{,}376 = -\frac{\pi}{2} + 2k\pi$

$t = 171{,}33$ oder $t = 353{,}98$

Resultat: längster Tag: 171. Tag = 20. Juni, kürzester Tag: 353. Tag = 19. Dezember

e) Tageslänge am 15. März: $L(74) = 706{,}12$ min

Tageslänge am 15. Juli: $L(196) = 985{,}56$ min

f) Tageslänge am 1. Mai: $L(121) = 913{,}08$ min

Ansatz für Tag gleicher Länge: $L(t) = 913{,}08$

$275{,}5 \cdot \sin(0{,}0172(t-80)) + 734{,}5 = 913{,}08$

$\sin(0{,}0172(t-80)) = 0{,}6482$

$0{,}0172(t-80) = 0{,}7052$ bzw. $0{,}0172(t-80) = 2{,}4364$

$t = 121$ bzw. $t = 221{,}65 \approx 222$

1. Mai bzw. 10. August

Am 10. August ist der Tag ebenso lang wie am 1. Mai.

g) Die stärkste Änderung der Tageslänge ist bei den Wendepunkten:

$L''(t) = -4{,}74 \cdot \sin(0{,}0172t-1{,}36) \cdot 0{,}0172 = -0{,}0815 \cdot \sin(0{,}0172t-1{,}36)$

$L''(t) = 0$: $-0{,}0815 \cdot \sin(0{,}0172t-1{,}36) = 0$

$0{,}0172t-1{,}36 = 0$, $t_1 = 79{,}07$ bzw $0{,}0172t-1{,}36 = \pi$, $t = 261{,}72$

Resultat: stärkste Änderung der Tageslänge am 20 März und am 19. September

h) mittlere Tageslänge im Juni: $\frac{L(152)+L(153)+...+L(181)}{2} = 1006{,}02$ 126
Die mittlere Tageslänge im Juni beträgt also 1006,02 min.
Für die kürzeste mittlere Tageslänge kommen die Monate Dezember oder Januar in Frage. Errechnet man für diese Monate die mittlere Tageslänge, so erhält man für Januar 491,77 min und für Dezember 462,94 min.
Die kürzeste mittlere Tageslänge hat also der Dezember mit 455,24 min.

9. Temperaturen in Phönix / Arizona

a) $T_{max} = 93{,}5°\,F$, $T_{min} = 53{,}5°\,F \Rightarrow A = \frac{T_{max} - T_{min}}{2} = 20°\,F$

b) $\frac{2\pi}{B} = 12$ Monate, $B = \frac{\pi}{6}$

c) Man muss um 3 Monate nach links verschieben $\Rightarrow$ C = 3.
Man muss um 73,5° F nach unten verschieben (Mittelwert von 53,5° F und 93,5° F).
$\Rightarrow D = 73{,}5°\,F$

d) $T(t) = 20 \cdot \sin(\frac{\pi}{6}(t-3)) + 73{,}5$

e) $T(2) = 20 \cdot \sin(-\frac{\pi}{6}) + 73{,}5 = 63{,}5°\,F$, $T(6) = 20 \cdot \sin(\frac{\pi}{2}) + 73{,}5 = 93{,}5°\,F$
Beide Werte stimmen mit den Diagrammdaten (März und Juli) gut überein.

f) 1. Tag mit der höchsten Temperatur:

$T(t) = 20 \cdot \sin(\frac{\pi}{6}t - \frac{\pi}{2}) + 73{,}5$, $T'(t) = 20 \cdot \cos(\frac{\pi}{6}t - \frac{\pi}{2}) \cdot \frac{\pi}{6} = 0$ (lin. Kettenregel)

$\Rightarrow \cos(\frac{\pi}{6}t - \frac{\pi}{2}) = 0$, $\frac{\pi}{6}t - \frac{\pi}{2} = \frac{\pi}{2}$, $t = 6$

$\Rightarrow$ Nach 6 Monaten ist der 1. Juli erreicht.

2. T'(t) ist die Temperaturänderung, sie soll maximal werden.

Daher: $T''(t) = -\frac{20}{36}\pi^2 \cdot \sin(\frac{\pi}{6}t - \frac{\pi}{2}) = 0$, $\sin(\frac{\pi}{6}t - \frac{\pi}{2}) = 0$

$\frac{\pi}{6}t - \frac{\pi}{2} = 0$ oder $\frac{\pi}{6}t - \frac{\pi}{2} = \pi$

$t = 3$ (1.April) oder $t = 9$ (1.Oktober)

$\Rightarrow$ Am 1. April und am 1. Oktober ändert sich die Temperatur am stärksten.

9. Funktionsuntersuchungen bei realen Prozessen

127 1. a) Wasserstand nach 10 Minuten: $h(10) = 56{,}25$ cm

b) Ablaufmenge in den ersten 10 Minuten:

$$V = \pi \cdot R^2 \cdot H = \pi \cdot 30^2 \cdot 43{,}75 \approx 123700 \text{ cm}^3 \approx 123{,}7 \text{ Liter}$$

Ablaufmenge in den letzten 10 Minuten: Wasserstand nach 30 Minuten: $h(30) = 6{,}25$ cm

$$V = \pi \cdot R^2 \cdot H = \pi \cdot 30^2 \cdot 6{,}25 \approx 17641{,}46 \text{ cm}^3 \approx 17{,}6 \text{ Liter}$$

c) Wir berechnen zunächst die Höhe Δh einer Wasserschicht in der Tonne, die 10 Liter Volumen hat: $\pi \cdot R^2 \cdot \Delta h = 10000$ (Ansatz)

$$\Delta h = \frac{10000}{\pi R^2} = \frac{10000}{\pi \cdot 30^2} \approx 3{,}54 \text{ cm}$$

Nun bestimmen wir die Zeit, die benötigt wird, um das Wasser von 100 cm Höhe auf $100 - 3{,}54 = 96{,}46$ cm Höhe ablaufen zu lassen.

$h(t) = 96{,}46$ Ansatz)

$\frac{1}{16}t^2 - 5t + 100 = 96{,}46$, $t^2 - 80t + 56{,}64 = 0$

$t = 40 \pm \sqrt{1543{,}36} \approx 40 \pm 39{,}29 = 0{,}71 \text{ min} \approx 43\text{s}$ ($t = 79{,}29$ min Scheinlös.)

128 2. a) $h(10) = 20 \cdot 10^{1/3} \approx 43{,}09$ cm

b) $h(t) = 100$ (Ansatz), $20t^{1/3} = 100$, $t^{1/3} = 5$, $t = 125$ min

c) Die momentane Steiggeschwindigkeit wird durch die Ableitung $h'(t)$ erfasst.

$h'(t) = \frac{20}{3} \cdot t^{-\frac{2}{3}}$, $h'(10) \approx 1{,}454 \frac{\text{cm}}{\text{min}}$

d) $h'(t) = 1$ (Ansatz), $\frac{20}{3} \cdot t^{-2/3} = 1$, $t \approx 17{,}21$ min

e) In 125 Minuten (s. Aufgabenteil b) wird der Behälter auf die volle Höhe von 100 cm gefüllt: Die mittlere Steiggeschwindigkeit des Wasserstandes ist daher $\overline{v} = \frac{\Delta h}{\Delta t} = \frac{100\text{cm}}{125\text{min}} = 0{,}8 \frac{\text{cm}}{\text{min}}$.

129 3. a) Gewinnfunktion: $G(x) = 120x - K(x) = 120x - (0{,}01x3 - 1{,}8x^2 + 165x) = -0{,}01x^3 + 1{,}8x^2 - 45x$

b) Wertetabelle: Graph:

x	G(x)
0	0
20	–260
40	440
60	1620
80	2800
100	3500
120	3240
140	1540
160	–2080

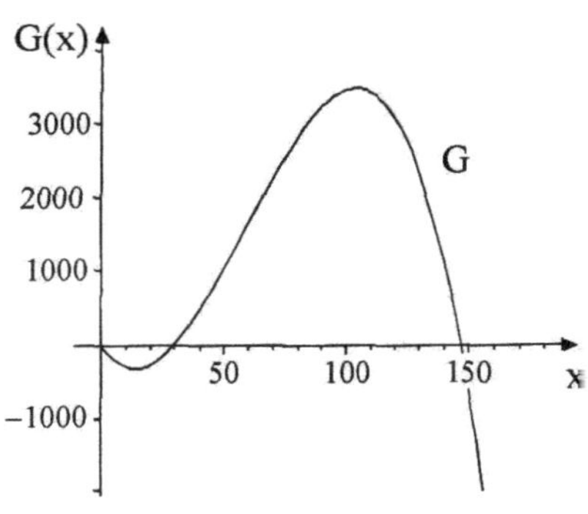

3. c) Wir berechnen die Nullstellen von G: **129**
Ansatz: $G(x) = 0$

$$-0{,}01x^3 + 1{,}8x^2 - 45x = 0$$
$$-0{,}01x^2 + 1{,}8x - 45 = 0$$
$$x^2 - 180x - 4500 = 0$$
$$x_{1/2} = 90 \pm \sqrt{3600}$$
$$x_1 = 30, \quad x_2 = 150$$

Gewinne werden erzielt für Stückmengen x mit $30 < x < 150$.

d) Ansatz: $G'(x) = 0$: $-0{,}03x^2 + 3{,}6x - 45 = 0$, $x^2 - 120x + 1500 = 0$
$x_{1/2} = 60 \pm \sqrt{2100}$, $x_1 \approx 14{,}17$ (Min.), $x_2 \approx 105{,}83$ (Max.)
Es müssen ca. 106 Geräte pro Tag produziert werden, um den Gewinn zu maximieren. Dieser beträgt dann ca. 3545 Euro.

e) Bei der Vollauslastung von 160 Geräten betragen die Kosten $K(160) = 21280$ Euro.
Pro Gerät fallen also Kosten von $\frac{21280}{160} = 133$ Euro an.
So hoch müsste der Verkaufspreis sein, um Verluste zu vermeiden.

4. a) $U'(t) = 3t^2 - 42t + 120$, $U'(t) = 0$: $t^2 - 14t + 40 = 0$ für $t = 4$ und $t = 10$ **130**
Der Umsatz steigt für $0 < t < 4$, er fällt für $4 < t < 10$ und steigt dann wieder bis $t = 12$.
b) Im Wendepunkt liegt die stärkste Änderung vor.
$U''(t) = 6t - 42$, $U''(t) = 0$ für $t = 7$, für $t = 7$ ändert sich der Umsatz am stärksten.
d) $f(0) = 200$, $f(12) = 344$, Ansatz: $g(t) = at + b$ mit $b = 200$
Punktprobe: $344 = 12a + 200$, $a = 12$, Resultat: $g(t) = 12t + 200$
e) gleicher Umsatz für $f(t) = g(t)$: $12t + 200 = t^3 - 21t^2 + 120t + 200$
bzw. $t^3 - 21t^2 + 108t = 0$, $t(t^2 - 21t + 108) = 0$, $t = 0$, $t = 9$ und $t = 12$
gleicher Umsatz für $t = 0$, $t = 9$ und $t = 12$.
größter Unterschied: $d(t) = f(t) - g(t)$, $d'(t) = 3t^2 - 42t + 108$, $d'(t) = 0$ für $t = 3{,}39$ und $t = 10{,}60$
Für $t = 3{,}39$ ist der Umsatzunterschied am größten.

5. a) Die Promenade ist 800 m lang. Der Zeichnung $x = 8$ entnommen und $f(8) = 0$ bestätigt.
b) Das sind die Extremalstellen: $f'(x) = 0{,}1(-3x^2+18x-15)$, $f'(x) = 0$ für $x = 1$ und $x = 5$
Bei $x = 1$ ist die Entfernung mit $f(1) = 4{,}9$, also 490 m am kleinsten.
Bei $x = 5$ ist sie mit $f(5) = 8{,}1$, also 810 m am größten.
c) Das ist die Stelle des Graphen mit paralleler Tangente zu g.
$f'(x) = 0{,}1(-3x^2+18x-15) = -1{,}5$, $-3x(x-6) = 0$ gilt für $x = 6$ (bzw. 0)
Position des Anlegeplatzes: $P(6|f(6)) = P(6|7{,}4)$

132 6. a)

t	0	10	20	30	40	50
h(t)	250	50	10	70	170	250

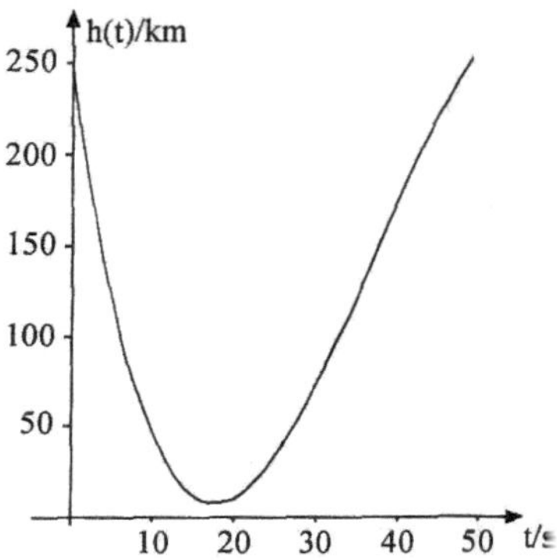

b) $v(t) = h'(t) = -0{,}03t^2 + 2{,}2t - 30$

c) $v(0) = -30$ km/s
Das negative Vorzeichen bedeutet, dass h(t) fällt, d.h. die Fähre bewegt sich mit 30 km/s auf den Mond zu.

d) $h(25) = 31{,}25$ km, $v(25) = 6{,}25$ km/s
Am positiven Vorzeichen von v erkennt man, dass h steigt.
Die Fähre bewegt sich vom Mond weg.

e) Zeit bis zur dichtesten Annäherung: $h'(t) = v(t) = 0$, $-0{,}03t^2 + 2{,}2t - 30 = 0$

$t^2 - \frac{220}{3}t + 1000 = 0$, $t_{1/2} = \frac{110}{3} \pm \sqrt{344{,}44}$, $t \approx 18{,}11$ s

Minimale Höhe über der Oberfläche: $h(18{,}11) \approx 8{,}07$ km

7. a) $U(x) = 120x$
$G(x) = U(x) - K(x) = -0{,}02x^3 + 3x^2 - 52x - 2400$

b)

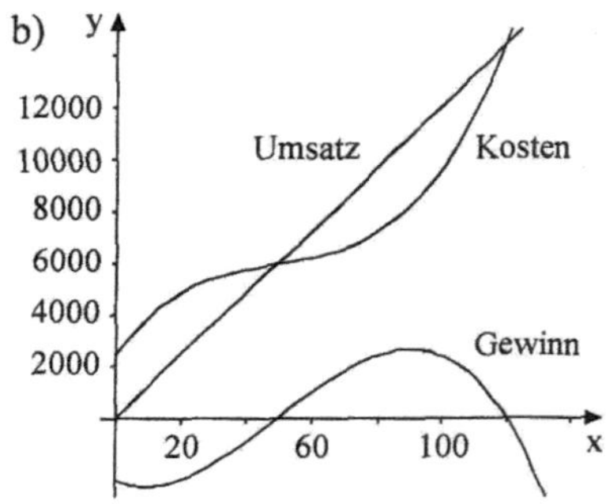

c) Ablesen aus dem Graphen ergibt, dass die Gewinnfunktion zwischen x = 50 und x = 120 positiv ist.
Der Gewinnbereich ist also $50 < x < 120$.
Ergänzung: Rechnerische Lösung:
$G(x) = 0$: $-0{,}02x^3 + 3x^2 - 52x - 2400 = 0$
$x^3 - 150x^2 + 2600x + 120000 = 0$ (Raten: x = 120)
$(x^3 - 150x^2 + 2600x + 120000) : (x - 120) = x^2 - 30x - 1000$
$x^3 - 120x^2$
$-30x^2 + 2600x$
$-30x^2 + 3600x$
$-1000x + 120000$
$-1000x + 120000$

$x^2 - 30x - 1000 = 0$
$x = 15 \pm \sqrt{1225} = 15 \pm 35$
$x_1 = 50$, $x_2 = -20$

d) Ansatz: $G'(x) = 0$
$-0{,}06x^2 + 6x - 52 = 0$, $x^2 - 120x + 866{,}67 = 0$, $x = 90{,}41$ (Max.) ($x = 9{,}59$ Min.)
Eine Stückzahl von $x \approx 90$ maximiert den Tagesgewinn.

e) x = 130 Fahrräder verursachen Kosten von $K(130) = 18000$ Euro.
Um diese auszugleichen, muss man pro Fahrrad
$\frac{18000}{130} \approx 138{,}47$ € erlösen.

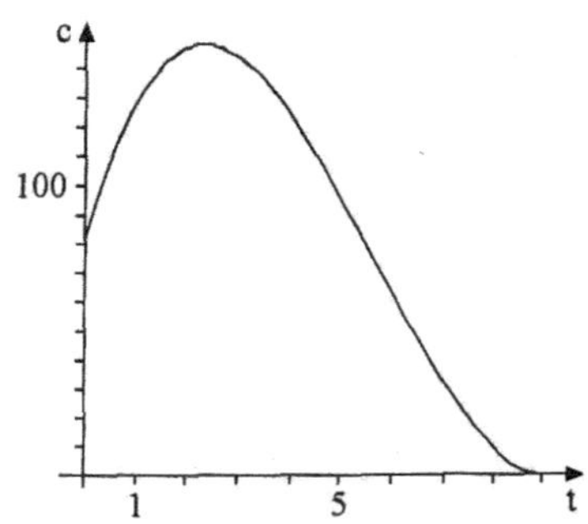

8. I. Wertetabelle und Graph:

t	0	1	2	3	4	5	6	7	8	9
c	81	128	147	144	125	96	63	32	9	0

II. Anfangskonzentration: $c(0) = 81\ \frac{\mu g}{ml}$

III. Vollständiger Abbau: $c(9) = 0\ \frac{\mu g}{ml}$ 132
Nach 9 h ist das Medikament gänzlich abgebaut.
Überprüfung: $9^3 - 17 \cdot 9^2 + 63 \cdot 9 + 81 = 0$

IV. Maximalkonzentration: Ansatz: $c'(x) = 0$

$3t^2 - 34t + 63 = 0, \quad t^2 - \frac{34}{3}t + 21 = 0, \quad t = \frac{17}{3} \pm \frac{10}{3}$

$t = \frac{7}{3} \approx 2{,}33$ h (Max.) $\quad (t = 9$ h Min.)

$f(2{,}34) = 148{,}15\ \frac{\mu g}{ml}$ (Maximalkonzentration)

V. Die stärkste Änderung der Konzentration c liegt an der Stelle des Wendepunktes von c.
Ansatz: $c''(t) = 0$; $6t - 34 = 0, \quad t = \frac{17}{3} \approx 5{,}67$ h

Zusammengesetzte Übungen

1. a) $f'(x) = \frac{1}{2}x^2 - 4x + 6, \quad f''(x) = x - 4, \quad f'''(x) = 1$ 133

Nullstellen: $x = 0$, $x = 6$; Extrema: $T(6|0)$, $H(2; \frac{16}{3})$; Wendepunkt: $W(4; \frac{8}{3})$

b) Ansatz: $f'(x) = \frac{1}{2}x^2 - 4x + 6$, $x^2 - 8x = 0$
g ist Tangente an f im Ursprung.
Zu g parallele Tangente an f: $g_1(x) = 6(x-8) + \frac{16}{3}$

c) Ansatz: $\frac{1}{6}x(x-6)^2 = m \cdot x$
Alle Ursprungsgeraden schneiden den Graphen von f im Ursprung.
Für $x \neq 0$ bleibt zu untersuchen: $\frac{1}{6}(x-6)^2 = m \iff x^2 - 12x + 36 - 6m = 0$

$x = 6 \pm \sqrt{6m}$:
- $m < 0$: nur ein Schnittpunkt $S_1(0|0)$
- $m = 0$: 2 Schnittpunkte $S_1(0|0)$, $S_2(6|0)$
- $m > 0$: 3 Schnittpunkte falls $m \neq 6$, für $m = 6$ zwei Schnittpunkte

2. a) f_1 hat Nullstellen bei $-3, 0, 3$ (blauer Graph)
f_2 hat Nullstellen bei $0, -3$, $f_2(1) > 0$ (roter Graph)
f_3 hat Nullstellen bei $0, -3$, $f_3(1) < 0$ (violetter Graph)

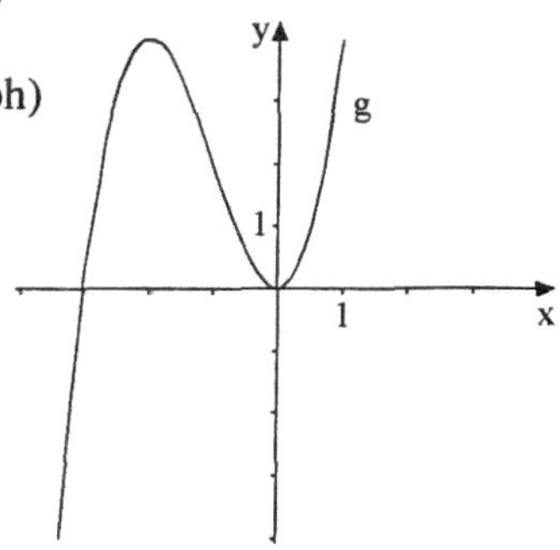

b) $g(x) = x^3 + 3x^2 = x^2(x+3)$, $g'(x) = 3x^2 + 6x$, $g''(x) = 6x$
Nullstellen: $x = 0$, $x = -3$
Extrema: $T(0;0)$, $H(-2;4)$

c) $g(x) = x^2(x+3) = -f_3(x)$
Der Graph von g ist gleich dem an der x–Achse gespiegelten Graphen von f_3.

d) $f_1(x) + f_2(x) + 2f_3(x) = 0$

e) $W(-1|2)$, Steigung der Wendetangente:
$m_1 = -3$, $\alpha_1 = 108{,}43°$
$g'(-3) = m_2 = 9$, $\alpha_2 = 83{,}66°$
Winkel zwischen den Tangenten: $\alpha = \alpha_1 - \alpha_2 = 24{,}77°$

133 3. a) $f(4) = -\frac{1}{8}(64 - 96 + c) = 0$ gilt für $c = 32$

$f(x) = -\frac{1}{8}(x^3 - 6x^2 + 32) = -\frac{1}{8}(x-4)(x^2 - 2x - 8) = -\frac{1}{8}(x-4)^2(x+2)$

Nullstellen von f: $x = 4$, $x = -2$

b) $f'(x) = -\frac{1}{8}(3x^2 - 12x)$, $f''(x) = -\frac{1}{8}(6x - 12)$, $f''' = -\frac{3}{4}$

Extrema: $T(0;-4)$, $H(4;0)$

Wendepunkte: $W(2;-2)$

c) $p_a(x) = a(x+2)(x-4)$, $a \neq 0$

Scheitelpunkt $S_a(1;-9a)$, S_a liegt auf dem Graphen von $y = x$ für $a = -\frac{1}{9}$

d) $S_1(-2;0)$, $S_2(4;0)$, $S_3(0;-4)$

Der gesuchte Punkt P muss auf der Geraden x = 1 liegen: P(1;y)

(Symmetrieachse der Strecke S_1S_2)

$d(S_1, P) = d(S_2, P) = 9 + y^2 = d(S_3, P) = 1 + (y+4)^2$, $y = -1$, $P(1;-1)$

4. a)

x	−5	−4	−3	−2	−1	0	1
f(x)	$\frac{7}{6}$	0	$\frac{5}{6}$	$\frac{8}{3}$	$\frac{9}{2}$	$\frac{16}{3}$	$\frac{25}{6}$

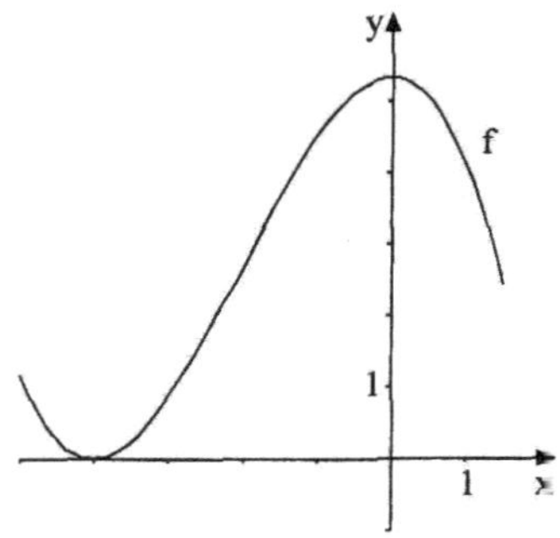

b) $f'(x) = -\frac{1}{2}x^2 - 2x$, $f''(x) = -x - 2$

Extrema: $T(-4;0)$, $H(0;\frac{16}{3})$

c) Wendepunkt: $W(-2 \mid \frac{8}{3})$

Steigung der Wendetangente: $f'(-2) = 2$

Wendenormale: $n(x) = -\frac{1}{2}(x+2) + \frac{8}{3} = -\frac{1}{2}x + \frac{5}{3}$

Schnittpunkte mit dem Graphen von f:

Ansatz: $-\frac{1}{6}x^3 - x^2 + \frac{16}{3} = -\frac{1}{2}x + \frac{5}{3} \quad \Leftrightarrow \quad x^3 + 6x^2 - 3x - 22 = 0$

$x = -2$ ist als Lösung bekannt. Polynomdivision ergibt:

$x^3 + 6x^2 - 3x - 22 = (x+2)(x^2 + 4x - 11)$

Weitere Schnittstellen mit dem Graphen sind $x = -2 \pm \sqrt{15}$.

Schnittpunkte: $S_1(-2;\frac{8}{3})$, $S_2(-2-\sqrt{15};\frac{\sqrt{15}}{2}+\frac{8}{3})$, $S_3(-2+\sqrt{15};\frac{8}{3}-\frac{\sqrt{15}}{2})$

d) Tiefster Punkt der Senke: P(−4;0). Für $-5 \leq x \leq -4$ werden alle Punkte der Senke vom Feuer beleuchtet. Für $x > -4$ werden alle Punkte der Senke beleuchtet bis zu einem Punkt $Q(x_0;y_0)$, in dem die Tangente an den Graphen von f durch P(−4;0) geht.

Gerade durch P(−4;0) mit beliebiger Steigung m: $y = m(x+4)$

Ansatz: Schnittpunkte von y und f berechnen:

$-\frac{1}{6}x^3 - x^2 + \frac{16}{3} = mx + 4m \quad \Leftrightarrow \quad x^3 + 6x^2 + 6mx + 24m - 32 = 0$

Eine Lösung $x = -4$ ist bekannt. Polynomdivision ergibt:

$x^3 + 6x^2 + 6mx + 24m - 32 = (x+4)(x^2 + 2x + 6m - 8)$

Weitere Lösungen: $x = -1 \pm \sqrt{9 - 6m}$

Die Gerade ist Tangente an den Graphen von f, wenn $m = \frac{3}{2}$, $x = -1$ ist.

Ergebnis: Von $P_1(-5;\frac{7}{6})$ bis $P_2(-1;\frac{9}{2})$ werden die Punkte der Senke vom Feuer beleuchtet.

4. e) Die in d) bestimmte Gerade hat die Gleichung $y = \frac{3}{2}(x+4)$. 133
$y(0) = 6$, $f(0) = \frac{16}{3}$, Differenz: $\frac{2}{3}$
Diese Differenz entspricht 6,67 m.
Bei einer Augenhöhe von 1,67 m muss die Plattform 5 m hoch sein.

5. a) Der Graph von f ist symmetrisch zur y–Achse, Graph von f: blau, Graph von g: rot. 134
b) $g(x) = -x^3 - x^2 + x + 1$, $g'(x) = -3x^2 - 2x + 1$
Mit $g'(0) = 1$, $g(0) = 1$ lautet die Tangentengleichung: $t(x) = x + 1$
c) $g'(x) = -3x^2 - 2x + 1 \;\Leftrightarrow\; x_1 = 0,\; x_2 = -\frac{2}{3}$
In $P(-\frac{2}{3} \mid \frac{5}{27})$ hat die Tangente an f den Anstieg –1.
d) Ansatz: $-3x^2 - 2x + 1 = -20 \;\Leftrightarrow\; x^2 + \frac{2}{3}x - 7 = 0,\quad x = -\frac{1}{3} \pm \frac{8}{3}$
An den Stellen $x_1 = -3$ und $x_2 = \frac{7}{3}$ hat g den Anstieg –20.
e) Ansatz: $-3x^2 - 2x + 1 = f'(x) = 4x^3 - 4x \;\Leftrightarrow\; 4x^3 + 3x^2 - 2x - 1 = 0$
Eine Lösung ist (s. Graphen) $x = -1$. Polynomdivision ergibt:
$4x^3 + 3x^2 - 2x + 1 = (x+1)(4x^2 - x - 1)$
Weitere Stellen, an denen f und g die gleiche Steigung haben: $x = \frac{1}{8} \pm \sqrt{\frac{17}{64}}$.
Damit gibt es 3 Stellen mit gleichem Anstieg von f und g.

6. a) $f(1) = 31{,}2$, nach 1 Sekunde ist er 31,2 m hoch.
b) $f(t) = 50$ führt auf $t^2 - 37{,}5t + 60 = 0$ mit den Lösungen $t = 1{,}68$ bzw. $t = 35{,}83$
Nach ca. 1,7 s sind 50 m Höhe erreicht. Nach ca. 36 s ist dies nochmals der Fall.
c) Bei $f'(t) = 0$, also $-1{,}6t + 30 = 0$ d.h. bei $t = 18{,}75$ s sind 283,25 m die größte Höhe.
d) $f(t) = 0$, $t^2 - 37{,}5t - 2{,}5 = 0$ hat die Lösungen $t = 37{,}57$ $(-0{,}07)$
Die Flugzeit des Steins beträgt ca. 37,6 s.
e) $v(37{,}6) = h'(37{,}6) = -30{,}16$; mit ca. 30 m/s schlägt der Stein auf

7. b) mittlere Änderung:
$$\frac{\Delta h}{\Delta t} = \frac{h(100) - h(0)}{100 - 0} = \frac{3{,}33 - 120}{100} = -1{,}17$$
Tagesmittel über 100 Tage: 1,17m pro Tag
c) $h'(t) = \frac{1}{60}t - 2$
mittlere Geschwindigkeit:
am 1. Tag: $h'(1) = -1{,}98$ m pro Tag
am 50. Tag $h'(50) = -1{,}17$ m pro Tag
d) $h'(t) = \frac{1}{60}t - 2 = -1$ gilt für $t = 60$
e) nach 90 Tagen
f) $h(t) = 0$ führt auf $t^2 - 240t + 14400 = 0$ mit der Lösung $t = 120$

a)
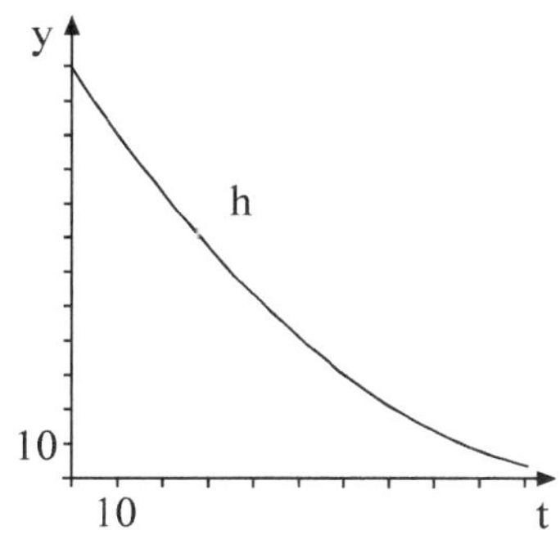

135 8. a) $h(t) = 0{,}5$: $t^2 - 1{,}8t - 0{,}1 = 0$ führt auf $t = 1{,}85$ $(-0{,}05)$
Der Flug dauert ca. 1,85 Sekunden, bis er auf der 0,5 m hohen Matte landet.
b) Der höchste Punkt ist erreicht, wenn $h'(t) = 0$ gilt.
$h'(t) = -10t + 9 = 0$ für $t = 0{,}9$, $h(0{,}9) = 5{,}05$
Die in 5 m Höhe liegende Latte wird gerissen, da der 0,3 m-Abstand fehlt.
c) $v(1{,}85) = h'(1{,}85) = -9{,}5$, er fällt mit 9,5 m/s auf die Matte. (–: Richtung)

9. a) Rohölpreis, Ansatz: $g(x) = ax^2 + bx + c$, $g'(x) = 2ax + b$
I. $g(0) = 90$, also $c = 90$
II. $g'(4) = 0$, $8a + b = 0$, $b = -8a$
III. $g(12) = 96$, $144a + 12b + 90 = 96$, $48a = 6$, $a = 0{,}125$, $b = -1$
Resultat: $g(x) = 0{,}125x^2 - x + 90$
b) $f(x) = g(x)$: $0{,}01x^3 - 0{,}94x + 90 = 0{,}125x^2 - x + 90$
bzw. $0{,}01x^3 - 0{,}125x^2 + 0{,}06x = 0$ bzw. $x(x^2 - 12{,}5x + 6) = 0$, $x = 0$; $x = 0{,}5$; $x = 12$
Bei $x = 0{,}5$ überholt der Öl- den Gaspreis.
c) minimaler Ölpreis bei $x = 4$: $g(4) = 88$
minimaler Gaspreis: $f'(x) = 0{,}03x^2 - 0{,}94$, $f'(x) = 0$ für $x = 5{,}6$
$f(5{,}6) = 86{,}49$ ist der minimale Gaspreis.
d) mittlere Preissteigerungsrate: $\frac{f(12)-f(0)}{12-0} = \frac{96-90}{12} = \frac{1}{2}$
Da beide Preise zu Beginn $(t = 0)$ und am Jahresende $(t = 12)$ gleich sind, haben sie die gleiche Änderungsrate von 0,5.
e) $f''(x) = 0$ für $x = 0$
Die momentane Preissteigerungsrate beim Gas ist am rechten Rand maximal mit $f'(12) = 3{,}38$.
f) $d(x) = f(x) - g(x) = 0{,}01x^3 - 0{,}125x^2 + 0{,}06x$, $d'(x) = 0{,}03x^2 - 0{,}25x + 0{,}06$
$d'(x) = 0$ führt auf $x^2 - \frac{25}{3}x + 2 = 0$ mit den Lösungen $x = 0{,}25$ und $x = 8{,}1$
Bei $x = 8{,}1$ war die Differenz am größten.

10. a) mittlere Geschwindigkeit: $\frac{s(1)-s(0)}{1-0} = \frac{0{,}8-0}{1} = 0{,}8$ m/s
b) $v(1) = s'(1) = 1{,}6$; $v(9) = s'(9) = 14{,}4$
Momentangeschwindigkeit nach der 1. Sekunde beträgt 1,6 m/s, nach der 9.s 14,4 m/s.
c) Fallzeit: $7{,}2 = 0{,}8t^2$ gilt für $t = 3$, $v(3) = 4{,}8$ m/s das sind 17,28 km/h. Er übersteht.

Test

1. f ist streng monoton steigend für $0 < x < 2$. **142**
   f ist streng monoton fallend für $x < 0$ und $x > 2$.

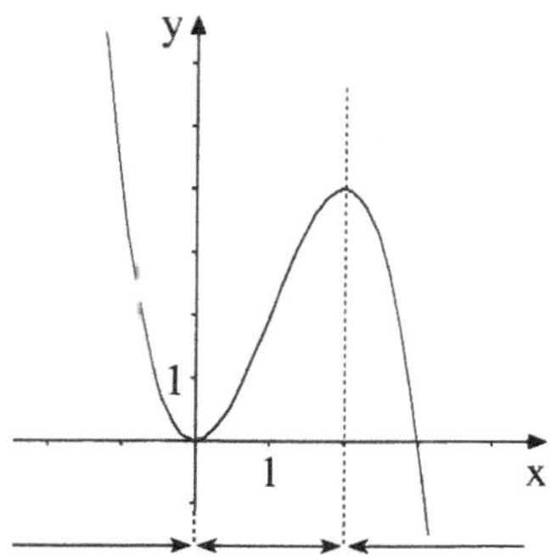

2. $f'(x) = -3x^2 + 3$, $f''(x) = -6x$

   f ist für $x > 0$ rechtsgekrümmt.

3. a) $f'(x_H) = 0$ und $f''(x_H) < 0$
   b) $f''(x_W) = 0$ und $f'''(x_W) \neq 0$

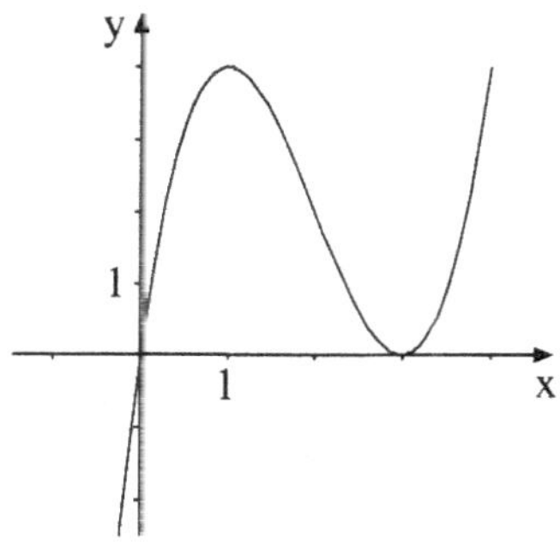

4. Nullstellen: $x = 0$, $x = 3$
   keine Standardsymmetrien
   Extrema: Mi(3 ; 0), Ma(1 ; 4)
   Wendepunkte: W(2 ; 2)

5. a) $A(x) = 1$ b) $A(x) = \frac{x}{3}$ c) $A(x) = x^2$

6. a) Polstelle mit VZW bei $x = 3$ (von – nach +)
   b) $(x^2-x-6):(x+2) = x - 3$, $\lim\limits_{x\to-2} f(x) = \lim\limits_{x\to-2} \frac{(x-3)(x+2)}{x+2} = \lim\limits_{x\to-2} (x-3) = -5$
   f hat bei $x = -2$ eine hebbare Lücke.
   c) Polstelle ohne VZW bei $x = 1$

7. a) $f'(x) = (1 + \frac{2}{x^2})' = -\frac{4}{x^3}$ b) $f'(x) = \frac{-2}{(1+x)^2}$ c) $f'(x) = \frac{2x-3x^2}{(1-3x)^2}$

8. a)

t	5	10	15	20
D(t)	200	400	550	500

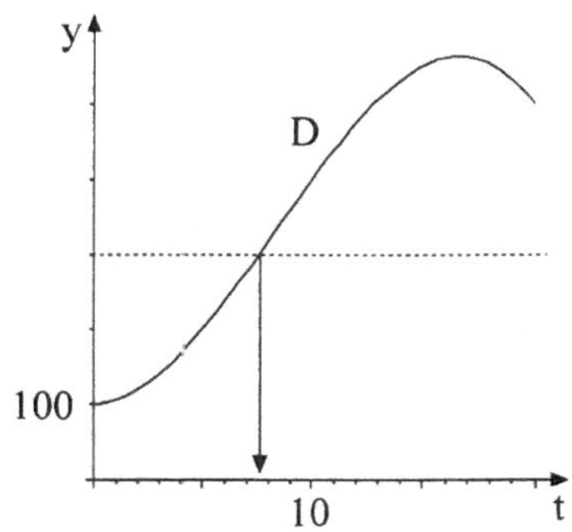

   c) $D'(t) = -\frac{3}{5}t^2 + 10t$
   $D'(t) = 0$ für $t = 16{,}67$ (und $t = 0$)
   $D(16{,}67) = 563$
   Nach knapp 17 Minuten ist die Durchflussmenge am größten.
   d) Dies gilt im Wendepunkt:
   $D''(t) = -\frac{6}{5}t + 10$, $D''(t) = 0$ für $t = 8{,}33$
   $D(8{,}33) = 331{,}34$
   Nach ca. 8 Minuten ändert sie sich am stärksten. Der Durchfluss beträgt dann ca. 331.
   e) Ansatz $300 = -\frac{1}{5}t^3 + 5t^2 + 100$ führt auf $t^3 - 25t^2 + 1000 = 0$
   Intervallhalbierungsverfahren: $D(5) > 0$, $D(10) < 0$, $D(7{,}5) > 0$, $D(7{,}6) < 0$
   $D(7{,}55) > 0$, $D(7{,}57) > 0$, $D(7{,}58) < 0$, $D(7{,}575) > 0$
   Bei $t = 7{,}57$ wird Alarm gegeben.

1. Extremalprobleme

145 1. $P = a \cdot b^2$, $a = 60 - b$, $P(b) = 60b^2 - b^3$, $P'(b) = -3b^2 + 120b = 0$, $b = 40$, $a = 20$

2. $A(x) = 3x - x^3$, $A'(x) = 3 - 3x^2$, $A'(x) = 0$, $x = \pm 1$

3. $A = 2rh + \frac{1}{2}\pi \cdot r^2$, $20 = 2r + 2h + r\pi$, $A(r) = 20r - 2r^2 - 0{,}5\pi r^2$, $A'(r) = 20 - 4r - \pi r$
$A'(r) = 0$, $r \approx 2{,}8\,\text{m}$, $A \approx 28\text{m}^2$

146 4. $A = \pi r^2 + x^2$, $2\pi r + 4x = 10$, $x = 2{,}5 - 0{,}5\pi r$, $A(r) = (\pi + 0{,}25\pi^2)r^2 - 2{,}5\pi r + 6{,}25$
$A'(r) = 2(\pi + 0{,}25\pi^2)r - 2{,}5\pi = 0$, $r = \frac{2{,}5}{2 + 0{,}5\pi} \approx 0{,}70$, $x \approx 1{,}40$, $A_{min} \approx 3{,}50\text{m}^2$

148 5. $A = 400h + 200b$, $h \cdot b = 250$, $A(h) = 400h + \frac{50000}{h}$, $A'(h) = 400 - \frac{50000}{h^2}$
$A'(h) = 0$, $h \approx 11{,}18\,\text{cm}$, $b \approx 22{,}36\text{cm}$

6. $M = x + 3y$, $3 = xy$, $M(y) = \frac{3}{y} + 3y$, $M'(y) = -\frac{3}{y^2} + 3 = 0$, $y = 1\,\text{m}$, $x = 3\,\text{m}$

7. $K = 8\pi r^2 + 2\pi rh$, $1000 = \pi r^2 h \Rightarrow h = \frac{1000}{\pi r^2}$
$K(r) = 8\pi r^2 + \frac{2000}{r}$, $K'(r) = 0 \Rightarrow r \approx 3{,}41\,\text{cm}$, $h \approx 27{,}31\,\text{cm}$

150 8. $V = \pi r^2 h$, $\pi r^2 + 2\pi rh = 2$, $h = \frac{1}{\pi r} - \frac{r}{2}$, $V(r) = r - \frac{\pi}{2} r^3$

a) $V' = 1 - \frac{3}{2}\pi r^2 = 0 \Rightarrow r = \sqrt{\frac{2}{3\pi}} \approx 0{,}4607\,\text{m} = 46{,}07\,\text{cm} \Rightarrow h \approx 46{,}07\,\text{cm}$

b) $V = \pi r^2 h$, $\pi r^2 + 2\pi rh = M \Rightarrow h = \frac{M}{2\pi r} - \frac{r}{2}$, $V(r) = \frac{M}{2} \cdot r - \frac{\pi}{2} r^3$
$V'(r) = \frac{M}{2} - \frac{3\pi}{2} r^2 = 0 \Rightarrow r = \sqrt{\frac{M}{3\pi}} \Rightarrow h = \sqrt{\frac{M}{3\pi}}$

9. $A = (xy \cdot \sqrt{2} + y^2) \cdot 10$, $2x + 4y = 50$, $x = 25 - 2y$
$A(y) = 10\sqrt{2} \cdot (25y - 2y^2) + 10y^2$
$A'(y) = 10\sqrt{2} \cdot (25 - 4y) + 20y = 0 \Rightarrow y \approx 9{,}67 \Rightarrow x \approx 5{,}66$

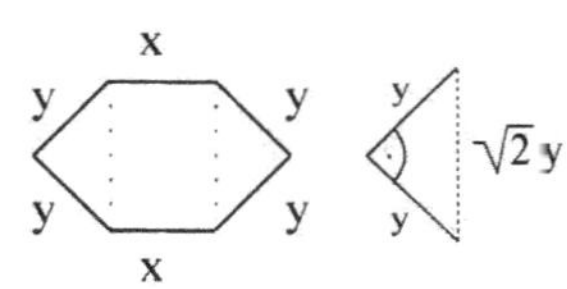

10. $A = xy$, $\frac{x}{50} = \frac{80 - y}{80}$, $A(y) = -\frac{5}{8}y^2 + 50y$, $A'(y) = 0$, $y = 40\,\text{cm}$, $x = 25\,\text{cm}$

11. x sei die Preissenkung, U der Umsatz 151
   a) Die Besucherzahl steigt auf 100 + 10x, der Preis fällt auf 12 – x. Der Umsatz ist also dann $U(x) = (100+10x)(12-x)$, $U'(x) = 0$ für $x = 1$, optimaler Eintrittspreis: 11 Euro
   b) $G(x) = U(x) - K(x) = (100+10x)(12-4-x)-300$, $G'(x) = 0$ für $x = -1$
   $x = -1$ wäre eine Preiserhöhung von 1 Euro. Da eine solche nicht in Frage kommt, muss er den am nächsten liegenden erlaubten Wert nehmen, also den Randwert $x = 0$. Es bleibt also beim alten Preis von 12 Euro.

12. a) relatives Maximum: $f(-3) = 28$ 152
   relatives Minimum: $f(1) = -4$ — absolutes Minimum: $f(1) = -4$
   linker Randwert: $f(-2) = 23$
   rechter Randwert: $f(6) = 271$ — absolutes Maximum: $f(6) = 271$
   b) rel. Min.: $f(1{,}5) = -13{,}5$ — absolutes Minimum: $f(1{,}5) = -13{,}5$
   rel. Max.: $f(-1{,}5) = 13{,}5 = f(3)$ — absolutes Maximum: $f(-1{,}5) = f(3) = 13{,}5$
   (Randwerte: $f(-2) = 11$, $f(3) = 13{,}5$)
   c) rel. Min: $f(0) = 0$ und $f(1) = 0$ — absolutes Minimum: $f(0) = f(1) = 0$
   rel. Max.: $f(0{,}5) = 1/16$
   linker Randwert: $f(-2) = 36$ — absolutes Maximum: $f(-2) = 36$
   rechter Randwert: $f(2) = 4$

13. $V = \frac{1}{2}h \cdot b \cdot 2 = h \cdot b$, $1 = \sqrt{h^2 + \frac{b^2}{4}}$, $h = \sqrt{1 - \frac{b^2}{4}}$ 154

   $V(b) = \sqrt{1 - \frac{b^2}{4}} \cdot b$, $V^2(b) = (1 - \frac{b^2}{4}) \cdot b^2 = b^2 - \frac{1}{4}b^4$

   $(V^2(b))' = 2b - b^3 = 0$, $b = \sqrt{2}$, $h = \sqrt{\frac{1}{2}} \approx 0{,}71$

   Das Zelt müsste ca. 71 cm hoch sein.

14. $V = \frac{1}{4}y^2 \cdot \pi \cdot x$, $30 = 2(x+y)$, $y = 15 - x$

   $V(x) = \frac{225}{4}\pi \cdot x - \frac{15}{2}\pi \cdot x^2 + \frac{\pi}{4}x^3$, $V'(x) = \frac{3}{4}\pi \cdot x^2 - 15\pi x + \frac{225}{4}\pi = 0$, $x = 5$ (15)

   Für $x = 5$ und $y = 10$ ergibt sich das maximale Volumen.

15. $V = 2\pi r^2 + \frac{\pi}{3}r^2 h$, $r^2 + h^2 = 5$, $r^2 = 5 - h^2$

   $V(h) = -\frac{\pi}{3}h^3 - 2\pi h^2 + \frac{5}{3}\pi h + 10\pi$, $V'(h) = -\pi h^2 - 4\pi h + \frac{5}{3}\pi = 0 \Rightarrow h^2 + 4h - \frac{5}{3} = 0$

   $h = -2 \pm \sqrt{\frac{17}{3}} \approx -2 \pm 2{,}38 \Rightarrow h \approx 0{,}38$ $(h \approx -4{,}38)$, $r \approx 2{,}20$

16. $A = 2rh$, $R^2 = r^2 + \frac{1}{4}h^2$, $h = \sqrt{4R^2 - 4r^2}$

   $A(r) = 2r \cdot \sqrt{4R^2 - 4r^2}$, $A^2(r) = 16r^2 \cdot R^2 - 16r^4$, $(A^2(r))' = 32r \cdot R^2 - 64r^3 = 0$

   $r = \frac{R}{\sqrt{2}} \approx 0{,}71R$, $h = \sqrt{2} \cdot R \approx 1{,}41R$

   Maximaler ergibt Flächeninhalt für $r = 0{,}71R$ und $h = 1{,}41R$.

154 16. Kugelversion:

$M = 2\pi rh$, $R^2 = r^2 + 0{,}25h^2$, $h = \sqrt{4R^2 - 4r^2}$

$M(r) = 2\pi r \cdot \sqrt{4R^2 - 4r^2}$, $M^2(r) = 16R^2\pi^2 r^2 - 16\pi^2 r^4$, $(M^2(r))' = 32R^2\pi^2 r - 64\pi^2 r^3$

$(M^2(r))' = 0 \Rightarrow r = 0$, $r = \frac{R}{\sqrt{2}} \approx 0{,}71R$, $h = \sqrt{2} \cdot R \approx 1{,}41R$

156 17. $A = 5{,}1a \cdot (h + 1{,}2a)$, $a \cdot b \cdot h = 1000$ bzw. $a \cdot 1{,}5a \cdot h = 1000$, also $h = \frac{1000}{1{,}5a^2}$

$A(a) = 5{,}1a \cdot \left(\frac{1000}{1{,}5a^2} + 1{,}2a\right) = \frac{5100}{1{,}5a} + 6{,}12a^2$, $A'(a) = -\frac{5100}{1{,}5a^2} + 12{,}24a$

$A'(a) = 0$: $18{,}36a^3 = 5100$, $a = \sqrt[3]{\frac{5100}{18{,}36}} \approx 6{,}5$ cm, $b \approx 9{,}75$ cm, $h \approx 15{,}8$ cm

18.

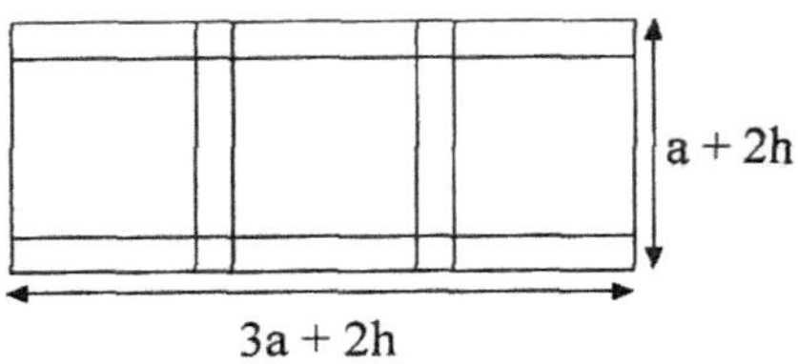

$A = (a + 2h)(3a + 2h)$, $1 = a^2 h$, $h = \frac{1}{a^2}$

$A(a) = \left(a + \frac{2}{a^2}\right)\left(3a + \frac{2}{a^2}\right) = 3a^2 + \frac{8}{a} + \frac{4}{a^4}$

$A'(a) = 6a - \frac{8}{a^2} - \frac{16}{a^5}$

$A'(a) = 0$: $6a - \frac{8}{a^2} - \frac{16}{a^5} = 0$, $6a^6 - 8a^3 - 16 = 0$, mit $a^3 = u$ folgt $u^2 - \frac{4}{3}u - \frac{8}{3} = 0$

Die letzte Gleichung hat die Lösung $u = 2{,}43$, also $a = 1{,}34$ cm, $h = 0{,}56$ cm

159 19. $V = l \cdot b \cdot h$, $l = 42 - 2x$, $b = 30 - 2x$, $h = x$
$V(x) = 4x^3 - 144x^2 + 1260x$
$V'(x) = 12x^2 - 288x + 1260 = 0$, $x \approx 5{,}76$ cm

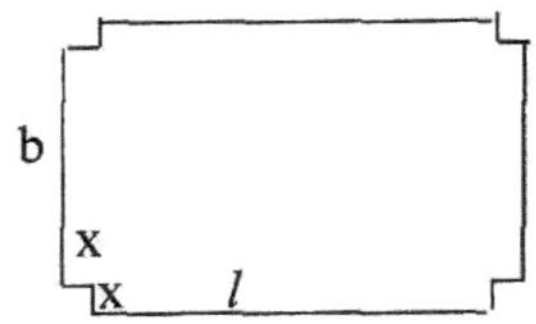

20. $A = xy$, $160000 = 1800(x+y) + 200(x+2y)$, $A(y) = 80y - \frac{11}{10}y^2$, $y \approx 36{,}36$ m, $x \approx 40$ m

21. $S = m + n$, $m \cdot n = 100$
$S(m) = m + \frac{100}{m}$, $S'(m) = 1 - \frac{100}{m^2} = 0$: $m = 10 \Rightarrow n = 10$

22. a) $A(x) = (4 - x)\left(2 - \frac{1}{x}\right) = 9 - \frac{4}{x} - 2x$, $A'(x) = \frac{4}{x^2} - 2 = 0$
$\Rightarrow x = \sqrt{2}$, $a = \frac{4 - \sqrt{2}}{2}$, $b = 4 - \sqrt{2}$, $A = 2{,}59 \cdot 1{,}29 = 3{,}34$
b) $B(x) = (4 - x) + \left(2 - \frac{1}{x}\right) = 6 - x - \frac{1}{x}$, $B'(x) = -1 + \frac{1}{x^2} = 0$
$\Rightarrow x = 1$, $a = 1$, $b = 3$, $B = 3 + 1 = 4$

160 23. $A = 2{,}5xy + 1{,}5x \cdot (y + 0{,}5x) = 4xy + 0{,}75x^2$, $48 = 0{,}25x^2 \cdot y$, $y = \frac{192}{x^2}$

$A(x) = \frac{768}{x} + \frac{3}{4}x^2$, $A'(x) = -\frac{768}{x^2} + \frac{3}{2}x = 0$, $x = 8$, $y = 3$

Der Materialverbrauch ist für $x = 8$ cm und $y = 24$ cm minimal.

24. $A = (x+2)\cdot(y+4)$ mit $xy = 288$, $y = \frac{288}{x}$ 160

$A(x) = (x+2)\cdot(\frac{288}{x}+4) = 4x + \frac{576}{x} + 296$, $A'(x) = 4 - \frac{576}{x^2}$, $A'(x) = 0$ für $x = 12$

Resultat: Das optimale Blatt hat die Maße 14 cm auf 28 cm.

Alle Ränder 1 cm breit:

$A = (x+2)\cdot(y+2)$ mit $xy = 288$, $y = \frac{288}{x}$

$A(x) = (x+2)\cdot(\frac{288}{x}+2) = 2x + \frac{576}{x} + 292$, $A'(x) = 2 - \frac{576}{x^2}$, $A'(x) = 0$ für $x = \sqrt{288} \approx 17$

Resultat: Das optimale Blatt hat die Maße 19 cm auf 19 cm.

25. $M = 6xh + 3x^2$, $2 = 2x^2h$, $h = \frac{1}{x^2}$, $M(x) = \frac{6}{x} + 3x^2 = 0$

$M'(x) = -\frac{6}{x^2} + 6x = 0$, $x = 1$

Maße des optimalen Containers: 2 m lang, 1 m breit und 1 m hoch

26. $K = 600x^2 + 1500xh$, $200 = 2x^2h$, $h = \frac{100}{x^2}$, $K(x) = 600x^2 + 150000\cdot\frac{1}{x}$ 161

$K'(x) = 1200x - 150000\cdot\frac{1}{x^2} = 0$, $x = 5$

Die Maße Breite 5 m, Länge 10 m und Höhe 4 m ergeben minimale Kosten von 45000 E.

27. Grundfläche: Sechseck der Seitenlänge a

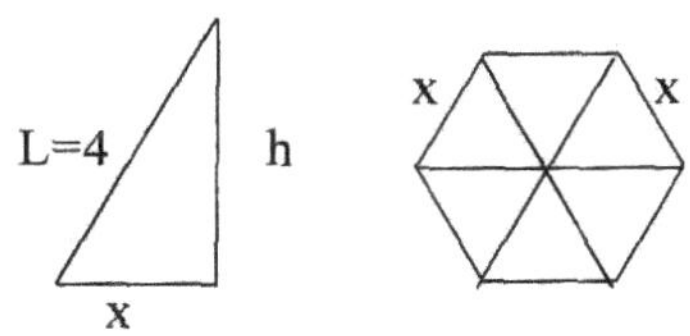

$G = 6\cdot\frac{1}{2}x\cdot\frac{x\sqrt{3}}{2} = \frac{3\sqrt{3}}{2}x^2$

$V = \frac{1}{3}(\frac{3}{2}x^2\cdot\sqrt{3})h$, $x^2+h^2 = 16$

$V(h) = \frac{\sqrt{3}}{2}(-h^3 + 16h)$, $V'(h) = 0$: $h \approx 2{,}31$, $x \approx 3{,}27$, Höhe: ca. 2,31 m

28. $A = x\cdot h + 2x\cdot y + 0{,}5\pi x^2$

$h = \sqrt{4x^2 - x^2} = x\cdot\sqrt{3}$, $1000 = 4x + 2y + \pi x$, $y = 500 - (2 + \frac{\pi}{2})x$

$A(x) = \sqrt{3}\cdot x^2 + 1000x - 2(2 + \frac{\pi}{2})x^2 + 0{,}5\pi x^2 = 1000x + (\sqrt{3} - 4 - \frac{\pi}{2})x^2$

$A'(x) = 1000 + (2\sqrt{3} - 8 - \pi)x$, $A'(x) = 0$ für $x = 130{,}25$, $y = 34{,}9$

Resultat: Die Maße sind $x = 130{,}25$ m und $y = 34{,}9$ m.

29. $A = (x+12)\cdot y - 144$, $2x + 12 + y - 2 = 100$, $y = 90 - 2x$ 162

$A(x) = (x+12)\cdot(90-2x) - 144 = -2x^2 + 66x + 936$, $A'(x) = -4x + 66$, $A'(x) = 0$ für $x = 16{,}5$, $y = 57$

Resultat: Die maximale Koppelfläche beträgt $(16{,}5+12)\cdot 57 - 144 = 1480{,}5\ m^2$

Frontzaun 55 m (+ 2 m Tor), linker Zaun 16,5 m, rechter Zaun 28,5 m

162 30. $A = h \cdot b$, $H^2 + 1 = 4$, $H = \sqrt{3}$, $\frac{1-0,5b}{h} = \frac{1}{\sqrt{3}}$, $h = \sqrt{3}(1-0,5b)$

$A(b) = \sqrt{3}(b - 0,5b^2)$, $A'(b) = \sqrt{3}(1-b) = 0$, $b = 1$, $h = \frac{1}{2}\sqrt{3} \approx 0,87$

optimale Maße: Breite 1 m, Höhe ca. 87 cm

31. $V = \frac{1}{3}\pi r^2 \cdot h$, $9 = h^2 + r^2$, $r^2 = 9 - h^2$, $V(h) = \frac{1}{3}\pi(9h - h^3)$

$V'(h) = \frac{1}{3}\pi(9 - 3h^2) = 0$, $h = \sqrt{3} \approx 1,73$, $r = \sqrt{6} \approx 2,45$

163 32. $A = xy$, $50^2 = \frac{1}{4}x^2 + y^2$, $y = \sqrt{2500 - \frac{1}{4}x^2}$, $A(x) = x \cdot \sqrt{2500 - \frac{1}{4}x^2}$

$A^2(x) = 2500x^2 - \frac{1}{4}x^4$, $(A^2(x))' = 5000x - x^3 = 0$, $x = \sqrt{5000} \approx 70,71$

Breite ca. 70,71 m , Tiefe ca. 35,36 m (doppelt so breit wie tief)

33. a) $A(x) = x \cdot f(x) = x + \frac{4}{x}$, $A'(x) = 1 - \frac{4}{x^2} = 0$, $x = 2$, P(2;2) für maximale Fläche

b) $U(x) = 2(x + 1 + \frac{4}{x^2})$, $U'(x) = 2(1 - \frac{8}{x^3}) = 0$, $x = 2$, P(2;2) für minimalen Umfang

34. $L(x) = \sqrt{x^2 + (\frac{3}{2} - \frac{1}{2}x^2)^2}$, $L^2(x) = \frac{9}{4} - \frac{1}{2}x^2 + \frac{1}{4}x^4$, $(L^2(x))' = x^3 - x = 0$

$x = 1$, $L(1) = \sqrt{2} \approx 1,4142$

Der Weg wird mindestens 141,42 m lang.

2. Rekonstruktionen

1. a) Ansatz: $f(x) = ax^2 + bx + c$, $f'(x) = 2ax + b$ 167
$f(0) = -2{,}5 \qquad c = -2{,}5$
$f'(3) = 0 \qquad 6a + b = 0$
$f(3) = 2 \qquad 9a + 3b - 2{,}5 = 2, \quad a = -\frac{1}{2}, \quad b = 3$
Resultat: $f(x) = -\frac{1}{2}x^2 + 3x - 2{,}5$

b) Ansatz: $f(x) = ax^3 + bx^2 + cx + d$, $f'(x) = 3ax^2 + 2bx + c$, $f''(x) = 6ax + 2b$
$f(-2) = 6 \qquad -8a + 4b - 2c + d = 6$
$f''(-2) = 0 \qquad -12a + 2b = 0$
$f'(-4) = 0 \qquad 48a - 8b + c = 0$
$f'(-2) = -12 \qquad 12a - 4b + c = -12, \quad 36a - 4b = 12, \quad a = 1, \quad b = 6, \quad c = 0, \quad d = -10$
Resultat: $f(x) = x^3 + 6x^2 - 10$

2. $f(x) = x^3 + 6x^2 + 9x + 4$ 169

3. $f(x) = x^3 - 3x$

4. Ansatz: $f(x) = ax^3 + bx$, $f(0) = g(0)$, $f'(0) = -\frac{1}{g'(0)}$, $f(1) = g(1) \Rightarrow f(x) = 4{,}5x^3 - 2x$

5. $f(x) = \frac{1}{8}x^4 - x^2 + 2$

6. $f(x) = -x^3 + 3x^2$

7. a) $f(x) = \frac{1}{5}x^2 - \frac{2}{5}x - 3$ b) $f(x) = \frac{9}{8}x^4 + 3x^3$

8. a) $f(x) = \frac{2}{9}(x-3)^2$ b) $f(x) = 2x^3 - 6x^2 + 6x - 4$

9. a) $f(x) = x^3 - 3x$ b) $f(x) = -x^3 + 3x^2$ 170

10. a) $f(0) = 0 \Rightarrow c = 0$, $f(50) = 0 \Rightarrow 2500a + 50b = 0$ 172
$f(25) = 12{,}5 \Rightarrow 625a + 25b = 12{,}5 \Rightarrow 50b = 50 \Rightarrow b = 1 \Rightarrow a = -\frac{1}{50}$
Resultat: $f(x) = -\frac{1}{50}x^2 + x$

b) $f(47) = -\frac{1}{50}47^2 + 47 = 2{,}82$
Resultat: Der Torwart hat keine Chance, da ihm 12 cm fehlen.

c) $\tan\alpha = f'(0) = 1 \Rightarrow \alpha = 45°$

d) Ansatz: $f(x) = ax^2 + bx + c$
$f(0) = 0 \Rightarrow c = 0$, $f(50) = 0 \Rightarrow 2500a + 50b = 0$
$f(25) = 15 \Rightarrow 625a + 25b = 15 \Rightarrow 50b = 60 \Rightarrow b = 1{,}2 \Rightarrow a = -\frac{3}{125}$
Resultat: $f(x) = -\frac{3}{125}x^2 + 1{,}2x$
$f'(x) = -\frac{6}{125}x + 1{,}2$, $f'(0) = 1{,}2 \Rightarrow \tan\alpha = 1{,}2 \Rightarrow \alpha \approx 50{,}19°$

172 11. Ansatz: $f(x) = ax^3 + bx^2 + cx$, $f'(x) = 3ax^2 + 2bx + c$

$f'(0) = -1 \qquad c = -1$

$f'(4) = 2 \qquad 48a + 8b = 3$

$f(4) = 0 \qquad 64a + 16b = 4$, $a = \frac{1}{16}$, $b = 0$

Resultat: $f(x) = \frac{1}{16}x^3 - x$

a) südlichster Punkt: T(2,31;–1,54)

b) Nein, denn eine Parabel ist symmetrisch zur Parallelen der y-Achse durch ihren Scheitel.

12. a) $f'(x) = 2ax + b$, $f(0) = 0 \Rightarrow c = 0$, $f'(0) = 0{,}5 \Rightarrow b = 0{,}5$

$f'(100) = -1 \Rightarrow 200a + 0{,}5 = -1 \Rightarrow a = -\frac{3}{400}$

Resultat: $f(x) = -\frac{3}{400}x^2 + 0{,}5x$

b) $f(100) = -25$, der Höhenunterschied beträgt 25 m.

c) $f(x) = 0$ für $x = 0$ und $x = \frac{200}{3} \approx 66{,}67$

Der höchste Punkt der Bahn liegt genau zwischen den Nullstellen, also bei $\frac{100}{3} \approx 33{,}33$ m.

$f(\frac{100}{3}) = 8{,}33$. Der höchste Punkt liegt 8,33 m höher als Punkt A.

173 13. a) $B(v) = av^2 + bv + c$

$B(10) = 9{,}1: \quad 100a + 10b + c = 9{,}1$

$B(30) = 7{,}9: \quad 900a + 30b + c = 7{,}9 \quad , \quad 800a + 20b = -1{,}2$

$B(100) = 10: \quad 10000a + 100b + c = 10 \quad , \quad 9900a + 90b = 0{,}9 \quad , \quad 6300a = 6{,}3$

$a = \frac{1}{1000}$, $b = -\frac{1}{10}$, $c = 10$, $\qquad B(v) = \frac{1}{1000}v^2 - \frac{1}{10}v + 10$

b) $B'(v) = \frac{1}{500}v - \frac{1}{10} = 0$ gilt für $v = 50$, $B(50) = 7{,}5$ minimaler Spritverbrauch bei $v = 50$ km/h

c) $B(v) = 12{,}4$: $\quad v^2 - 100v - 2400 = 0$, $v = 120$ km/h

14. a) $f(x) = ax^3 + bx^2 + cx$, $f'(x) = 3ax^2 + 2bx + c$

$f'(-4) = 0: \quad 48a - 8b + c = 0$

$f'(0) = 0: \quad c = 0$

$f(-4) = 2: \quad -64a + 16b = 2$, $32a = 2$, $a = \frac{1}{16}$, $b = \frac{3}{8}$

$f(x) = \frac{1}{16}x^3 + \frac{3}{8}x^2$, $\quad g(x) = -\frac{1}{8}(x-9)^2 + 2 = -\frac{1}{8}x^2 + \frac{18}{8}x - \frac{65}{8}$

b) $f''(x) = \frac{3}{8}x + \frac{3}{4} = 0$ für $x = -2$, $f(-2) = 1$

In $P(-2|1)$ ist f mit $f'(-2) = -0{,}75$ am steilsten abfallend.

$g'(x) = -\frac{1}{4}x + \frac{9}{4}$

Am linken Rand, in $Q(5|0)$ ist g mit $g'(5) = 1$ am steilsten ansteigend.

15. a) $h(0) = 0$ d.h. $d = 0 \qquad h'(t) = 3at^2 + 2bt$

$h'(0) = 0$ d.h. $c = 0$

$h(4) = 2 \qquad 64a + 16b = 2$

$h'(4) = 0{,}75 \qquad 48a + 8b = 0{,}75$, $-32a = 0{,}5$, $a = -\frac{1}{64}$, $b = \frac{3}{16}$, $h(t) = -\frac{1}{64}t^3 + \frac{3}{16}t^2$

b) $h'(t) = -\frac{3}{64}t^2 + \frac{3}{8}t = 0$ gilt für $t = 8$, $h(8) = 4$ m maximale Höhe nach 8 Wochen

c) $h''(t) = -\frac{6}{64}t + \frac{3}{8} = 0$ gilt für $t = 4$, $h'(4) = 0{,}75$ nach 4 Wochen

174

16. a) f(0) = 4 d.h. d = 4 $f'(x) = 3ax^2 + 2bx + c$
$f'(10) = 0$ $300a + 20b + c = 0$
$f'(30) = 0$ $2700a + 60b + c = 0$, $2400a + 40b = 0$
$f(10) = 10$ $1000a + 100b + 10c = 6$, $-2000a - 100b = 6$,
$a = \frac{3}{2000}$, $b = -\frac{9}{100}$, $c = \frac{135}{100}$, $f(x) = \frac{3}{2000}x^3 - \frac{9}{100}x^2 + \frac{135}{100}x + 4$

b) $g(x) = -\frac{1}{10}(x-40)^2 + 10 = -\frac{1}{10}x^2 + 8x - 150$

c) $f'(x) = \frac{9}{2000}x^2 - \frac{18}{100}x + \frac{135}{100}$, $f'(x) = 0$: $x^2 - 40x + 300 = 0$, $x = 10$ und $x = 30$
tiefste Stelle bei x = 30: f(30) = 4; das Dach ist dort 4 m hoch.

d) $f'(0) = \frac{135}{100}$ Anstieg am linken Rand
$g'(x) = -\frac{1}{5}x + 8$, g'(50) = -2 ist der Anstieg am rechten Rand
f '(40) = 1,35 ist der Anstieg an der Dachspitze

e) tan 40° = 0,84 , $f''(x) = \frac{9}{1000}x - 0{,}18 = 0$ gilt für x = 20 , f '(20) = -0,45
d.h. für $10 < x < 30$ ist das Dach bei x = 20 mit m = -0,45 am steilsten und daher begehbar.
Ansatz: $\frac{9}{2000}x^2 - \frac{18}{100}x + 1{,}35 = 0{,}84$, $x^2 - 40x + \frac{340}{3} = 0$
Dies gilt für x = 3,1 und x = 36,9, also ist das Dach für $x < 3{,}1$ und für $36{,}9 < x < 40$ schwer begehbar.

$g'(x) = -\frac{1}{5}x + 8 = -0{,}84$ gilt für x = 44,25
d.h. auch für $x > 44{,}25$ ist das Dach schwer begehbar.

17. a) $f(x) = -10 - \frac{1}{50}x^2$

b) Benötigt werden: ein Pfeiler der Länge 10
und je zwei Pfeiler der Längen 13,125 m, 22,5 m , 38,125 m und 60 m

c) Das rechte Dreieck, das den 60 m-Pfeiler als Seite hat, ist gleichschenklig, also ist die Strecke von der 50 m-Marke bis B 60 m lang.
Damit gilt |A;B| = 220 m.

d) $f'(x) = -\frac{1}{25}x$, f '(50) = -2 , Schnittwinkel ca. 71,6°

18. a) $f(x) = ax^2 + bx + c$, $f'(x) = 2ax + b$
f '(9) = 0: 18a + b = 0
f(0) = 2 c = 2

f(20) = 0 400a + 20b + 2 = 0 , 40a = -2 , $a = -\frac{1}{20}$, $b = \frac{18}{20}$, $f(x) = -\frac{1}{20}x^2 + \frac{18}{20}x + 2$

b) $f'(x) = -\frac{1}{10}x + \frac{18}{20}$, f '(0) = 0,9 d.h. Abwurfwinkel ca. 42°
f '(20) = −1,1 d.h. Aufschlagwinkel ca. −47,7°

c) $\alpha = 45°$: f '(0) = 1 , b = 1
f '(9) = 18a + 1 = 0 , $a = -\frac{1}{18}$

$f(x) = -\frac{1}{18}x^2 + x + 2$, $f'(x) = -\frac{1}{9}x + 1$

f(x) = 0: $x^2 - 18x - 36 = 0$, x = 19,82 m neue Wurfweite
f '(19,82) = −1,2 , neuer Aufschlagwinkel ca. −50,2°
Maximalhöhe: f(9) = 6,5 m

175 19. Schneidelinie: $f(x)=\frac{6}{64}x^2, \quad -8\le x\le 8$

rechte Randlinie: $g(x)=\frac{8}{36}(x-8)^2+6=\frac{2}{9}x^2-\frac{32}{9}x+\frac{182}{9}, \quad 2\le x\le 8$

linke Randlinie: $h(x)=\frac{8}{36}(x+8)^2+6=\frac{2}{9}x^2+\frac{32}{9}x+\frac{182}{9}, \quad -8\le x\le -2$

Schnittwinkel von f und g: $f'(x)=\frac{3}{16}x, \quad f'(8)=\frac{3}{2}\Rightarrow \alpha\approx 56{,}3°$

Das ist gleichzeitig der Schnittwinkel, da g im Schnittpunkt eine waagerechte Tangente hat.

Schnittwinkel mit dem Holzstiel: $g'(x)=\frac{4}{9}(x-8), \quad g'(2)=-\frac{8}{3}\Rightarrow \beta\approx -69{,}4°$

20. a) $g'(x) = 2ax + b, \; f'(x)=-\frac{6}{x^2}, \; f'(2)=-1{,}5, \; f(2)=3$

$g'(2) = -1{,}5 = 4a + b$

$g(2) = 3 = 4a + 2b + c$

$g'(0) = 0, \; b = 0, \; a=-\frac{3}{8}, \quad c=\frac{36}{8}$

Resultat: $g(x)=-\frac{3}{8}x^2+\frac{9}{2}$

b) $g(x)=0$: $x=-\sqrt{12}\approx -3{,}46$

$g'(x)=-\frac{3}{4}x, \quad g'(-3{,}46)\approx 2{,}6\Rightarrow \alpha\approx 69°$ Winkel mit der Straße

c) $h(x) = mx + n, \; m = 2{,}6, \; 0 = 2{,}6\cdot(-3{,}46) + n, \; n = 9$

$h(x) = 2{,}6x + 9$

d) $h(-6) = -6{,}6$, der Kanal trifft nicht auf die Stadt S.

21. a) $s'(t) = 3at^2 + 2bt + c$

$s(0) = 0$: $d = 0$

$s'(0) = 0$: $c = 0$

$s'(8) = 0$: $192a + 16b = 0$

$s(4) = 4$: $64a + 16b = 4, \; 128a = -4, \; a=-\frac{1}{32}, \quad b=\frac{3}{8}$

$s(t)=-\frac{1}{32}t^3+\frac{3}{8}t^2$

b) $s(8) = 8$ km beträgt die gesamte Fahrstrecke.

c) Im Wendepunkt ist v maximal: $s''(t)=-\frac{3}{16}t+\frac{3}{4}=0, \quad t=4, \; v=s'(4)=1{,}5\,\frac{km}{min}=90\,\frac{km}{h}$

d) $s'(t) = 1{,}125$ führt auf $t^2 - 8t + 12 = 0$ mit den Lösungen $t=4\pm 2$.

Nach 2 und 6 Minuten gilt $v = 67{,}5$ km/h.

176 22. a) Ansatz: $f(x) = ax^4 + bx^2 + c$ (wg. Symmetrie zur y-Achse), $f'(x) = 4ax^3 + 2bx$

Ursprung unter dem Gipfel in Grundhöhe.

$f(0) = 1{,2}$ $\qquad c = 1{,}2$

$f'(2) = 0$ $\qquad 32a + 4b = 0$

$f(3) = 1{,}65$ $\qquad 81a + 9b = 0{,}45$

$a = 0{,}05, \quad b = -0{,}4, \quad f(x) = 0{,}05x^4 - 0{,}4x^2 + 1{,}2$

b) Die kleinste Flughöhe beträgt wegen $f(2) = 0{,}4$ also 40 m.

c) Die Kurve ist im Wendepunkt am steilsten:

$f''(x) = 0{,}6x^2 - 0{,}8, \; f''(x) = 0$ für $x=\pm\frac{2}{\sqrt{3}}\approx\pm 1{,}15$

Im Punkt $W(1{,}15|0{,}76)$ ist die Kurve mit

$f'(\pm 1{,}15)\approx \pm 0{,}615$ am steilsten.

Die Steigungswinkel betragen dort $\alpha\approx\pm 31{,}6°$.

d)

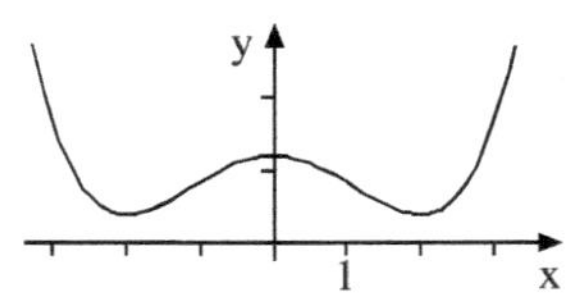

23. a) $h(0) = 300 \Rightarrow c = 300$ 176

$h(50) = 125000a + 2500b + 300 = 200$

$h(100) = 1000000a + 10000b + 300 = 100 \quad \Rightarrow \quad a = \frac{1}{2500}, \quad b = -\frac{150}{2500}$

$h(t) = \frac{1}{2500}t^3 - \frac{150}{2500}t^2 + 300$

b) $h(20) = 279{,}2$ Wert in Ordnung

$h(70) = 143{,}2$ Wert zu groß

$h(120) = 127{,}2$ Wert in Ordnung

24. a) $f(x) = ax^2+bx+c$ (Der Punkt P(0;0) liegt nicht im Scheitelpunkt.)

$f(-20) = 400a-20b+c = 150$, $f(0) = c = 0$

$f(40) = 1600a+40b+c = 300 \Rightarrow a = \frac{1}{4}, \quad b = -\frac{5}{2}, \quad c = 0, \quad f(x) = \frac{1}{4}x^2 - \frac{5}{2}x$

b) Gerade g durch $P_3(40;300)$ und Q(50;350): $g(x) = 5(x-40)+300 = 5x+100$

Schnittpunkte von g und f:

$\frac{1}{4}x^2 - \frac{5}{2}x = 5x + 100 \quad \Leftrightarrow \quad x^2 - 30x - 400 = 0$

$x_{1/2} = 15 \pm 25, \quad x_1 = -10 \quad \Rightarrow \quad P(-10;50), \quad x_2 = 40 \quad \Rightarrow \quad P(40;300)$

Die Senke ist bis zum Punkt P(−10;50) einsehbar.

25. $f(x) = ax^5 + bx^3 + cx$, $f'(x) = 5ax^4 + 3bx^2 + c$, $f''(x) = 20ax^3 + 6bx$ 178

$f(10) = 2$: $100000a + 1000b + 10c = 2$

$f'(10) = 0$: $50000a + 300b + c = 0$

$f''(10) = 0$: $20000a + 60b = 0$, $f(x) = 0{,}0000075x^5 - 0{,}0025x^3 + 0{,}375x$

26. a) $f(x) = ax^3 + bx$ (wg. Sym.), $f'(x) = 3ax^2 + b$ 179

$f(2) = 2$: $8a + 2b = 2$

$f'(2) = 0$: $12a + b = 0$, $f(x) = -\frac{1}{8}x^3 + \frac{3}{2}x$

b) steilste Stelle im Wendepunkt: $f'(0) = \frac{3}{2}$, $\alpha \approx 56{,}3° < 60°$, Auflage erfüllt

c) $f(-2) = -2$ erfüllt, $f'(-2) = 0$ erfüllt aber $f(0) = -1 \neq 0$ nicht erfüllt

27. a) $f(x) = ax^3 + bx$ (wg. Sym.), $f'(x) = 3ax^2 + b$

$f(5) = 2$: $125a + 5b = 2$

$f'(5) = 1$: $75a + b = 1$, $f(x) = 0{,}012x^3 - 0{,}1x$

b) $f''(x) = 0{,}072x$, $f''(5) = 0{,}36 \neq g''(5) = 0$, also Krümmungsruck

c) $f(x) = ax^5 + bx^3 + cx$, $f'(x) = 5ax^4 + 3bx^2 + c$, $f''(x) = 20ax^3 + 6bx$

$f(5) = 2$: $3125a + 125b + 5c = 2$

$f'(5) = 0$: $3125a + 75b + c = 1$

$f''(5) = 0$: $2500a + 30b = 0$, $f(x) = -0{,}00036x^5 + 0{,}03x^3 - 0{,}125x$

28. a) $f(x) = 10 - \frac{10}{225}x^2$

b) $f(x) = ax^4 + bx^2 + 10$ (Sym.), $f'(x) = 4ax^3 + 2bx$

$f(15) = 0$: $50625a + 225b + 10 = 0$

$f'(15) = 0$: $13500a + 30b = 0$, $f(x) = 0{,}0002x^4 - 0{,}0889x^2 + 10$

179 28. c) $f(x) = ax^6 + bx^4 + cx^2 + 10$, $f'(x) = 6ax^5 + 4bx^3 + 2cx$, $f''(x) = 30ax^4 + 12bx^2 + 2c$

$f(15) = 0$: $11390625a + 50625b + 225c + 10 = 0$
$f'(15) = 0$: $4556250a + 13500b + 30c = 0$
$f''(15) = 0$: $1518750a + 2700b + 2c = 0$

$$f(x) = -\frac{2}{2278125}x^6 + \frac{2}{3375}x^4 - \frac{2}{15}x^2 + 10$$

Bei a) liegt kein glatter Übergang vor.
Bei b) liegt glatter aber nicht ruckfreier Übergang vor.
Bei c) liegt glatter und ruckfreier Übergang vor.

29. $f(x) = ax^4 + bx^2 + c$, $f'(x) = 4ax^3 + 2bx$, $f''(x) = 12ax^2 + 2b$

$f(10) = 10$: $10000a + 100b + c = 10$
$f'(10) = -1$: $4000a + 20b = -1$
$f''(10) = 0$: $1200a + 2b = 0$, $f(x) = \frac{1}{8000}x^4 - \frac{3}{40}x^2 + 16{,}25$

Die Loipe ist 3,75 m vom Fluss entfernt.

180 30. a) $f(x) = ax^2 + b$, $f'(x) = 2ax$

$f(2) = 4a + b = 0$
$f'(2) = 4a = 1$ $\qquad f(x) = 0{,}25x^2 - 1$ versatz- und knickfrei

b) Nein, denn $f''(x) = 2$ kann nicht null werden.

31. a) oberes Bild: $f_1(x_0) = g(x_0)$: Die Gleise treffen sich bei x_0.
mittleres Bild: $f_1'(x_0) = g'(x_0)$: Die Gleise haben gleiche Steigung bei x_0.
unteres Bild: $f_1''(x_0) \neq g''(x_0)$: Keine Ruckfreiheit bei x_0.

b)

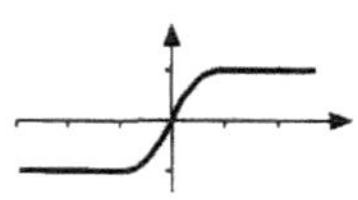

Die Gleise treffen sich bei x_0.

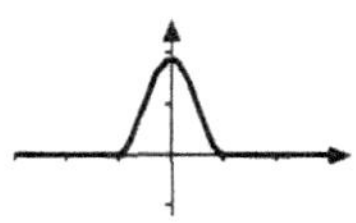

Die Gleise haben gleiche Steigung bei x_0.

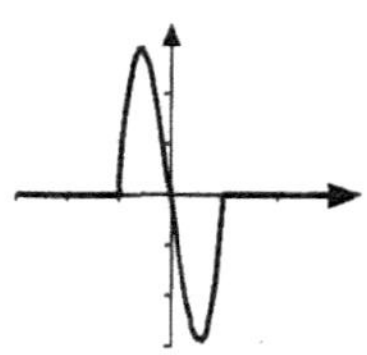

Ruckfreiheit bei x_0.

32. $h(x) = -2x - 4$, $h'(x) = -2$

$g(x) = -2x + 4$, $g'(x) = -2$
$f_1(x) = -(x-1)^2 + 1 = -x^2 + 2x$, $f_1'(x) = -2x + 2$
$f_2(x) = (x+1)^2 - 1 = x^2 + 2x$, $f_2'(x) = 2x + 2$
Es gilt $h(-2) = f_2(-2) = 0$ und $g(2) = f_1(2) = 0$
sowie $h'(-2) = f_2'(-2) = -2$ und $g'(2) = f_1'(2) = -2$
aber $h''(-2) = 0 \neq f_2''(-2) = 2$ und $g''(2) = 0 \neq f_1(2) = -2$
Elisabeth hat Recht, der Übergang ist nicht ruckfrei.

Test 186

1. $f(x) = -x^3 + 3x + 4$

2. $f(x) = \frac{1}{2}x^4 - 3x^2 + 2$

3. HB: $V = r^2\pi h$, NB: $3 = 2\pi r^2 + 2\pi rh$

   Zielfunktion: $V(r) = \frac{3}{2}r - \pi r^3$, $V'(r) = \frac{3}{2} - 3\pi r^2 = 0 \Rightarrow r = \sqrt{\frac{1}{2\pi}}$ (bzw. $-\sqrt{\frac{1}{2\pi}}$)

   $V''(\sqrt{\frac{1}{2\pi}}) < 0 \Rightarrow$ Maximum

   Ergebnis: $r = \sqrt{\frac{1}{2\pi}} \approx 0{,}39894228 \text{ m} \approx 0{,}40\text{m}$

   $h = \frac{2}{\sqrt{2\pi}} \approx 0{,}797884561 \approx 0{,}80\text{m}$, $V_{max} = r \approx 0{,}39894228 \text{ m}^3 \approx 0{,}40\text{m}^3$

4. $A = x \cdot y$

   Strahlensatz: $\frac{80-x}{x} = \frac{y-20}{60-y}$

   $(80-x)(60-y) = x(y-20) \Rightarrow y = 60 - \frac{1}{2}x$

   Zielfunktion: $A(x) = 60x - \frac{1}{2}x^2$

   $A'(x) = 60 - x = 0$

   $\Rightarrow x = 60 \text{ cm}$, $y = 30 \text{ cm}$, $A_{max} = 1800 \text{ cm}^2$

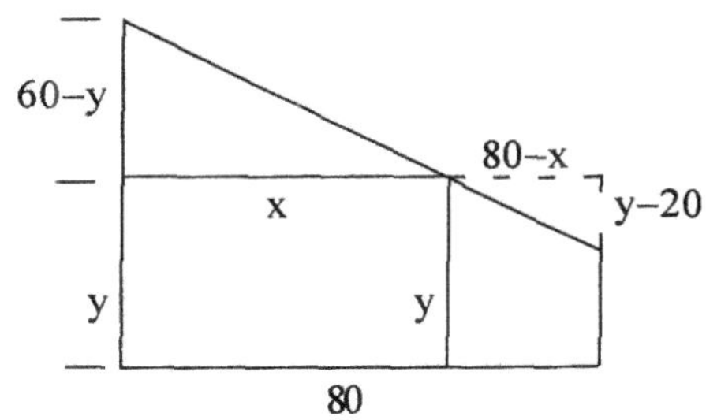

5. $A(a) = 0{,}5(a-1)f(a) = 0{,}5(-a^3+7a^2-11a+5)$

   $A'(a) = 0$ für $a_1 = \frac{11}{3}$, $a_2 = 1$, Max. für $x = \frac{11}{3}$, Amax $\approx$ 4,74 FE

6. $M = 2 \cdot 40a + 2 \cdot 40b + ab$, $144000 = 40 \cdot ab$, $b = \frac{3600}{a}$

   $M(a) = 80a + \frac{288000}{a} + 3600$, $M'(a) = 80 - \frac{288000}{a^2}$, $M'(a) = 0$ für $a = 60$, $b = 60$

   Minimaler Glasbedarf für a = b = 60 cm.

V. Grundlagen der Integralrechnung
1. Stammfunktion und unbestimmtes Integral

193 1. a) $F_c(x) = \frac{1}{3}x^3 + C$, $F_c(1) = 1$, $C = \frac{2}{3}$, $F_c(x) = \frac{1}{3}x^3 + \frac{2}{3}$

b) $F_c(x) = -\frac{1}{3}x^3 + x + C$, $F_c(0) = 4$, $C = 4$, $F_c(x) = -\frac{1}{3}x^3 + x + 4$

c) $F_c(x) = \frac{1}{2}x^2 + 2x + C$, $F_c(1) = 0$, $C = -2{,}5$, $F_c(x) = \frac{1}{2}x^2 + 2x - 2{,}5$

194 2. a) $F'(x) = 4 \cdot \frac{1}{2}x^3 + 0 = 2x^3$ b) $F'(x) = \frac{3}{2} \cdot \frac{8}{3} \cdot x^{\frac{1}{2}} = 4\sqrt{x}$

c) $F'(x) = 2x + (-1) \cdot \frac{6}{x^2} + 0 = 2x - \frac{6}{x^2}$ d) $F(x) = 4x^2 + 4x + 1$, $F'(x) = 8x + 4$

3. a) $F(x) = \frac{1}{7}x^7 + C$ b) $F(x) = 2x^3 + C$ c) $F(x) = \frac{1}{2}x^{2n} + C$

d) $F(x) = \frac{4}{3}x^3 + x^2 + C$ e) $F(x) = \frac{1}{2}x^4 - 2x^2 + x + C$ f) $F(x) = \frac{a}{3}x^3 + 3x^2 + C$

g) $F(x) = -\frac{3}{x} + C$ h) $F(x) = \frac{2}{3}x^3 + x + C$ i) $F(x) = \frac{1}{2}x^2 - \frac{3}{x} + C$

j) $F(x) = 4\sqrt{x^3} + C$ k) $F(x) = \frac{3}{4}\sqrt[3]{x^4} + C$ l) $F(x) = ax^3 + C$

4. a) $F(x) = \frac{1}{6}(2x+1)^3 + C$ b) $F(x) = \frac{2}{3}(\frac{1}{2}x+1)^3 + C$ c) $F(x) = -\frac{1}{3\cdot(3x+2)} + C$

d) $F(x) = \frac{2}{3}\sqrt{(2x+1)^3} + C$

5. I:C, II:D, III:E, IV:A, V:F, VI:B

6. a) Im 3. Schritt: $6 \cdot \int x^{-2}dx = -6 \cdot x^{-1} + C$

b) lineare Substitutionsregel: $\int (2x+1)^2 dx = \frac{1}{2} \cdot \frac{(2x+1)^3}{3} + C$

c) $\int 4x^{\frac{3}{2}}dx = 4x^{\frac{5}{2}} \cdot \frac{2}{5} + C$

d) $\int (3x^2 + 2a)dx = x^3 + 2ax + C$

e) $\int (3x^2 + 2a)da = 3x^2a + a^2 + C$

195 7. a) $\int \sin \pi x dx = -\frac{1}{\pi} \cdot \cos \pi x + C$ b) $\int (1 - \cos(-\pi x))dx = x + \frac{1}{\pi} \cdot \sin(-\pi x) + C$

c) $\int (\sin(2x+1) - \cos x + 1)dx = -\frac{1}{2}\cos(2x+1) - \sin x + x + C$

d) $\int \sin(0{,}5x)dx = -2\cos(0{,}5x) + C$ e) $\int (x + \sin(x))dx = \frac{1}{2}x^2 - \cos x + C$

f) $\int \cos(2x)dx = \frac{1}{2}\sin(2x) + C$

2. Das bestimmte Integral

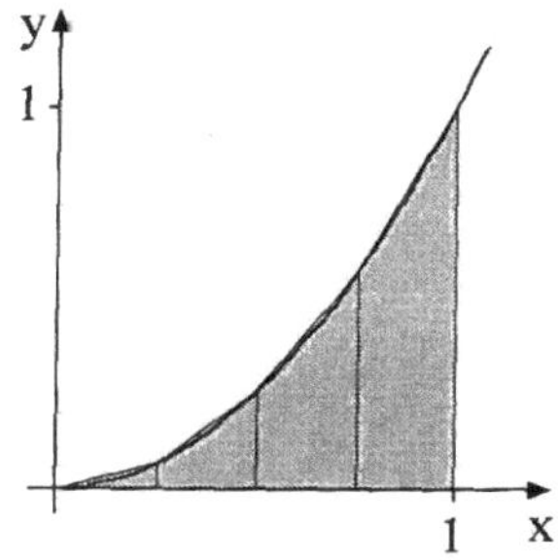

1. links: $\sum_{k=0}^{n-1}(f(a+k\cdot d)\cdot d) \Rightarrow 0{,}332834$ 197

   Mitte: $\sum_{k=0}^{n-1}(f(a+k\cdot d+\frac{d}{2})\cdot d) \Rightarrow 0{,}333333$

2. $s=(f(a)+2\cdot\sum_{k=1}^{n-1}(f(a+k\cdot d))+f(b))\cdot d \Rightarrow 0{,}333834$

3. a) $\int_{-1}^{1}(1-x^2)dx=[x-\frac{1}{3}x^3]_{-1}^{1}=\frac{2}{3}-(-\frac{2}{3})=\frac{4}{3}$ 200

   b) $\int_{0}^{\pi}\sin x dx=[-\cos x]_0^{\pi}=1-(-1)=2$

   c) $\int_{-3}^{1}(x^2+2x-3)dx=[\frac{1}{3}x^3+x^2-3x]_{-3}^{1}=-\frac{5}{3}-9=-\frac{32}{3}\approx-10{,}67$

   d) $\int_{1}^{3}\cos(\frac{\pi}{2}\cdot x)dx=[\frac{2}{\pi}\cdot\sin(\frac{\pi}{2}\cdot x)]_1^3=-\frac{2}{\pi}-\frac{2}{\pi}=-\frac{4}{\pi}\approx-1{,}27$

4. a) $\int_{-2}^{2}(x^2+x-2)dx=[\frac{1}{3}x^3+\frac{1}{2}x^2-2x]_{-2}^{2}=-\frac{8}{3}$ 201

   b) $\int_{-3}^{3}(\frac{x^3}{3}-3x)dx=[\frac{1}{4}x^4+\frac{3}{2}x^2]_{-3}^{3}=0$

   c) $\int_{-1}^{1}(4+4x-x^4)dx=[4x+2x^2-\frac{1}{5}x^5]_{-1}^{1}=\frac{38}{5}=7{,}6$

   d) $\int_{-1}^{2}(x^2-x^3)dx=[\frac{1}{3}x^3-\frac{1}{4}x^4]_{-1}^{2}=-\frac{3}{4}=-0{,}75$

   e) $\int_{-\pi/2}^{\pi}\sin x dx=[-\cos x]_{-\pi/2}^{\pi}=1$

   f) $\int_{1}^{4}\sin\pi x dx=[-\frac{1}{\pi}\cos\pi x]_1^4=-\frac{2}{\pi}\approx-0{,}637$

   g) $\int_{0}^{\pi}(\sin x-\cos x)dx=[-\cos x-\sin x]_0^{\pi}=2$

   h) $\int_{-\pi}^{\pi}(x-\sin x)dx=[\frac{1}{2}x^2+\cos x]_{-\pi}^{\pi}=0$

5. Möglichkeiten beim TI-nspire: Man gibt den Befehl integral(x^2-2x,x,1,3) oder man wählt aus der Palette der mathematischen Vorlagen das bestimmte Integral aus.

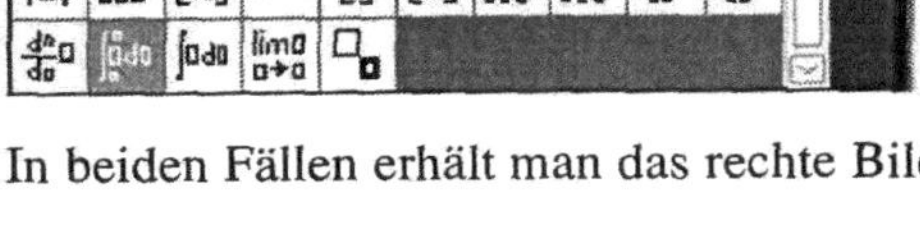

In beiden Fällen erhält man das rechte Bild.

202 6. a) $\int_{-1}^{4}(3x^2-4x+1)dx=[x^3-2x^2+x]_{-1}^{4}=40$ b) $\int_{2}^{5}\frac{1}{x^2}dx=[-\frac{1}{x}]_2^5=\frac{3}{10}$

c) $\int_{0}^{1}(x+1)^2dx=[\frac{1}{3}(x+1)^3]_0^1=\frac{7}{3}$

7. a) $\int_{0}^{1}(3x^2+2a)dx=[x^3+2ax]_0^1=1+2a$

b) $\int_{0}^{1}(3x^2+2a)da=[3x^2a+a^2]_0^1=3x^2+1$ c) $\int_{1}^{2}x^2dy=[x^2y]_1^2=x^2$

203 8. a) $\int_{-2}^{3}(4x^2-3x+5)dx+\int_{-2}^{3}(3x-5)dx=\int_{-2}^{3}4x^2dx=[\frac{4}{3}x^3]_{-2}^{3}=\frac{140}{3}\approx 46{,}67$

b) $\int_{-2}^{2}x^2dx+\int_{3}^{5}x^2dx+\int_{2}^{3}x^2dx=\int_{-2}^{5}x^2dx=[\frac{1}{3}x^3]_{-2}^{5}=\frac{133}{3}\approx 44{,}33$

c) $\int_{-1}^{3}2x^2dx+2\int_{-1}^{0}3x^2dx+\int_{0}^{2}6x^2dx+6\int_{2}^{3}x^2dx$

$=\int_{-1}^{3}2x^2dx+\int_{-1}^{3}6x^2dx=\int_{-1}^{3}8x^2dx=[\frac{8}{3}x^3]_{-1}^{3}\approx 74{,}67$

204 9. a) $\int_{1}^{3}(x+1)dx=[\frac{1}{2}x^2+x]_1^3=7{,}5-1{,}5=6$ b) $\int_{-2}^{2}(4-x^2)dx=[4x-\frac{1}{3}x^3]_{-2}^{2}=\frac{32}{3}$

c) $\int_{-2}^{2}0{,}25x^3dx=[\frac{1}{16}x^4]_{-2}^{2}=0$ d) $\int_{0}^{2}(x^2-2x+1)dx=[\frac{1}{3}x^3-x^2+x]_0^2=\frac{2}{3}$

e) $\int_{0}^{4}(4-x)dx=[4x-\frac{1}{2}x^2]_0^4=8$ f) $\int_{1}^{3}(\frac{1}{4}x^2-x+1)dx=[\frac{1}{12}x^3-\frac{1}{2}x^2+x]_1^3=\frac{1}{6}$

g) $\int_{0}^{2}(x^2-4)dx=[\frac{1}{3}x^3-4x]_0^2=-\frac{16}{3}$

h) $\int_{0}^{2}(x^3-3x^2+3x-1)dx=[\frac{1}{4}x^4-x^3+\frac{3}{2}x^2-x]_0^2=0$

10. **Druckfehler** im Lehrbuch: aus Übung 3 (Seite 200) 204
Das bestimmte Integral stellt die Flächenbilanz dar. d.h. es ist die Differenz der Anteile oberhalb und der unterhalb der x-Achse.

11. a) $\int_1^a (2x+1)dx = [x^2+x]_1^a = a^2+a-2$ b) $\int_a^{2a} (4-x^2)dx = [4x-\frac{1}{3}x^3]_a^{2a} = 4a-\frac{7}{3}a^3$

c) $\int_0^{a^2} (3x^2-3)dx = [x^3-3x]_0^{a^2} = a^6-3a^2$ d) $\int_0^{3a} (x^2-ax)dx = [\frac{1}{3}x^3-\frac{a}{2}x^2]_0^{3a} = 4,5a^3$

12. a) $\int_1^3 \frac{9}{x^2}dx = [-\frac{9}{x}]_1^3 = 6$ b) $\int_4^9 2\sqrt{x}dx = [\frac{4}{3}\sqrt{x^3}]_4^9 = 25\frac{1}{3}$

c) $\int_0^1 x^{\frac{5}{2}}dx = [\frac{2}{7}\sqrt{x^7}]_0^1 = \frac{2}{7}$ d) $\int_0^{\pi} 2\sin x\,dx = [-2\cos x]_0^{\pi} = 4$

13. a) Das zweite Integral wird aufgeteilt, beim vierten werden die Grenzen getauscht.

$$-\int_{-2}^{4} 4x^3dx + \int_{-2}^{1} 4x^3dx + \int_{-2}^{1} 2x^3dx + \int_{1}^{4} 4x^3dx - \int_{-2}^{1} 2x^3dx = 0$$

Das 1. Integral hebt sich mit dem 2. und 4. auf; ebenso heben sich das 3. und 5. auf.

b) Das erste und das dritte Integral werden zusammengelegt.

$$\int_2^3 (6x^3-3)dx + \int_{-2}^{2} (6x^3-3)dx = \int_{-2}^{3} (6x^3-3)dx = [\tfrac{3}{2}x^4-3x]_{-2}^{3} = 82,5$$

14. a) $A = \left|\int_2^5 (\frac{1}{2}x^2-\frac{5}{2}x)dx\right| + \int_5^6 (\frac{1}{2}x^2-\frac{5}{2}x)dx = \left|[\frac{1}{6}x^3-\frac{5}{4}x^2]_2^5\right| + [\frac{1}{6}x^3-\frac{5}{4}x^2]_5^6 \approx 8,17$

b) $A = \left|\int_{-2}^{4} (\frac{1}{8}x^3-\frac{1}{2}x^2)dx\right| = \left|[\frac{1}{24}x^4-\frac{1}{6}x^3]_{-2}^{4}\right| = \left|-\frac{2}{3}-\frac{8}{3}\right| = \frac{10}{3}$

Test

212 1. a) $F(x)=\frac{1}{5}x^5+C$ b) $F(x)=-\frac{3}{x}+C$

c) $F(x)=\frac{1}{2}x^4-\frac{1}{2}x^2+3x+C$ d) $F(x)=2ax^4+C$

e) $F(x)=nx^n+C$

2. $F(x)=x^3-x^2+C$, $F(2)=-1$: $C=-5$, $F(x)=x^3-x^2-5$

3. a) $\int(3-x^2)dx=3x-\frac{1}{3}x^3+C$ b) $\int_2^4(2x-x^2)dx=[x^2-\frac{1}{3}x^3]_2^4=-\frac{20}{3}$

c) $\int_1^2(3x+6x^3)dx=[\frac{3}{2}x^2+\frac{3}{2}x^4]_1^2=27$

4. a) $F(x)=\frac{1}{9}x^3+x$, $A=F(3)-F(1)=\frac{44}{9}$

b) Spiegelung: $g(x)=-x^2+6x-8$, Nullstellen: $x=2$ und $x=4$

$G(x)=-\frac{1}{3}x^3+3x^2-8x$, $A=G(4)-G(2)=\frac{4}{3}$

5. a) $[ax^3+3x^2]_1^2=7a+9=2$, $a=-1$

b) $[x^2-5x]_2^a=a^2-5a+6=0$, $a_1=3$, $a_2=2$

6. $F(x)=a(x-\frac{1}{3}x^3)$, $A=2(F(1)-F(0))=2 \Rightarrow \frac{2}{3}a-0=1 \Rightarrow a=\frac{3}{2}$

7. Das linke Bild zeigt die Berechnung der Streifensumme für n = 10, das rechte Bild für n = 100. Zum Vergleich der Ergebnisse wird jeweils die Differenz von exaktem Integralwert i und der Streifensumme s berechnet.

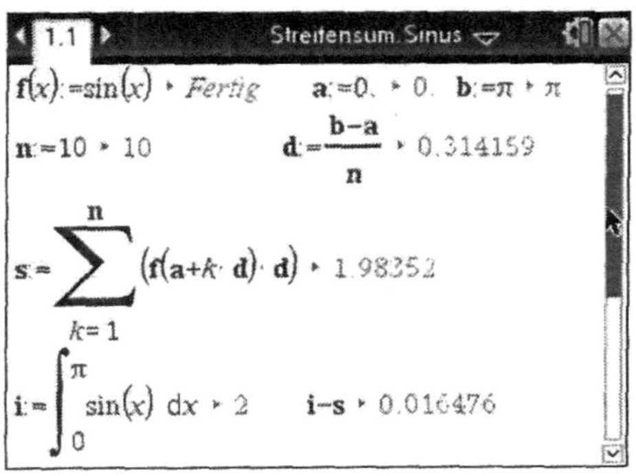

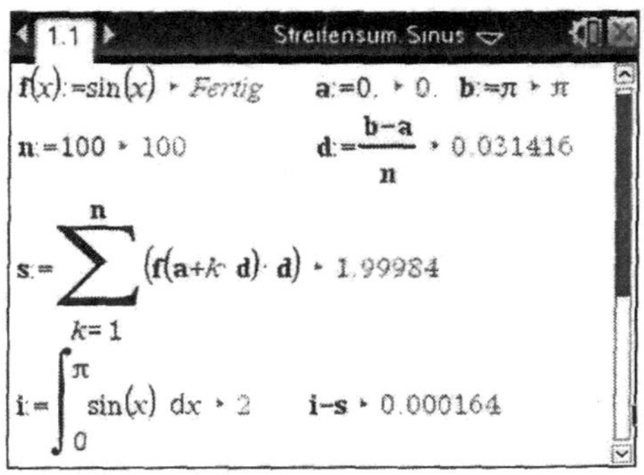

VI. Anwendungen der Integralrechnung
1. Bestimmte Integrale und Flächeninhalte

1. Fläche über dem Intervall [0;1]: $\int_0^1 (\sqrt{x}-1)dx = [\frac{2}{3}x^{3/2}-x]_0^1 = -\frac{1}{3}$, $A_1 = \frac{1}{3}$ 215

   Fläche über dem Intervall [1;4]: $\int_1^4 (\sqrt{x}-1)dx = [\frac{2}{3}x^{3/2}-x]_1^4 = \frac{5}{3}$, $A_2 = \frac{5}{3}$

   Gesamtfläche: $A = A_1 + A_2 = 2$

2. Flächen unter Funktionsgraphen

217 1. a) $A=\int_0^2 (x^2-x+1)dx=[\frac{1}{3}x^3-\frac{1}{2}x^2+x]_0^2=\frac{8}{3}$ b) $A=\int_1^3 \frac{1}{x^2}dx=[-\frac{1}{x}]_1^3=\frac{2}{3}$

c) $A=|\int_0^1 (x^3-x)dx|=|[\frac{1}{4}x^4-\frac{1}{2}x^2]|_0^1=\frac{1}{4}$ d) $A=|\int_0^1 (x^3-x)dx|+\int_1^2 (x^3-x)dx=\frac{5}{2}$

e) $A=\int_0^1 (-2x^2+2)dx=[-\frac{2}{3}x^3+2x]_0^1=\frac{4}{3}$

f) $A(x)=\int_{-\sqrt{3}}^0 (\frac{1}{2}x^3-\frac{3}{2}x)dx+|\int_0^1 (\frac{1}{2}x^3-\frac{3}{2}x)dx|=[\frac{1}{8}x^4-\frac{3}{4}x^2]_{-\sqrt{3}}^0+|[\frac{1}{8}x^4-\frac{3}{4}x^2]_0^1|=\frac{7}{4}$

218 2. a) Nullstellen: $\pm\sqrt{3}$ und 0

$$A=\int_{-1}^0 (\frac{1}{6}x^3-\frac{1}{2}x)dx+|\int_0^{\sqrt{3}} (\frac{1}{6}x^3-\frac{1}{2}x)dx|+\int_{\sqrt{3}}^2 (\frac{1}{6}x^3-\frac{1}{2}x)dx=\frac{5}{24}+\frac{9}{24}+\frac{1}{24}=\frac{5}{8}$$

b) Nullstellen: ± 2 und 0, Ursprungssymmetrie

$$A=|\int_{-3}^{-2} (x^3-4x)dx|+2\cdot\int_{-2}^0 (x^3-4x)dx=\frac{25}{4}+8=14\frac{1}{4}$$

c) Nullstellen: ± 1 und 3

$$A=\int_0^1 f(x)dx+|\int_1^3 f(x)dx|=[\frac{1}{4}x^4-x^3-\frac{1}{2}x^2+3x]_0^1+|[\frac{1}{4}x^4-x^3-\frac{1}{2}x^2+3x]_1^3|$$
$$=\frac{7}{4}+4=5\frac{3}{4}$$

d) Nullstellen: ± 1, ± 2, Achsensymmetrie

$$A=2\cdot|\int_{-2}^{-1} f(x)dx|+2\cdot\int_{-1}^0 f(x)dx$$
$$=2\cdot|[\frac{1}{10}x^5-\frac{5}{6}x^3+2x]_{-2}^{-1}|+2\cdot[\frac{1}{10}x^5-\frac{5}{6}x^3+2x]_{-1}^0=\frac{22}{15}+\frac{38}{15}=4$$

3. a) Nullstellen: $-2, -1, 1, 2$ 220

$\int_{-3}^{-2} f(x)dx \approx 14{,}53$, $\int_{-2}^{-1} f(x)dx \approx -1{,}47$, $\int_{-1}^{1} f(x)dx \approx 5{,}07$, $A \approx 21{,}07$

b) Nullstellen: -2, 0 (doppelte), 1

$\int_{-2,5}^{-2} f(x)dx \approx 2{,}28$, $\int_{-2}^{1} f(x)dx \approx -3{,}15$, $\int_{1}^{1,5} f(x)dx \approx 0{,}75$, $A \approx 6{,}18$

c) Nullstellen: -2 , 1 , 4 , $A_1 = \frac{17}{4}$, $A_2 = 14$, $A = 18{,}25$

d) Nullstellen: $-2{,}73$, -1 , $0{,}73$, $A_1 = A_4 \approx 0{,}25$, $A_2 = A_3 \approx 2{,}25$, $A = 5$

4. $4 = \int_{-a}^{0} f(x)dx = [\frac{1}{4}x^4 - \frac{a^2}{2}x^2]_{-a}^{0} = \frac{a^4}{4}$, $a = 2$ 221

5. $\int_{0}^{2} x^2 dx = [\frac{1}{3}x^3]_0^2 = \frac{8}{3}$, $[\frac{1}{3}x^3]_0^a = \frac{a^3}{3} = \frac{1}{3}$, $a = 1$

6. $f(x) = -ax^2 + a$, $A = \int_{0}^{1} f(x)dx = [-\frac{a^3}{3} + ax]_0^1 = \frac{2}{3}a = 1$, $a = \frac{3}{2}$ 222

7. $f(x) = ax^2 + bx + c$, $f(0) = -1$, $c = -1$

$f'(x) = 2ax + b$, $f'(4) = 0$, $b = -8a$

$\int_{0}^{1} (ax^2 - 8ax - 1)\,dx = [\frac{1}{3}ax^3 - 4ax^2 - x]_0^1 = -\frac{11}{3}a - 1$, $A = \frac{11}{3}a + 1 = 12$, $a = 3$

$f(x) = 3x^2 - 24x - 1$ A unterhalb der x – Achse!

8. Die Parabel ist nach unten geöffnet und hat die Nullstellen $x_1 = 0$ und $x_2 = u$, daher: $P(x) = -ax(x-u)$ $(a > 0)$.

Der Scheitelpunkt ist $S(\frac{u}{2} | 9)$: $p(\frac{u}{2}) = \frac{a}{4}u^2 = 9 \Rightarrow a = \frac{36}{u^2}$

$\int_{0}^{u} -\frac{36}{u^2}(x^2 - ux)dx = [-\frac{36}{u^2}(\frac{1}{3}x^3 - \frac{u}{2}x^2)]_0^u = 6u = 36 \Rightarrow u = 6$, $a = 1$

9. a) $A = \frac{1}{4}$ b) $A = \frac{5}{3}$ c) $A = \frac{8}{3}$ 223

10. a) $A = 12 + 1{,}11 = 13{,}11$ b) $A = \frac{7}{6} + \frac{32}{6} = \frac{13}{2}$ c) $A = 3{,}5 + 8 = 11{,}5$

d) $A = \frac{8}{5}$ e) $A = 0{,}30625 + 5{,}2 = 5{,}50625$

f) $A = 1{,}75 + 4 + 1{,}265625 = 7{,}015625$

223 11.a) $a=\pm 2$ b) $a=7$ c) $a=4$

12.a) Nullstellen: ± 1 , $A = 6{,}533 + 2{,}933 + 53{,}066 = 62{,}532$
b) Nullstellen: $-3, 0, 1$, $A = 7{,}33 + 0{,}58 + 11{,}39 = 19{,}3$
c) Nullstellen: -2, 1 (doppelte) , $A = 6{,}75 + 1{,}25 = 8$
d) Nullstellen: $-2, 1, 3$, $A = 10{,}667 + 2{,}417 = 13{,}084$
e) Nullstellen: $\pm\sqrt{3}$, 3 , $A = 17{,}392 + 1{,}392 = 18{,}784$
f) Nullstellen: $-3, -1, 3$, $A = 42{,}667 + 15{,}583 = 58{,}25$
g) Nullstellen: 0 (doppelte), $2\pm\sqrt{7}$, $A = 0{,}273 + 0{,}073 + 59{,}4 = 59{,}746$
h) Nullstellen: $0, 1, 2$, $A = 6{,}117 + 0{,}383 + 0{,}117 + 1{,}617 = 8{,}234$

13. $f(x) = ax^2 - 4ax$, $A = \int_0^4 f(x)dx = -\frac{32}{3}a = \frac{8}{3}$, $a = -\frac{1}{4}$, $f(x) = -\frac{1}{4}x^2 + x$

226 14. $F(x) = \frac{3}{100}(-\frac{1}{12}x^4 + \frac{5}{3}x^3)$, $A = 2(F(10) - F(0)) = \frac{6}{100}(-\frac{10000}{12} + \frac{5000}{3}) = 50$
$f(10) = 5 \Rightarrow$ Rechteckfläche = 100 $\Rightarrow$ Querschnittsfläche = 100 - 50 = 50
Der Inhalt des Querschnitts beträgt 50 m^2.

15.Torbogen: $f(x) = -1{,}2x^2 + 4{,}8$ (Ursprung: Bodenmitte unter dem Torbogen)

Fläche unter f: $A = 2\int_0^2 f(x)dx = 2[-\frac{1{,}2}{3}x^3 + 4{,}8x]_0^2 = 2(-\frac{9{,}6}{3} + 9{,}6) = \frac{38{,}4}{3} \approx 12{,}8$

Flächeninhalt des Turms: $A_T \approx 80 - 12{,}8 = 67{,}2$

Höhe des Angebots: 1680 Euro

16.Der Ursprung wird jeweils in den Scheitelpunkt der Parabeln gelegt.

linkerÄrmel: $f(x) = \frac{3}{5}x^2$, Fläche unter f: $\int_0^5 \frac{3}{5}x^2dx = [\frac{1}{5}x^3]_0^5 = 25$
Ärmelinhalt: $A_1 = 75 - 25 = 50\ cm^2$
Halsausschnitt: $g(x) = \frac{20}{225}x^2 = \frac{4}{45}x^2$, Fläche unter g: $2\int_0^{15} g(x)dx = 2[\frac{4}{135}x^3]_0^{15} = 200$
Inhalt des Ausschnitts: $A_2 = 600 - 200 = 400\ cm^2$
Verschnitt: $2A_1 + A_2 = 500\ cm^2$
Inhalt des Rohlings: $R = 50 \cdot 65 = 3250\ cm_2$

Der Prozentanteil beträgt $\frac{500}{3250} \approx 15{,}38\%$

17.a) $f(2) = 0{,}355$, $f(25) = 3$, $f(20) = 4$
$f'(x) = -\frac{1}{800}(3x^2-66x+120)$, $f'(2) = 0$, $f'(20) = 0$
b) $F(x) = -\frac{1}{800}(\frac{1}{4}x^4-11x^3+60x^2-400x)$, $A = F(25) - F(2) \approx 58{,}40 - 0{,}81 = 57{,}59 > 50$
Die Bedingung ist erfüllt.

18. Ansatz: $f(x) = ax^3 + bx^2 + cx + d$, $f'(x) = 3ax^2 + 2bx + c$ 227

a) $f(0) = 6$, $d = 6$

$f(2) = 3$, $3 = 8a + 4b + 2c + 6$ $\quad 3 = -16a - 4b + 6$

$f(4) = 0$, $0 = 64a + 16b + 4c + 6$ $\quad 0 = 16a + 6$

$f'(2) = 0$, $0 = 12a + 4b + c$ $\quad a = -\frac{3}{8}$, $b = \frac{9}{4}$, $c = -\frac{9}{2}$

Resultat: $f(x) = -\frac{3}{8}x^3 + \frac{9}{4}x^2 - \frac{9}{2}x + 6$

b) $F(x) = -\frac{3}{32}x^4 + \frac{3}{4}x^3 - \frac{9}{4}x^2 + 6x$, $A = F(4) - F(0) = 12\ \text{km}^2$

Ganz ohne Integralrechnung:

Schneidet man parallel zur x–Achse bei $y = 3$ das Flächenstück ab, passt es um 180° gedreht genau in die Rechteckfläche rechts vom Wendepunkt. Also $A = 3 \cdot 4 = 12\ \text{km}^2$

19. a) $f(x) = -\frac{1}{18}(x-6)^2 + 2$

b) $F(x) = -\frac{1}{54}(x-6)^3 + 2x$

Fläche unter f: $A_f = F(12) - F(0) = 16$

Höhe des Mitteldreiecks: $h = \sqrt{12^2 - 6^2} = \sqrt{108} \approx 10{,}39$

Inhalt des Mitteldreiecks: $A_D = 6 \cdot \sqrt{108} \approx 62{,}35$

Inhalt des Querschnitts: $A = 3 \cdot A_f + A_D \approx 110{,}35$

20. a) $f(x) = \frac{1}{25}x^2 - \frac{2}{5}x + 2$

b) $f(1) = f(9) = \frac{41}{25} \mathrel{\hat{=}} 16{,}4\text{m}$, $\quad f(2) = f(8) = \frac{34}{25} \mathrel{\hat{=}} 13{,}6\text{m}$

$f(3) = f(7) = \frac{29}{25} \mathrel{\hat{=}} 11{,}6\text{m}$, $\quad f(4) = f(6) = \frac{26}{25} \mathrel{\hat{=}} 10{,}4\text{m}$

c) $F(x) = \frac{1}{75}x^3 - \frac{2}{10}x + 2x$

Tafel 1: $A_1 = A_4 \approx 149{,}33\ \text{m}^2$

Tafel 2: $A_2 = A_3 \approx 109{,}33\ \text{m}^2$, $A = A_1 + A_2 + A_3 + A_4 \approx 517{,}32\text{m}^2$

3. Flächen zwischen Funktionsgraphen

1. $A = 4{,}5$ $\quad$ 2. $A = 0{,}333$ $\quad$ 3. $A = 3{,}0833$

4. $A = 0{,}417$ $\quad$ 5. a) $A = 1{,}333$ $\quad$ b) $A = 21{,}333$ $\quad$ c) $A = 0{,}296$

6. a) $A = \int_0^a (-2x^2 + 2a^2)dx = [-\frac{2}{3}x^3 + 2a^2x]_0^a = \frac{4}{3}a^3 = 36$, $\quad a = 3$ 228 229

b) $A = \int_0^a (ax - x^2)dx = [\frac{a}{2}x^2 - \frac{1}{3}x^3]_0^a = \frac{1}{6}a^3 = \frac{4}{3}$, $\quad a = 2$ 230

c) $A = \int_0^{1/a} (1 - a^2x^2)dx = [x - \frac{a^2}{3}x^3]_0^{1/a} = \frac{2}{3a} = \frac{2}{3}$, $\quad a = 1$

231 7. Schnittstellen: 0, 1 , A = 1,25

8. Grenzen: 0, 1 , A = 1,417

232 9. a) Grenzen: −2, −1, 0, 1 , A = 2,25 + 0,25 + 0,25 = 2,75
b) Grenzen: −1, 0, 1, 2 , A = 0,317 + 0,183 + 0,317 = 0,82

10. A = 3,125 + 2 + 2 = 7,125

233 11. a) Schnittstellen: − 3 ; 2 , A ≈ 10,42
b) Schnittstellen: 0 ; 12 , A = 144
c) Schnittstellen: − 2 ; 0 , $A = \frac{4}{3}$
d) Schnittstellen: − 2 ; 0 , $A = \frac{1}{3}$

12. a) Schnittstellen: −1, 1 , A = 0,667
b) Integrationsstellen: −1, 1 , A = 10/3
c) Schnittstellen: −1, 0, 1 , A = 1 + 1,167 = 2,167

13. a) Schnittstellen: 0 ; $\frac{1}{a}$, für a = 0,5
b) Schnittstellen: − 2a ; a , für a = 1
c) Schnittstellen: 0 ; 2+a , für a = 4
d) Schnittstellen: −a ; 0 ; a, für $a = \sqrt[4]{8}$

14. a) Grenzen: 0, 1, $\sqrt[3]{2}$, A = 0,5 + 0,119 = 0,619
b) $f(x) = x^2$, $g(x) = 2x + 2$, $h(x) = x^2 - 2x + 2$
Grenzen: $1 - \sqrt{3}$, 0, 1 , A = 0,797 + 1 = 1,797

15. a = 4

16. $A_{gelb} = \frac{1}{12}, \quad A_{blau} = \int_{-\sqrt{a}}^{0} (x^3 - ax)dx = \frac{a^2}{4} = \frac{1}{12}, \quad a = \sqrt{\frac{1}{3}} \approx 0,577$

17. a) Schnittstellen: − 1 ; 1 ; 4 , $A = \frac{16}{3} + 15,75 \approx 21,08$
b) Schnittstellen: −2 ; −1 ; 1 ; 2 , $A = \frac{22}{15} + \frac{22}{15} + \frac{76}{15} = 8$

234 18. $f(x) = 0,2x^2 - 0,8$, $g(x) = -0,4x^2 + 1,6$
Integration von g − f über [− 2 ; 2] liefert
$A = 6,4\ cm^2$ und daher $V = 10,24\ cm^3 = 10240\ mm^3$.

235 19. a) obere Parabel: $f(x) = -\frac{4}{36}x^2 + 4$, untere Parabel: $g(x) = \frac{5}{36}x^2 - 5$

b) $A = 2\int_0^6 (f(x) - g(x))dx = 2[-\frac{1}{12}x^3 + 9x]_0^6 = 72\ m^2$ beträgt die Gebäudefront.

20. a) g(x) = -x + 10

b) $A = \int_{-10}^{10} (g(x) - f(x))dx = [-\frac{5}{4000}x^4 + \frac{1}{4}x^2 + 10x]_{-10}^{10} = 200$

ohne Integralrechnung: Schneidet man längs der x-Achse das untere Flächenstück ab und dreht es um 180°, so kann man es am Flusslauf zu einem Dreieck zusammenfügen.

Also $A = \frac{1}{2} 20 \cdot 20 = 200$

21. a) $f(x) = -\frac{1}{8}x^2 + 2$, $g(x) = \frac{3}{16}x^2 - 3$ 235

b) $A = \int_{-5}^{-4}(g(x) - f(x))dx + 2\int_{-4}^{0}(f(x) - g(x))dx = [\frac{5}{48}x^3 - 5x]_{-5}^{-4} + 2[-\frac{5}{48}x^3 + 5x]_{-4}^{0}$

$\approx 1{,}35 + 26{,}67 = 28{,}02$

Der Flächeninhalt des Logos beträgt ca. 28,02 dm^2.

c) Fensterfläche: $A_F = 9 \cdot 5 = 45\ dm^2$

Der Anteil Logo:Fensterfläche beträgt also ca. 62 %, d.h. ca. 31 % Lichtreduktion.

d) $d(x) = f(x) - g(x) = -\frac{5}{16}x^2 + 5 = 2{,}5$, $x = \pm\sqrt{8} \approx \pm 2{,}83$

Im Bereich $-2{,}83 \le x \le 2{,}83$ ist das Logo mindestens 25 cm hoch.

Bzw. $d(x) = g(x) - f(x)$: $-5 \le x \le -4{,}9$, d.h. der letzte cm Schwanzende ebenfalls

22. a) $g(x) = -\frac{1}{4}x^2 + 5$, $h(x) = \frac{1}{2}x - 1$

b) $A = 2\int_{0}^{2}(g(x) - f(x))dx + 2\int_{2}^{4}(g(x) - h(x))dx$

$= 2[\frac{1}{20}x^5 - \frac{5}{12}x^3 + 5x]_0^2 + 2[-\frac{1}{12}x^3 - \frac{1}{4}x^2 + 6x]_2^4 \approx 16{,}53 + 8{,}67 = 25{,}2$

Der Flächeninhalt beträgt also ca. 25,2 ha oder 252000 m^2.

c) $n(x) = -\frac{1}{6}x^2 + 2$, $A = 2\int_{0}^{3}(g(x) - n(x))dx + 2\int_{3}^{4}(g(x) - h(x))dx$

$= 2[-\frac{1}{36}x^3 + 3x]_0^3 + 2[-\frac{1}{12}x^3 - \frac{1}{4}x^2 + 6x]_3^4 \approx 16{,}5 + 2{,}33 = 18{,}83$

Das ergibt 1883 Parzellen.

23. a) $f(x) = -\frac{1}{8}x^2 + 4$, $g(x) = -\frac{1}{128}x^4 + \frac{1}{4}x^2$ 236

b) $A = 2\int_{0}^{4}(f(x) - g(x))dx = 2[\frac{1}{640}x^5 - \frac{1}{8}x^3 + 4x]_0^4 \approx 19{,}20$

$V = 1{,}5 \cdot A = 28{,}8$, d.h. das Becken fasst 28,8 m^3 bzw. 28800 Liter Wasser.

c) $f'(x) = -0{,}25x$, $f'(4) = -1$, $g'(4) = 0$, $\alpha = 135°$, $\beta = 0° \Rightarrow \gamma = 180° - 135° = 45°$

Der Winkel beträgt 45°.

24. a) $f(x) = -\frac{40}{10000}(x - 100)^2 + 40 = -\frac{1}{250}x^2 + \frac{4}{5}x$, $g(x) = \frac{2}{5}x$

b) $A = \int_{0}^{100}(f(x) - g(x))dx = [-\frac{1}{750}x^3 + \frac{1}{5}x^2]_0^{100} = -\frac{1000000}{750} + \frac{10000}{5} \approx 666{,}67$

$V = 1000 \cdot A \approx 666.667\ m^3$

236 25. a) $f(x) = -\frac{1}{32}x^4 + \frac{1}{4}x^2 + 1$, $g(x) = \frac{3}{8}x^2$

b) $A = 2\int_0^2 (f(x) - g(x))dx = 2[-\frac{1}{160}x^5 - \frac{1}{24}x^3 + x]_0^2 = 2(\frac{22}{15}) \approx 2{,}93$

$V \approx 2{,}93 \cdot 0{,}3 = 0{,}879\,m^3$, $m = V \cdot 0{,}7\frac{g}{cm^3} = V \cdot 700\frac{kg}{m^3} \approx 615{,}3\,kg$

26. $f(1) = g(1) = 1$, also ist die Schwanzflosse 1 m lang.

$A = \int_0^1 g(x) - f(x))dx + \int_1^4 f(x) - g(x))dx + A_{Halbkreis}$

$= [\frac{1}{9}(\frac{1}{3}x^3 - 4x^2 + 16x) - \frac{2}{3}\sqrt{x^3}\,]_0^1 + [\frac{2}{3}\sqrt{x^3} - \frac{1}{9}(\frac{1}{3}x^3 - 4x^2 + 16x)]_1^4 + 1{,}57 \approx 5{,}93$

$5{,}93\,m^2 \cdot 1\,mm = 59300\,cm^2 \cdot 0{,}1\,cm = 5930\,cm^3 = 5{,}93$ Liter

10 Liter reichen also nicht für einen 1 mm dicken Anstrich (nur für 0,84 mm).

5. Exkurs: Physikalische Anwendungen

239 1. Mit $a = 6370\,km = 6{,}37 \cdot 10^6\,m$, $b = 6370\,km + 240\,km = 6{,}61 \cdot 10^6\,m$, $R = 6370\,km = 6{,}37 \cdot 10^6\,m$, $G = 850\,kg \cdot 9{,}81\,\frac{N}{kg} = 8338{,}5\,N$ folgt: $W = R^2G \cdot (\frac{1}{a} - \frac{1}{b}) \approx 1{,}93 \cdot 10^9$ Joule.

Mit $a = 6{,}61 \cdot 10^6\,m$ und $b = 42{,}37 \cdot 10^6\,m$ folgt: $W \approx 4{,}32 \cdot 10^{10}$ Joule.

Der Satellit erhält bei der Freigabe die kinetische Energie $E_{KIN} = \frac{m}{2}v^2$, wobei v die Endgeschwindigkeit der Rakete und m = 850 kg die Masse des Satelliten ist.

Der Ansatz $425v^2 = 4{,}32 \cdot 10^{10}$ J führt durch Auflösen nach v auf eine Geschwindigkeit von $v \approx 10\,\frac{km}{s} = 36000\,\frac{km}{h}$.

5. Rekonstruktion von Beständen

1. $N(t) = 0{,}001t^2 + 0{,}05t + 2$ **242**
   $N(20) = 3{,}4$, der Zugewinn beträgt also 1,4 Mio

2. a) $s(t) = -\frac{1}{6}t^3 + 6t^2$
   b) $v(t) = 0$: $t = 0$ (Start) und $t = 24$ (Fahrtende)
   $s(24) = 1152$ m hat das Fahrzeug insgesamt zurückgelegt.

3. a) Ansatz: $v(x) = at^2 + bt + c$ **245**
   $v(0) = 6$: $6 = c$
   $v(1) = 3$: $3 = a + b + 6$
   $v(3) = 0$: $0 = 9a + 3b + 6$, $-9 = 6a - 12$, $a = 0{,}5$, $b = -\frac{7}{2}$
   $v(x) = \frac{1}{2}t^2 - \frac{7}{2}t + 6$

   b) $\Delta h = \int_0^3 v(t)dt = [\frac{1}{6}t^3 - \frac{7}{4}t^2 + 6t]_0^3 = 6{,}75$

   Höhe nach 3 Tagen : h = 1 m + 6,75 cm = 1,0675 m

   c) $v(t) = 1$: $\frac{1}{2}t^2 - \frac{7}{2}t + 6 = 1$, $t^2 - 7t + 10 = 0$, $t = \frac{7}{2} - \sqrt{2{,}25} = 2$
   Nach 2 Tagen ändert sich die Höhe erstmalig nur noch um 1 cm/Tag.
   Sie ist dann $s(2) = [\frac{1}{6}t^3 - \frac{7}{4}t^2 + 6t]_0^2 = \frac{19}{3} \approx 6{,}33$ cm + 1 m = 1,0633 m hoch.

4. a) $W(t) = \int P(t)dt = -\frac{1}{12960}t^4 + \frac{1}{108}t^3$ **246**
   b) $W(90) = 1687{,}5$ Wattminuten = 28,125 Wh $\approx$ 0,028 kWh
   c) $P'(t) = -\frac{1}{1080}t^2 + \frac{1}{18}t$, $P''(t) = -\frac{1}{540}t + \frac{1}{18}$

   $P'(t) = 0$: $t = 60$, $P''(60) = -\frac{1}{9} + \frac{1}{18} < 0$

   Zur Zeit t = 60 war die Leistung maximal.

5. $A(t) = \int_0^{400} a(t)dt = [\frac{1}{450}(-\frac{1}{3}t^3 + 100t^2 + 80000t)]_0^{400} \approx 59259$ **247**
   Es werden 59259 Manntage benötigt.

6. a) $h(t) = \frac{1}{216}(\frac{5}{3}t^3 - 60t^2 + 480t) + 5$ **248**
   b) $h'(t) = 0$: $t^2 - 24t + 96 = 0$, $t = 12 \pm\sqrt{48}$
   $t_1 = 5{,}07$, $t_2 = 18{,}93$

   $h''(t) = \frac{1}{216}(10t-120)$, $h''(5{,}07) < 0$, $h''(18{,}93) > 0$

   Zur Zeit t = 5,07 war der Wasserstand am höchsten.
   Zur Zeit t = 18,93 war der Wasserstand am niedrigsten.
   c) Der Wasserstand ändert sich zur Zeit T = 0 bzw. t = 24 mit ca. 2,22m/h Steigen am schnellsten. Es sind globale Randextrema.
   Das schnellste Fallen findet dagegen bei t = 12 mit ca. −1,11m/h statt.

248 7. $s(t) = -0{,}01t^3 + 0{,}9t^2$, $s(60) = 1080$ m
Es legt 1080 Meter zurück.

8. a) $B(t) = 5t^4 - 100t^3 + 500t^2 + C$
$B(1) = 405 + C$, $C = 95$, $B(t) = 5t^4 - 100t^3 + 500t^2 + 95$
b) $B(3) = 2300$ Besucher sind nach 3 Stunden anwesend.
c) $B'(t) = 0$: $20t(t^2-15t+50) = 0$, $t_1 = 0$, $t_2 = 10$, $t_3 = 5$
$B''(t) = 60t^2 - 600t + 1000$, $B''(0) > 0$ Minimum, $B''(5) < 0$ Maximum, $B''(10) > 0$ Minimum
Nach 5 Stunden ist die Besucherzahl mit 3220 am größten.
d) $B''(t) = 0$: $t_1 = 7{,}89$, $t_2 = 2{,}11$
Zwischen dem 1. Minimum und dem Maximum, also bei $t = 2{,}11$ steigt die Besucherzahl am schnellsten. Bei $t = 7{,}89$ sinkt sie am schnellsten.
e) Nach ca. 10 Stunden ist das Fest zu Ende.

9. a) $h(t) = 30t - 5t^2 + 35$
b) $h = 0$: $-5t^2 + 30t + 35 = 0$, $t_1 = 7$ ($t_2 = -1$)
Der Ball trifft nach 7 Sekunden mit $v(7) = -40$ m/s am Boden auf.
(Das –Zeichen gibt die Richtung der Bewegung an.)
Die Gipfelhöhe ist nach 3 Sekunden $h(3) = 80$ m.

249 10. a) $s(t) = 30t - 5t^2$
b) $v(t) = 0$: $t = 3$, $s(3) = 45$ m
100 m vor dem LKW steht das Reh, nach 1 s ist der LKW noch 70 m von dem Reh entfernt, der Bremsweg beträgt 45 m, also kommt der LKW 25 m vor dem Reh zum Stehen. Kein Unfall!

11. a) $h(t) = -0{,}04t^3 + 0{,}6t^2 + 520$
b) $h'(t) = v(t) = 0$: $t_1 = 0$, $t_2 = 10$
$h''(t) = v'(t) = -0{,}24t + 1{,}2$, $v'(10) = -1{,}2 < 0$, Maximum
$h(10) = 540$ m ist die maximale Höhe.
c) $h(t) = 520$: $-0{,}04t^2(t-15) = 0$, $t_1 = 0$, $t_2 = 15$
Nach 15 Minuten ist er wieder auf Starthöhe.

12. b) $N'(t) = \frac{1}{4\sqrt{t}} - 0{,}1$, $N'(t) = 0$: $t = 6{,}25$

a)

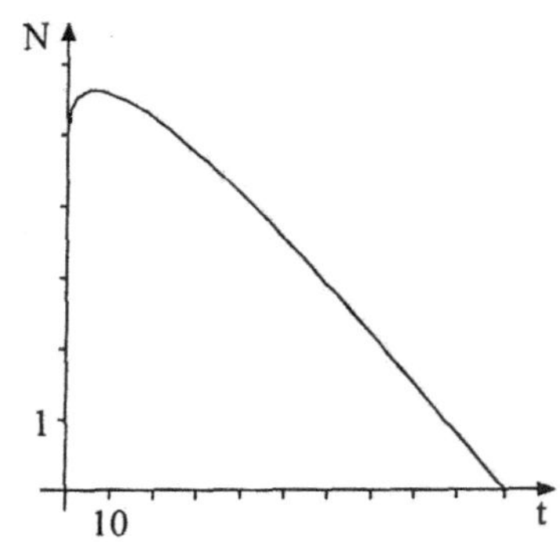

c) $5 + 0{,}5\sqrt{t} - 0{,}1t = 3600$
$t - 0{,}5\sqrt{t} - 14 = 0$, $\sqrt{t} = 2{,}5 \pm \sqrt{20{,}25}$
$t_1 = 7$ ($t_2 < 0$)
Nach 49 Tagen wares 3600 Mann im Einsatz.

d) $\int_0^{100} N(t)dt = [5t + \frac{1}{3}\sqrt{t^3} - 0{,}05t^2]_0^{100} \approx 333{,}33$
Insgesamt waren 333.333 Manntage erforderlich.

13. $h(t) = -0{,}025t^4 + \frac{1}{3}t^3 + 5$ 249

a) $v(t) = 0$: $t = 10$; Nach 10 Wochen endet das Wachstum.

b) $h(10) = 83{,}33$ cm ist die maximale Höhe.

c) Wendepunkt: $v'(t) = -0{,}3t^2 + 2t$

$v'(t) = 0$: $-t(0{,}3t-2) = 0$, $t_1 = 0$, $t_2 = \frac{2}{0{,}3} \approx 6{,}67$

Sattelpunkt bei $t_1 = 0$, WP bei $t_2 = 6{,}67$

$h(6{,}67) = 54{,}38$

Zum Zeitpunkt des schnellsten Wachstums wird die Pflanze ca. 54,38 cm hoch sein.

14. a) $v = 80, \quad 0 \le t \le 2$ 250

$v = -20t + 120, \quad 2 \le t \le 4$

$v = 40, \quad 4 \le t \le 5$

$v = -40t + 240, \quad 5 \le t \le 6$

b) Δs ist die Fläche unter v $\triangleq$ 17 Kästchen.

Ein Kästchen entspricht $20\frac{\text{km}}{\text{h}} \cdot 1\,\text{min} = 20\frac{\text{km}}{60\,\text{min}} \cdot 1\,\text{min} = \frac{1}{3}\text{km} \Rightarrow \Delta s = \frac{17}{3}\text{km} \approx 5{,}67\text{km}$

c) Durchschnittsgeschwindigkeit: 5,67km in 6min, $\overline{v} = \frac{\Delta s}{\Delta t} = \frac{5{,}67\text{km}}{6\,\text{min}} = \frac{56{,}7\text{km}}{60\,\text{min}} = 56{,}7\,\frac{\text{km}}{\text{h}}$

15. a) $f_1(x) = 160 - 40x, \quad 0 \le x \le 2$

$f_3(x) = 80, \quad 6 \le x \le 8$

$f_4(x) = -20(x-8) + 80 = -20x + 240, \quad 8 \le x \le 12$

b) $f_2(2) = f_2(6) = 80$, $f_2(4) = 120$

c) $s = \int_0^2 (160 - 40x)dx + \int_2^6 (-10x^2 + 80x - 40)dx + \int_6^8 80dx + \int_8^{12} (-20x + 240)dx$

$= [160x - 20x^2]_0^2 + [-\frac{10}{3}x^3 + 40x^2 - 40x]_2^6 + [80x]_6^8 + [-10x^2 + 240x]_8^{12}$

$= 240 + (480 - \frac{160}{3}) + 160 + (1440 - 1280) = \frac{2960}{3} \approx 986{,}67\text{m}$

d) Durchschnittsgeschwindigkeit: $\overline{v} = \frac{s}{t} = \frac{986{,}67}{12} \approx 82{,}22\,\frac{\text{m}}{\text{min}}$

Test

256 1. a) $F(x) = \frac{1}{3}x^3 - 2x^2 + 5x$

$A = F(3) - F(0) = 6$

b) $F(x) = \frac{1}{3}x^3 - 3x^2 + 5x$

$A = | F(5) - F(1) | = \frac{32}{3}$

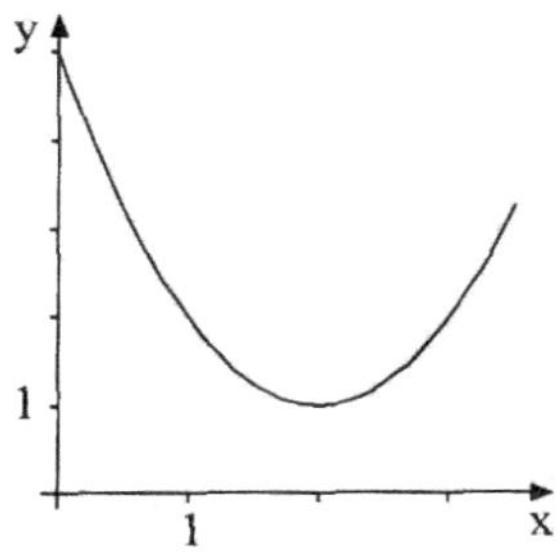

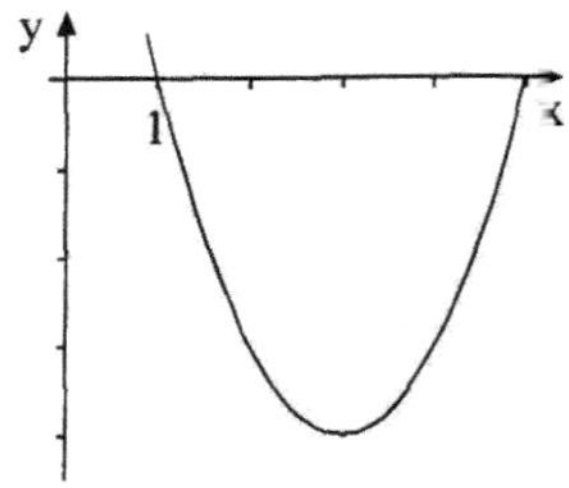

2. Punktprobe: $f(1) = 2$, $g(1) = 2$; P ist gemeinsamer Punkt

$A = A_1 + A_2$

$F(x) = \frac{4}{3}\sqrt{x^3}$, $G(x) = \frac{2}{3}x^3 - 4x^2 + 8x$

$A_1 = F(1) - F(0) = \frac{4}{3} \approx 1{,}33$, $A_2 = G(3) - G(1) = 6 - \frac{14}{3} \approx 1{,}33$

$A = \frac{8}{3} \approx 2{,}67$

3. a) $f(x) = \frac{1}{6}(x+3)^2 = \frac{1}{6}x^2 + x + \frac{3}{2}$, $g(x) = \frac{1}{8}(x-4)^2 = \frac{1}{8}x^2 - x + 2$

b) $F(x) = \frac{1}{18}(x+3)^3$, $A_1 = F(0) - F(-3) = \frac{3}{2} - 0 = \frac{3}{2}$

$G(x) = \frac{1}{24}(x-4)^3$, $A_2 = G(4) - G(0) = 0 + \frac{8}{3} = \frac{8}{3}$

$A = A_1 + A_2 = \frac{25}{6} \approx 4{,}17$ m^2 beträgt die Querschnittsfläche der Rampe.

c) $V = 25\ m^3$, $m = 25 \cdot 2{,}3 m^3 \cdot \frac{g}{cm^3} = 25 \cdot 2{,}3 \frac{1000000 kg}{1000 m^3} = 57500$ kg

Die Rampe wiegt 57,5 Tonnen.

4. Die Graphen schneiden sich bei $x = 0$ und $x = 6$.

$A = \int_0^6 (f(x) - g(x))dx = [-\frac{1}{12}x^3 + \frac{3}{4}x^2]_0^6 = 9$

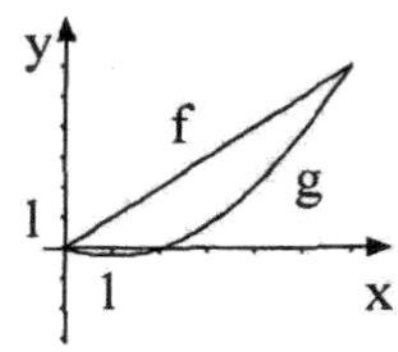

5. $f(x) = 5 - \frac{5}{36}x^2$, $F(x) = 5x - \frac{5}{108}x^3$, $G(x) = \frac{44}{\pi}\sin(\frac{\pi}{11}x)$

$A = 2(F(5{,}5) - G(5.5)) + 2(F(6) - F(5{,}5)) = 2(F(6) - G(5{,}5)) = 2(20 - \frac{44}{\pi}) \approx 11{,}99$

$V = 11{,}99 m^2 \cdot 0{,}2 m \approx 2{,}398\ m^3$, $m \approx 2{,}398 m^3 \cdot 0{,}7 \frac{g}{cm^3} = 1678{,}6$ kg

Die Rahmung wiegt ca. 1679 kg bzw. 1,679Tonnen.

VII. Vektoren
1. Punkte im Koordinatensystem

1. a)

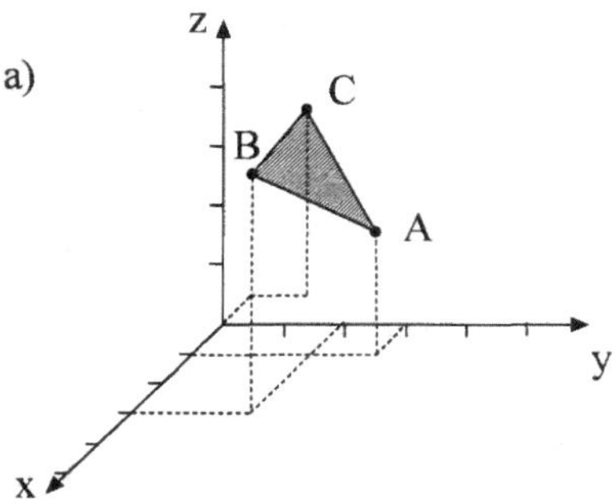

b) $d(A;B) = \sqrt{(3-1)^2 + (2-3)^2 + (4-2)^2} = \sqrt{9} = 3$ 260

$d(A;C) = \sqrt{(-1-1)^2 + (1-3)^2 + (3-2)^2} = \sqrt{9} = 3$

$d(B;C) = \sqrt{16+1+1} = \sqrt{18}$

$\Rightarrow \quad |\overline{AC}| = |\overline{AB}|$

2. a)

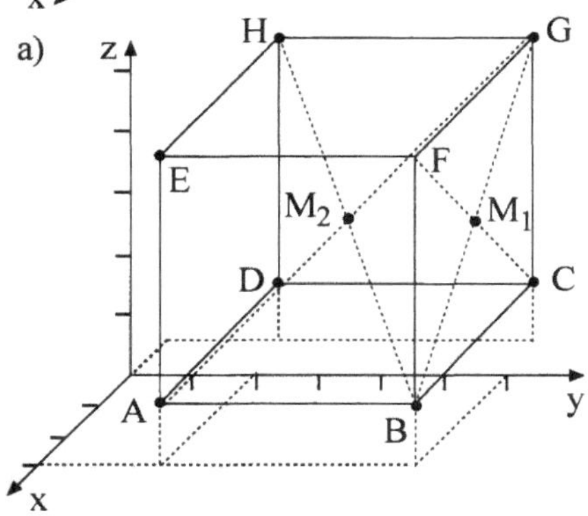

b) C(-1;6;1), D(-1;2;1), E(3;2;5)
F(3;6;5), H(-1;2;5)

c) $M_1(1;6;3)$

d) $M_2(1;4;3)$

e) $d(A;G) = \sqrt{4^2 + 4^2 + 4^2} = \sqrt{48}$

3. a)

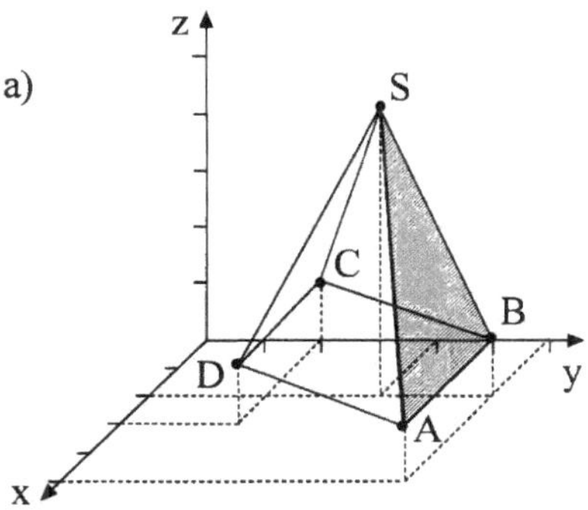

b) $d(A;S) = \sqrt{9+4+16} = \sqrt{29}$

c) F(2;4;1), $d(F;S) = \sqrt{0+0+16} = 4$

4. $d(A;G) = \sqrt{(x-2)^2 + 16 + 64} = 12$

$(x-2)^2 = 64, \quad x - 2 = \pm 8, \quad x = 10 \textit{ und } x = -6$

5. a) P(3;3;2)

b) B'(6;6;0)

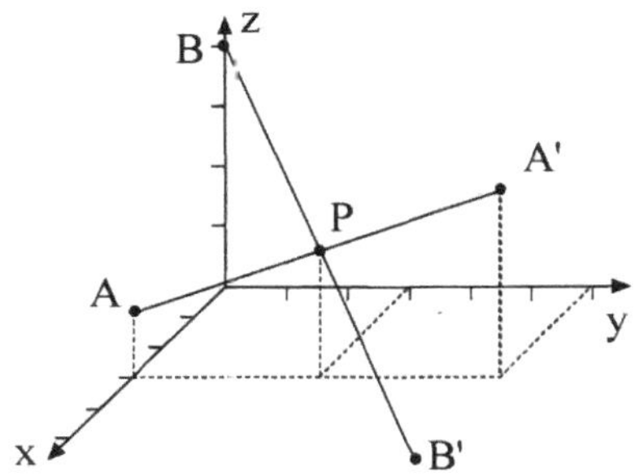

260 6. a) B(0;4;0), C(–10;4;0), D(–10;–4;0), E(0;–4;3), F(0;4;3), H(–10;–4;3), I(0;0;5)

b) $A_D = 2 \cdot d(G;K) \cdot 10 = 20 \cdot \sqrt{16+4} = 20\sqrt{20} \approx 89{,}44$

c) $A_{W_1} = 10 \cdot 3 \cdot 2 = 60$, $A_{W_2} = 2 \cdot (8 \cdot 3 + \frac{1}{2} \cdot 8 \cdot 2) = 64 \Rightarrow A_{ges.} = 124$

d) $V_{Prisma} = G \cdot h = 32 \cdot 10 = 320$

e) $d(A;K) = \sqrt{100+16+25} = \sqrt{141} \approx 11{,}87$

$d(A;G) = \sqrt{64+100+9} = \sqrt{173} \approx 13{,}15$

2. Vektoren

262 1. a) $\overrightarrow{HG}$ b) $\overrightarrow{AD}$ c) $\overrightarrow{AE}$, $\overrightarrow{BF}$, $\overrightarrow{CG}$

d) $\overrightarrow{FE}$ e) $\overrightarrow{AB}$ f) $\overrightarrow{BG}$

2. a) $\begin{pmatrix} 4 \\ 0 \\ 0 \end{pmatrix}$ b) $\begin{pmatrix} -4 \\ 0 \\ 0 \end{pmatrix}$ c) $\begin{pmatrix} 0 \\ 0 \\ 3 \end{pmatrix}$

d) $\begin{pmatrix} -4 \\ 0 \\ 3 \end{pmatrix}$ e) $\begin{pmatrix} -4 \\ -6 \\ 3 \end{pmatrix}$ f) $\begin{pmatrix} -4 \\ 0 \\ 3 \end{pmatrix}$

g) $\begin{pmatrix} 0 \\ 6 \\ 3 \end{pmatrix}$ h) $\begin{pmatrix} 0 \\ 6 \\ 0 \end{pmatrix}$ i) $\begin{pmatrix} -4 \\ 6 \\ 0 \end{pmatrix}$

3. $\vec{a} = \begin{pmatrix} -3 \\ 3 \\ 0 \end{pmatrix}$, $\vec{b} = \begin{pmatrix} -3 \\ 3 \\ 6 \end{pmatrix}$, $\vec{c} = \begin{pmatrix} -3 \\ 3 \\ -6 \end{pmatrix}$, $\vec{h} = \begin{pmatrix} 0 \\ 0 \\ 6 \end{pmatrix}$

263 4. a) $\overrightarrow{PQ} = \begin{pmatrix} 4 \\ 3 \end{pmatrix}$ b) $\overrightarrow{PQ} = \begin{pmatrix} -4 \\ 4 \end{pmatrix}$ c) $\overrightarrow{PQ} = \begin{pmatrix} 4 \\ 4 \\ 4 \end{pmatrix}$

d) $\overrightarrow{PQ} = \begin{pmatrix} 6 \\ 6 \\ -6 \end{pmatrix}$ e) $\overrightarrow{PQ} = \begin{pmatrix} -1 \\ 2 \\ -5 \end{pmatrix}$ f) $\overrightarrow{PQ} = \begin{pmatrix} a-1 \\ -7 \\ a+1 \end{pmatrix}$

5. b) $\overrightarrow{AB} = \begin{pmatrix} 4 \\ 4 \\ 0 \end{pmatrix}$, $\overrightarrow{AC} = \begin{pmatrix} -2 \\ 7 \\ 0 \end{pmatrix}$, $\overrightarrow{AS} = \begin{pmatrix} 1 \\ 4 \\ 6 \end{pmatrix}$

c) $\overrightarrow{AM} = \begin{pmatrix} 2 \\ 2 \\ 0 \end{pmatrix}$

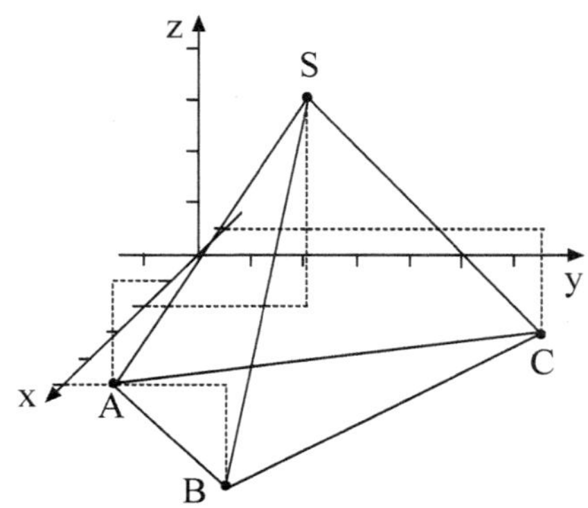

6. a) $\sqrt{1+a^2}$ b) $\sqrt{144+25}=13$ c) $\sqrt{34}\approx 5{,}83$ 264

d) $\sqrt{173}$ e) $\sqrt{196}=14$ f) $\sqrt{9a^2+16a^2}=5a$

7. a) $|\vec{a}|=\sqrt{t^2+4t^2}=\sqrt{5t^2}=1,\quad t=\pm\frac{1}{\sqrt{5}}$

b) $|\vec{a}|=\sqrt{4+t^2}=t+1,\quad 4+t^2=t^2+2t+1,\quad t=1{,}5$

c) $|\vec{a}|=\sqrt{9t^2}=3t=5,\quad t=\frac{5}{3}$

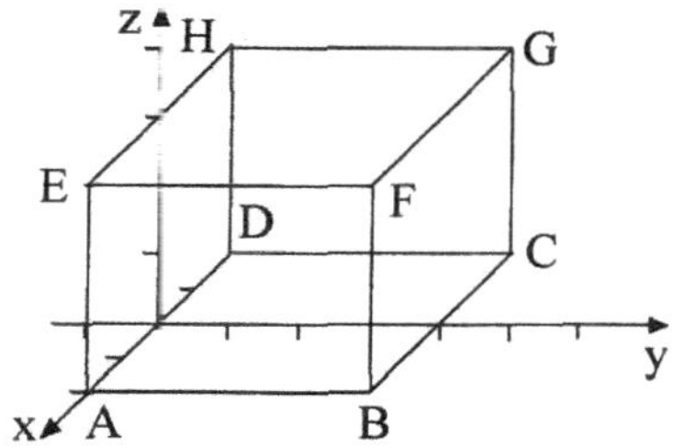

8. A(2;0;0), D(-2;0;0), E(2;0;3), F(2;4;3), G(-2;4;3) 265

$|BH|=\sqrt{16+16+9}=\sqrt{41}\approx 6{,}4$

9. $\overrightarrow{AB}=\begin{pmatrix}-4\\4\\0\end{pmatrix},\quad \overrightarrow{AC}=\begin{pmatrix}-2\\1\\2\end{pmatrix},\quad \overrightarrow{BC}=\begin{pmatrix}2\\-3\\2\end{pmatrix}$

$U=\sqrt{32}+\sqrt{9}+\sqrt{17}\approx 12{,}78$

$A'(4;10;4),\quad B'(8;6;4),\quad C'(6;9;2)$

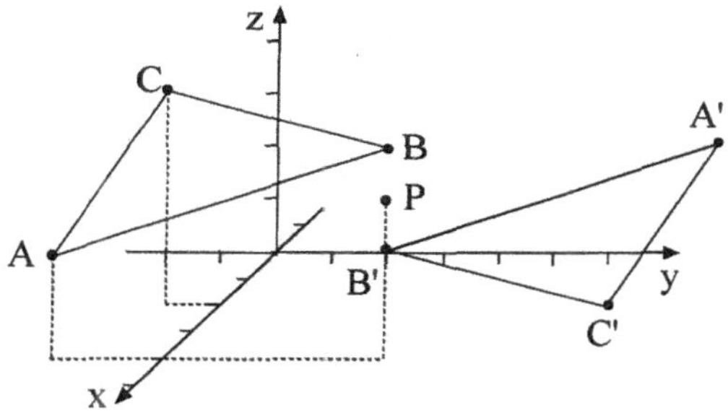

10. a) $\overrightarrow{AB}=\begin{pmatrix}6\\-2\end{pmatrix}=\overrightarrow{DC},\quad \overrightarrow{AD}=\begin{pmatrix}3\\3\end{pmatrix}=\overrightarrow{BC}\Rightarrow$ Parallelogramm 266

b) $\overrightarrow{AB}=\begin{pmatrix}3\\1\end{pmatrix}=\overrightarrow{DC},\quad \overrightarrow{AD}=\begin{pmatrix}0\\3\end{pmatrix}=\overrightarrow{BC}$, Parall.

c) $\overrightarrow{AB}=\begin{pmatrix}7\\6\\2\end{pmatrix}\neq\begin{pmatrix}7\\3\\2\end{pmatrix}=\overrightarrow{DC}$, kein Parall.

d) $\overrightarrow{AB}=\begin{pmatrix}-4\\7\\2\end{pmatrix}=\overrightarrow{DC},\quad \overrightarrow{AD}=\begin{pmatrix}-5\\-7\\2\end{pmatrix}=\overrightarrow{BC}$, Parall.

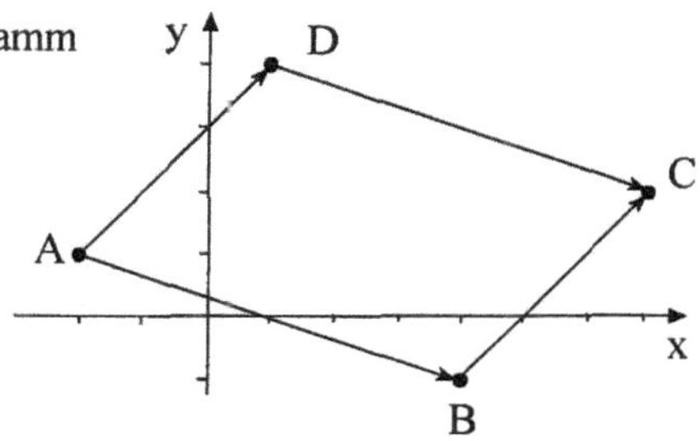

11. $\overrightarrow{AB}=\begin{pmatrix}6\\2\\6\end{pmatrix},\quad \begin{pmatrix}4\\1\\3\end{pmatrix}-\begin{pmatrix}6\\2\\6\end{pmatrix}=\begin{pmatrix}-2\\-1\\-3\end{pmatrix},\quad D(-2;-1;-3),\quad |\overrightarrow{AB}|=\sqrt{76}$

$\overrightarrow{BC}=\begin{pmatrix}-2\\-4\\4\end{pmatrix},\quad |\overrightarrow{BC}|=6\neq|\overrightarrow{AB}|$

Das Viereck ist keine Raute.

12. a) $\overrightarrow{AB}=\overrightarrow{HG}=\overrightarrow{GF}$, $\overrightarrow{BJ}=\overrightarrow{DL}$, $\overrightarrow{IB}=\overrightarrow{GD}$, $\overrightarrow{CE}=\overrightarrow{IG}=\overrightarrow{JL}$, $\overrightarrow{KL}=\overrightarrow{IH}$ 267

b) $\overrightarrow{JH}$ ist doppelt so lang wie $\overrightarrow{KL}$ und $\overrightarrow{GL}$.

$\overrightarrow{KL}$ und $\overrightarrow{GL}$ sind entgegengesetzt gerichtet.

267 13. a) C(0 ; 22) b) B(6 ; 24) c) A(−2 ; 1)
d) D(3 ; 3+b−a) e) B(−1 ; 12 ; −1) f) C(6 ; 0 ; 12)
g) C(4 ; 11; 0) h) C(a−1 ; 0 ; −4+2a)

14. a) $\vec{a}=\begin{pmatrix}1\\4\end{pmatrix}$ b) $\vec{a}=\begin{pmatrix}10\\-7\end{pmatrix}$ c) $\vec{a}=\begin{pmatrix}2\\a+1\end{pmatrix}$ d) $\vec{a}=\begin{pmatrix}-3\\1\\7\end{pmatrix}$ e) $\vec{a}=\begin{pmatrix}3\\3\\-10\end{pmatrix}$

15. a) Q(2 ; 4 ; −2) b) P(1 ; −2 ; 3) c) Q(2 ; 0 ; 1) d) P(2 ; −2 ; 5) e) Q(3 ; −1 ; −3)
f) Q(−1 ; 2 ; −3) g) Q(0 ; a+2 ; −2) h) P(a+1 ; 1 ; 3)
i) $P(q_1+1 ; q_2-2 ; q_3+3)$ j) $Q(p_1-1 ; p_2+2 ; p_3-3)$

16. $\overrightarrow{AB}=\begin{pmatrix}0\\4\\0\end{pmatrix}, |\overrightarrow{AB}|=4$, $\overrightarrow{AD}=\begin{pmatrix}-2\\0\\0\end{pmatrix}, |\overrightarrow{AD}|=2$, $\overrightarrow{AE}=\begin{pmatrix}0\\0\\2\end{pmatrix}, |\overrightarrow{AE}|=2$

$\overrightarrow{AF}=\begin{pmatrix}0\\4\\2\end{pmatrix}, |\overrightarrow{AF}|=\sqrt{20}$, $\overrightarrow{AG}=\begin{pmatrix}-2\\4\\2\end{pmatrix}, |\overrightarrow{AG}|=\sqrt{24}$, $\overrightarrow{AH}=\begin{pmatrix}-2\\0\\2\end{pmatrix}, |\overrightarrow{AH}|=\sqrt{8}$

$\overrightarrow{BC}=\begin{pmatrix}-2\\0\\0\end{pmatrix}, |\overrightarrow{BC}|=2$, $\overrightarrow{BH}=\begin{pmatrix}-2\\-4\\2\end{pmatrix}, |\overrightarrow{BH}|=\sqrt{24}$, $\overrightarrow{CD}=\begin{pmatrix}0\\-4\\0\end{pmatrix}, |\overrightarrow{CD}|=4$

$\overrightarrow{CH}=\begin{pmatrix}0\\-4\\2\end{pmatrix}, |\overrightarrow{CH}|=\sqrt{20}$, $\overrightarrow{DA}=\begin{pmatrix}2\\0\\0\end{pmatrix}, |\overrightarrow{DA}|=2$, $\overrightarrow{DB}=\begin{pmatrix}2\\4\\0\end{pmatrix}, |\overrightarrow{DB}|=\sqrt{20}$

$\overrightarrow{DC}=\begin{pmatrix}0\\4\\0\end{pmatrix}, |\overrightarrow{DC}|=4$, $\overrightarrow{EB}=\begin{pmatrix}0\\4\\-2\end{pmatrix}, |\overrightarrow{EB}|=\sqrt{20}$, $\overrightarrow{EC}=\begin{pmatrix}-2\\4\\-2\end{pmatrix}, |\overrightarrow{EC}|=\sqrt{24}$

$\overrightarrow{ED}=\begin{pmatrix}-2\\0\\-2\end{pmatrix}, |\overrightarrow{ED}|=\sqrt{8}$, $\overrightarrow{EG}=\begin{pmatrix}-2\\4\\0\end{pmatrix}, |\overrightarrow{EG}|=\sqrt{20}$, $\overrightarrow{FD}=\begin{pmatrix}-2\\-4\\-2\end{pmatrix}, |\overrightarrow{FD}|=\sqrt{24}$

$\overrightarrow{FG}=\begin{pmatrix}-2\\0\\0\end{pmatrix}, |\overrightarrow{FG}|=2$, $\overrightarrow{FH}=\begin{pmatrix}-2\\-4\\0\end{pmatrix}, |\overrightarrow{FH}|=\sqrt{20}$, $\overrightarrow{HG}=\begin{pmatrix}0\\4\\0\end{pmatrix}, |\overrightarrow{HG}|=4$

17. a) $\left|\begin{pmatrix}4\\1\\8\end{pmatrix}\right|=\sqrt{16+1+64}=9$, $\left|\begin{pmatrix}32\\8\\1\end{pmatrix}\right|=\sqrt{1024+64+1}=33$

$\left|\begin{pmatrix}2\\-6\\5\end{pmatrix}\right|=\sqrt{4+36+25}=\sqrt{65}$, $\left|\begin{pmatrix}0\\-15\\-20\end{pmatrix}\right|=\sqrt{225+400}=25$

b) $\left|\begin{pmatrix}2a\\2\\5\end{pmatrix}\right|=\sqrt{4a^2+4+25}=15$, $a=\pm 7$

3. Rechnen mit Vektoren

1. a) $\begin{pmatrix} 5 \\ -1 \end{pmatrix}$ b) $\begin{pmatrix} 5 \\ -3 \\ 4 \end{pmatrix}$ c) $\begin{pmatrix} 0 \\ 0 \\ 0 \end{pmatrix}$ d) $\begin{pmatrix} 4 \\ 0 \\ 2 \end{pmatrix}$ e) geht nicht 269

2. $\vec{u} = \begin{pmatrix} 0 \\ 3 \end{pmatrix}$, $\vec{v} = \begin{pmatrix} -3 \\ 2 \end{pmatrix}$, $\vec{w} = \begin{pmatrix} 3 \\ 1 \end{pmatrix}$

   a) $\begin{pmatrix} -3 \\ 5 \end{pmatrix}$ b) $\begin{pmatrix} 3 \\ 4 \end{pmatrix}$ c) $\begin{pmatrix} 0 \\ 3 \end{pmatrix}$ d) $\begin{pmatrix} 0 \\ 6 \end{pmatrix}$ e) $\begin{pmatrix} -3 \\ 5 \end{pmatrix}$ f) $\begin{pmatrix} 0 \\ 6 \end{pmatrix}$ g) $\begin{pmatrix} 0 \\ 6 \end{pmatrix}$

   Die zeichnerische Konstruktion erfolgt durch Anwendung der Parallelogramm- bzw. der Dreiecksregel.

3. Die Vektoren sind gleich.

4. a) $\begin{pmatrix} 3 \\ -3 \\ 1 \end{pmatrix}$ b) $\begin{pmatrix} 3 \\ 1 \\ 4 \end{pmatrix}$ c) $\begin{pmatrix} 1 \\ 9 \end{pmatrix}$ d) $\begin{pmatrix} 0 \\ -4 \\ -4 \end{pmatrix}$ e) / 270

   f) $\begin{pmatrix} 5 \\ 2 \\ 7 \end{pmatrix}$ g) $\begin{pmatrix} 1 \\ -8 \\ -4 \end{pmatrix}$ h) $\begin{pmatrix} -2 \\ -1 \\ -3 \end{pmatrix}$ i) $\begin{pmatrix} 0 \\ 0 \\ 0 \end{pmatrix}$

5. a) $\begin{pmatrix} 3 \\ 4 \end{pmatrix}$ b) $\begin{pmatrix} 6 \\ 6 \end{pmatrix}$ c) $\begin{pmatrix} 3 \\ 2 \end{pmatrix}$ d) $\begin{pmatrix} -2 \\ 1 \\ -1 \end{pmatrix}$ e) $\begin{pmatrix} -2 \\ -2 \\ 6 \end{pmatrix}$ f) $\begin{pmatrix} -6{,}5 \\ 1 \\ -9 \end{pmatrix}$

6. $(r+s)\cdot\begin{pmatrix} a_1 \\ a_2 \\ a_3 \end{pmatrix} = \begin{pmatrix} (r+s)a_1 \\ (r+s)a_2 \\ (r+s)a_3 \end{pmatrix} = \begin{pmatrix} ra_1+sa_1 \\ ra_2+sa_2 \\ ra_3+sa_3 \end{pmatrix} = \begin{pmatrix} ra_1 \\ ra_2 \\ ra_3 \end{pmatrix} + \begin{pmatrix} sa_1 \\ sa_2 \\ sa_3 \end{pmatrix} = r\cdot\begin{pmatrix} a_1 \\ a_2 \\ a_3 \end{pmatrix} + s\begin{pmatrix} a_1 \\ a_2 \\ a_3 \end{pmatrix}$, Ebene analog 271

7. a) $\begin{pmatrix} 6 \\ 3 \\ 17 \end{pmatrix}$ b) $\begin{pmatrix} 12 \\ 10 \\ 11 \end{pmatrix}$ c) $\begin{pmatrix} 0 \\ -2 \\ 0 \end{pmatrix}$ 272

8. a) z.B. $\frac{1}{2}\cdot\begin{pmatrix} 1 \\ 3 \\ -3 \end{pmatrix}$ b) z.B. $\frac{1}{2}\cdot\begin{pmatrix} 7 \\ 2 \\ 5 \end{pmatrix}$ c) $\frac{1}{4}\cdot\begin{pmatrix} 1 \\ 2 \\ -8 \end{pmatrix}$ d) $0{,}1\cdot\begin{pmatrix} 10 \\ 4 \\ 6 \end{pmatrix}$ e) $\frac{1}{8}\cdot\begin{pmatrix} 4 \\ -2 \\ 1 \end{pmatrix}$

   f) $\frac{1}{4}\cdot\begin{pmatrix} 6 \\ 12 \\ 3 \end{pmatrix}$

9. a) $-\begin{pmatrix} 1 \\ 2 \end{pmatrix}+\begin{pmatrix} 3 \\ 2 \end{pmatrix}=\begin{pmatrix} 2 \\ 0 \end{pmatrix}$ b) $\begin{pmatrix} 0 \\ 3 \end{pmatrix}-\begin{pmatrix} 4 \\ 0 \end{pmatrix}=\begin{pmatrix} -4 \\ 3 \end{pmatrix}$ c) $3\begin{pmatrix} 1 \\ 2 \end{pmatrix}-2\begin{pmatrix} -2 \\ -2 \end{pmatrix}+\begin{pmatrix} 0 \\ 3 \end{pmatrix}=\begin{pmatrix} -1 \\ 5 \end{pmatrix}$

   d) $2(\begin{pmatrix} 1 \\ 2 \end{pmatrix}+\begin{pmatrix} 4 \\ 0 \end{pmatrix})-(\begin{pmatrix} 1 \\ 2 \end{pmatrix}-\begin{pmatrix} -2 \\ -2 \end{pmatrix})-2\begin{pmatrix} 4 \\ 0 \end{pmatrix}=\begin{pmatrix} -1 \\ 0 \end{pmatrix}$

   e) $\begin{pmatrix} -1 \\ -1 \end{pmatrix}+\begin{pmatrix} 1 \\ 0 \end{pmatrix}-\begin{pmatrix} 1 \\ 2 \end{pmatrix}=\begin{pmatrix} -1 \\ -3 \end{pmatrix}$

   f) $\begin{pmatrix} 1 \\ 2 \end{pmatrix}+\begin{pmatrix} 4 \\ 0 \end{pmatrix}+\begin{pmatrix} -2 \\ -2 \end{pmatrix}-\begin{pmatrix} 0 \\ 3 \end{pmatrix}+3\begin{pmatrix} -1 \\ 1 \end{pmatrix}=\begin{pmatrix} 0 \\ 0 \end{pmatrix}$

10. a) $2\vec{a}$ b) $5\vec{a}-2\vec{b}$ c) $-4\vec{a}+2\vec{b}+2\vec{c}$ d) $\vec{a}+\vec{b}$

    e) $3\vec{a}+\vec{b}$ f) $-\vec{a}+6\vec{b}-6\vec{c}$ g) $12\vec{a}+15\vec{b}$ h) $\vec{0}$

272 11. a) $x=-2$ b) keine Lösung c) $x=6$ d) $x=3$

12. a) $\binom{2}{2}+2\binom{2}{1}=3\binom{2}{0}-2\binom{0}{-2}$, richtig b) $\binom{2}{2}-\binom{0}{-2}\neq\binom{2}{0}-3\binom{0}{-2}$, falsch

c) $\binom{2}{2}-\binom{2}{1}=-\frac{1}{2}\binom{0}{-2}$, richtig d) $2\binom{2}{0}-\binom{0}{-2}+\binom{2}{2}\neq\binom{0}{0}$, falsch

e) $\binom{2}{2}+2\binom{2}{0}=2\binom{2}{1}+\binom{2}{0}$, richtig

273 13. $\vec{x}=\binom{-2}{2}+2\binom{1}{2}=\binom{0}{6}$, $\vec{y}=\binom{-2}{2}+\binom{1}{2}-\binom{3}{1}=\binom{-4}{3}$, $\vec{z}=\binom{-2}{2}-\binom{0,5}{1}+\binom{6}{2}=\binom{3,5}{3}$

274 14. $\vec{x}=\frac{1}{2}\vec{b}+\vec{c}-\frac{1}{2}\vec{a}$

15. $\overrightarrow{AE}=\vec{a}+\vec{c}$, $\overrightarrow{DA}=-\vec{b}-\vec{c}-\vec{a}$, $\overrightarrow{CF}=\vec{a}-\vec{b}-\vec{c}$

16. $\overrightarrow{AS}=\frac{1}{2}(\vec{a}+\vec{b})+\vec{h}$, $\overrightarrow{BS}=\frac{1}{2}(\vec{b}-\vec{a})+\vec{h}$, $\overrightarrow{CS}=-\frac{1}{2}(\vec{a}+\vec{b})+\vec{h}$, $\overrightarrow{DS}=\frac{1}{2}(\vec{a}-\vec{b})+\vec{h}$

275 17. Die Pferde sind knapp überlegen (ca. 5%).

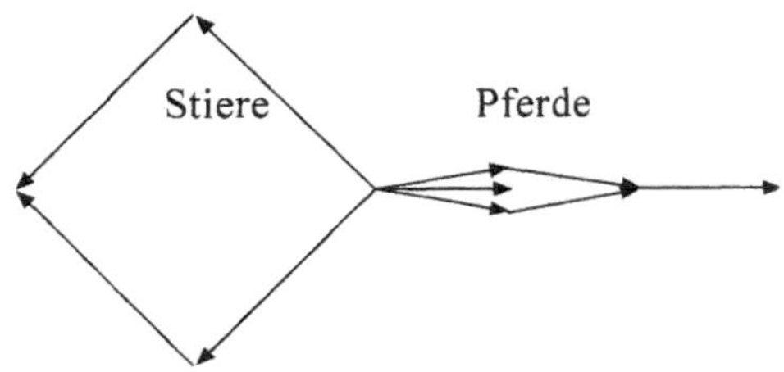

276 18.

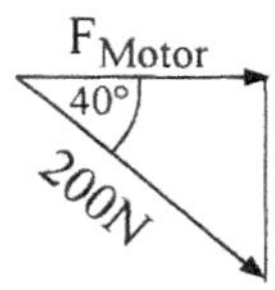

$F_M=200N\cdot\cos 40°\approx 153{,}2N$

277 19. a) $d_1=\sqrt{9+16}=5$, $d_2=\sqrt{4+9+36}=7$, $d_3=\sqrt{4+16+16}=6$

b) $\sqrt{1+(a-1)^2+64}=9$, $a_1=5$, $a_2=-3$

20. a) $F(5;6;2)$, Höhe $h=6$

b) $\overrightarrow{AB}=\begin{pmatrix}6\\0\\0\end{pmatrix}$, $\overrightarrow{CD}=\begin{pmatrix}-6\\0\\0\end{pmatrix}$, $\overrightarrow{BC}=\begin{pmatrix}4\\4\\0\end{pmatrix}$, $\overrightarrow{AD}=\begin{pmatrix}4\\4\\0\end{pmatrix}$

$V=\frac{1}{3}G\cdot h=\frac{1}{3}\cdot 6\cdot 4\cdot 6=48$

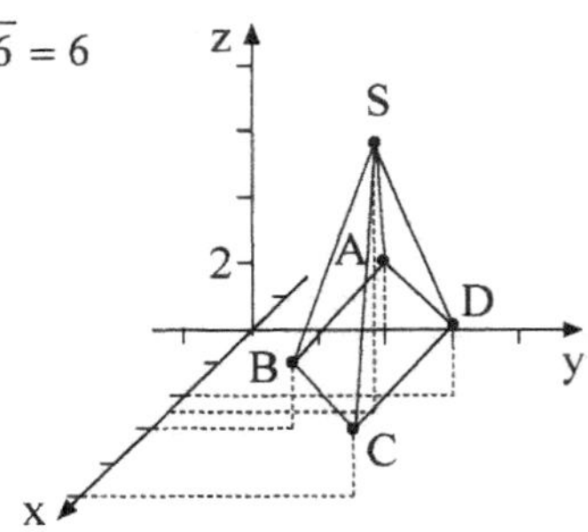

21. $\overrightarrow{AB}=\begin{pmatrix}0\\8\\0\end{pmatrix}$, $\overrightarrow{AC}=\begin{pmatrix}-4\\8\\0\end{pmatrix}$, $\overrightarrow{BC}=\begin{pmatrix}-4\\0\\0\end{pmatrix}$, $\overrightarrow{CJ}=\begin{pmatrix}2\\4\\0\end{pmatrix}$

$\overrightarrow{IJ}=\begin{pmatrix}0\\4\\0\end{pmatrix}$, $\overrightarrow{AE}=\begin{pmatrix}0\\0\\4\end{pmatrix}$, $\overrightarrow{JM}=\begin{pmatrix}0\\0\\2\end{pmatrix}$, $\overrightarrow{ED}=\begin{pmatrix}-4\\0\\-4\end{pmatrix}$

$\overrightarrow{LM}=\begin{pmatrix}0\\4\\0\end{pmatrix}$, $\overrightarrow{GM}=\begin{pmatrix}2\\4\\-2\end{pmatrix}$, $\overrightarrow{AG}=\begin{pmatrix}-4\\8\\4\end{pmatrix}$, $\overrightarrow{HB}=\begin{pmatrix}4\\8\\-4\end{pmatrix}$

$\overrightarrow{AM}=\begin{pmatrix}-2\\12\\2\end{pmatrix}$, $\overrightarrow{GJ}=\begin{pmatrix}2\\4\\-4\end{pmatrix}$, $\overrightarrow{GI}=\begin{pmatrix}2\\0\\-4\end{pmatrix}$

22. a) $|\vec{a}| = \sqrt{16+16+9} = \sqrt{41} \approx 6{,}40$, $|\vec{b}-\vec{c}| = \left|\begin{pmatrix}-6\\1\\-1\end{pmatrix}\right| = \sqrt{38} \approx 6{,}16$ 277

$|\vec{a}+2\vec{b}| = \left|\begin{pmatrix}4\\6\\11\end{pmatrix}\right| = \sqrt{173} \approx 13{,}15$, $|\vec{b}-2\vec{a}+\vec{c}| = \left|\begin{pmatrix}-2\\-7\\3\end{pmatrix}\right| = \sqrt{62} \approx 7{,}87$

$|\vec{a}+\vec{b}+\vec{c}| = \left|\begin{pmatrix}10\\5\\12\end{pmatrix}\right| = \sqrt{269} \approx 16{,}40$, $|2\vec{a}-\vec{b}-2\vec{c}| = \left|\begin{pmatrix}-4\\7\\-8\end{pmatrix}\right| = \sqrt{129} \approx 11{,}36$

b) $\overrightarrow{PQ} = \begin{pmatrix}3\\8\\14\end{pmatrix}$, $\overrightarrow{RS} = \begin{pmatrix}1\\6-a\\5\end{pmatrix}$, $|\overrightarrow{PQ}-\overrightarrow{RS}| = \left|\begin{pmatrix}2\\a+2\\9\end{pmatrix}\right| = \sqrt{4+a^2+4a+4+81} = 11$

$a^2+4a-32=0$, $a_1 = 4$, $a_2 = -8$

23. a) $\overrightarrow{DA} = -\vec{a}$, $\overrightarrow{DB} = -\vec{a}+\vec{b}$, $\overrightarrow{AC} = \vec{b}+\vec{c}$, $\overrightarrow{DC} = -\vec{a}+\vec{b}+\vec{c}$, $\overrightarrow{CB} = -\vec{c}$, $\overrightarrow{BD} = \vec{a}-\vec{b}$

b) $\overrightarrow{AB} = \begin{pmatrix}-2\\4\\2\end{pmatrix}$, $\overrightarrow{BC} = \begin{pmatrix}-2\\-2\\1\end{pmatrix}$, $\overrightarrow{CD} = \begin{pmatrix}4\\-8\\-4\end{pmatrix}$, $\overrightarrow{DA} = \begin{pmatrix}0\\6\\1\end{pmatrix}$

$U = \sqrt{24}+\sqrt{9}+\sqrt{96}+\sqrt{37} \approx 23{,}78$, $\overrightarrow{CD} = -2\overrightarrow{AB} \Rightarrow$ *Es ist ein Trapez*

24. b) $\overrightarrow{AC} = \begin{pmatrix}-4\\-6\\1\end{pmatrix}$, $\vec{d_1} = \begin{pmatrix}2\\8\\5\end{pmatrix} + \begin{pmatrix}4\\6\\-1\end{pmatrix} = \begin{pmatrix}6\\14\\4\end{pmatrix}$, $D_1(6;14;4)$

$\vec{d_2} = \begin{pmatrix}2\\8\\5\end{pmatrix} + \begin{pmatrix}-4\\-6\\1\end{pmatrix} = \begin{pmatrix}-2\\2\\6\end{pmatrix}$, $D_2(-2;2;6)$

$\overrightarrow{BC} = \begin{pmatrix}-2\\-8\\-1\end{pmatrix}$, $\vec{d_3} = \begin{pmatrix}4\\6\\3\end{pmatrix} + \begin{pmatrix}-2\\-8\\-1\end{pmatrix} = \begin{pmatrix}2\\-2\\2\end{pmatrix}$, $D_3(2;-2;2)$

a)

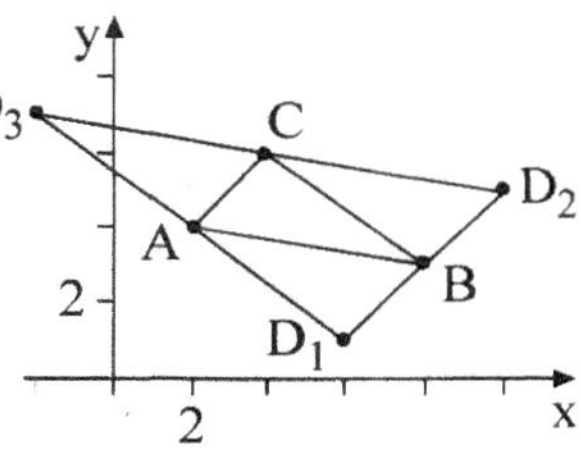

25. Die wahre Geschwindigkeit beträgt ca. 30 km/h, der wahre Kurs beträgt ca. 26° Nord. 278
Zeichnerisch: s. rechts
Rechnerisch:
$40^2 = 2x^2$, $x = 28{,}3$

$v_{wahr} = \sqrt{28{,}3^2+13{,}3^2} = 31{,}3\,\frac{m}{s}$

$\tan\alpha = \frac{13{,}3}{28{,}3}$, $\alpha \approx 25{,}17°$

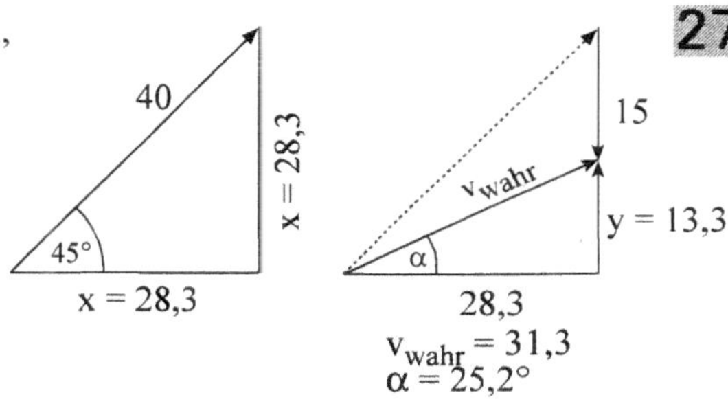

26. Der Wind wirkt mit einer Kraft von ca. 1340N.
Die Kraft im Halteseil beträgt ca. 5176N.
Rechnerisch: $F_{Wind} = 5000 \cdot \tan 15° \approx 1340$ N

$F_{Seil} = \frac{5000}{\cos 15°} \approx 5176$ N

Zeichnerisch: s. rechts

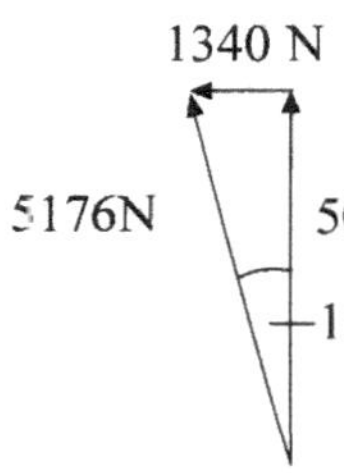

278 27. Die Kraft in den Schnüren beträgt ca. 144 N.

Rechnerisch: $F_{\text{Schnur}} = \frac{25}{\sin 10°} \approx 144\,\text{N}$

Zeichnerisch: s. rechts

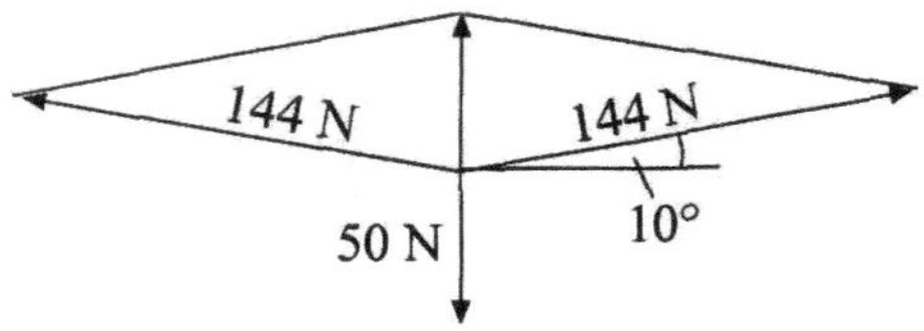

28. Kraft des α-Teams: $\vec{x}_\alpha = \begin{pmatrix}-2\\2\end{pmatrix} + \begin{pmatrix}-3\\-1\end{pmatrix} = \begin{pmatrix}-5\\1\end{pmatrix}$

Kraft des β-Teams: $\vec{x}_\beta = \begin{pmatrix}3\\2\end{pmatrix} + \begin{pmatrix}1\\-2\end{pmatrix} = \begin{pmatrix}4\\0\end{pmatrix}$

Gesamtkraft: $\vec{x}_\alpha + \vec{x}_\beta = \begin{pmatrix}-1\\1\end{pmatrix}$ Das α-Team gewinnt, da die Gesamtkraft nach links zeigt, denn ihre erste Koordinate ist -1.

4. Lineare Abhängigkeit und Unabhängigkeit

279 1. $\begin{pmatrix}6\\4\\1\end{pmatrix} = r\begin{pmatrix}2\\1\\-1\end{pmatrix} + s\begin{pmatrix}2\\2\\3\end{pmatrix} \Big\} \Rightarrow \begin{matrix}r=2,\ s=1\\ 1=-2+3\end{matrix} \Rightarrow \begin{pmatrix}6\\4\\1\end{pmatrix} = 2\begin{pmatrix}2\\1\\-1\end{pmatrix} + 1\begin{pmatrix}2\\2\\3\end{pmatrix}$

$\begin{pmatrix}2\\3\\4\end{pmatrix} = r\begin{pmatrix}2\\1\\-1\end{pmatrix} + s\begin{pmatrix}2\\2\\3\end{pmatrix} \Big\} \Rightarrow \begin{matrix}r=-1,\ s=2\\ 1+3\cdot 2=7\neq 4\end{matrix} \Rightarrow$ keine Darstellung als Linearkombination möglich

280 2. a) kollinear b) nicht kollinear c) kollinear d) nicht kollinear

3. $\overrightarrow{DC} = \begin{pmatrix}-2\\4\\2\end{pmatrix}$, $\overrightarrow{AB} = \begin{pmatrix}-3\\6\\3\end{pmatrix}$

$\Rightarrow \overrightarrow{DC} \parallel \overrightarrow{AB} \Rightarrow$ Trapez

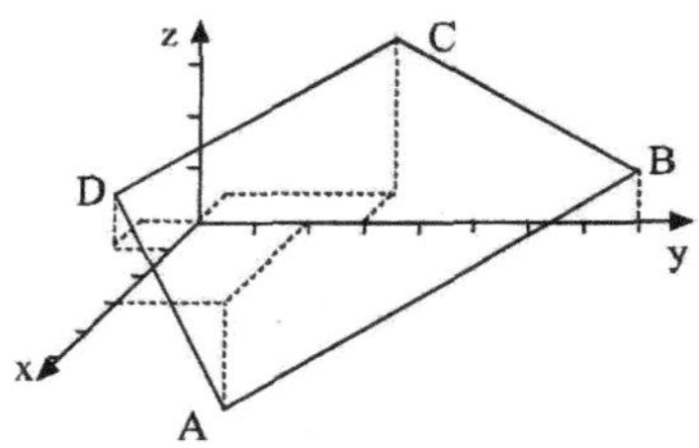

4. Es sei $\vec{b} = r\cdot\vec{a}$ $(r \in \mathbb{R}\setminus\{0\})$.
Dann gilt: $\vec{x} = \vec{a} + \vec{b} = \vec{a} + r\cdot\vec{a} = (1+r)\cdot\vec{a}$ und $\vec{y} = \vec{a} - \vec{b} = \vec{a} - r\cdot\vec{a} = (1-r)\cdot\vec{a}$.
Folglich ist $\vec{y} = (1-r)\cdot\vec{a} = \frac{1-r}{1+r}(1+r)\cdot\vec{a} = \frac{1-r}{1+r}\vec{x}$ $(r \neq -1)$.
Für $r = -1$ gilt: $\vec{y} = 2\cdot\vec{a}$, $\vec{x} = \vec{0}$ und folglich $0\cdot\vec{y} = \vec{x}$.

5. a) $\begin{pmatrix}1\\7\\2\end{pmatrix} = 3\begin{pmatrix}1\\2\\1\end{pmatrix} - \begin{pmatrix}2\\-1\\1\end{pmatrix}$ b) $\begin{pmatrix}1\\0\\1\end{pmatrix} = -0{,}5\begin{pmatrix}0\\1\\0\end{pmatrix} + 0{,}5\begin{pmatrix}2\\1\\2\end{pmatrix}$ c) $\begin{pmatrix}4\\-2\\-8\end{pmatrix} = -2\begin{pmatrix}-2\\1\\4\end{pmatrix} + 0\begin{pmatrix}3\\1\\4\end{pmatrix}$

282 6. a) $\begin{pmatrix}0\\0\\0\end{pmatrix} = r\begin{pmatrix}1\\-1\\1\end{pmatrix} + s\begin{pmatrix}1\\0\\1\end{pmatrix} + t\begin{pmatrix}0\\1\\1\end{pmatrix} \Rightarrow r = s = t = 0$ b) $\begin{pmatrix}0\\0\\0\end{pmatrix} = r\begin{pmatrix}1\\0\\0\end{pmatrix} + s\begin{pmatrix}0\\1\\0\end{pmatrix} + t\begin{pmatrix}0\\0\\1\end{pmatrix} \Rightarrow r = s = t = 0$

c) $\begin{pmatrix}0\\0\\0\end{pmatrix} = r\begin{pmatrix}1\\-1\\1\end{pmatrix} + s\begin{pmatrix}-1\\1\\1\end{pmatrix} + t\begin{pmatrix}1\\1\\1\end{pmatrix} \Rightarrow r = s = t = 0$

7. a) i) Voraussetzung: $\vec{a}_1, \ldots, \vec{a}_n$ sind linear abhängig. 282
Dann lässt sich nach der Definition einer dieser Vektor als Linearkombination der restlichen Vektoren darstellen. Wir nehmen an, dass $\vec{a}_1$ als Linearkombination darstellbar ist, d.h. $\vec{a}_1 = k_2\vec{a}_2 + \ldots + k_n\vec{a}_n \; (k_2, \ldots, k_n \in \mathbb{R})$.
Daraus folgt: $-\vec{a}_1 + k_2\vec{a}_2 + \ldots + k_n\vec{a}_n = \vec{0}$.
Somit hat die Vektorgleichung $r_1\vec{a}_1 + \ldots + r_n\vec{a}_n = \vec{0}$ (mindestens) eine nicht triviale Lösung ($r_1 = -1$).

ii) Voraussetzung: Die Vektorgleichung $r_1\vec{a}_1 + \ldots + r_n\vec{a}_n = \vec{0}$ hat (mindestens) eine nicht triviale Lösung. Sei etwa $r_n \neq 0$.
Dann gilt: $\vec{a}_n = -\frac{r_1}{r_n}\vec{a}_1 - \ldots - \frac{r_{n-1}}{r_n}\vec{a}_{n-1}$, d.h. $\vec{a}_n = k_1\vec{a}_1 + \ldots + k_{n-1}\vec{a}_{n-1}$. Der Vektor $\vec{a}_n$ lässt sich also als Linearkombination der Vektoren $\vec{a}_1, \ldots, \vec{a}_{n-1}$ darstellen.
Daher sind die Vektoren $\vec{a}_1, \ldots, \vec{a}_n$ linear abhängig.

b) Die Vektorgleichung $r_1\vec{a}_1 + r_2\vec{a}_2 + \ldots + r_n\vec{a}_n = \vec{0}$ hat stets die triviale Lösung $0 \cdot \vec{a}_1 + 0 \cdot \vec{a}_2 + \ldots + 0 \cdot \vec{a}_n = \vec{0}$. Gibt es eine nicht triviale Lösung, sind die Vektoren linear abhängig. Im anderen Fall sind sie linear unabhängig, also wenn es nur die triviale Lösung gibt.

8. a) linear abhängig b) linear unabhängig c) linear abhängig 283
d) linear abhängig e) linear unabhängig f) linear unabhängig
g) linear abhängig h) linear abhängig

9. a) $\begin{pmatrix}9\\1\end{pmatrix} = 1{,}5\begin{pmatrix}2\\2\end{pmatrix} + 2\begin{pmatrix}3\\-1\end{pmatrix}$ b) $\begin{pmatrix}4\\2\end{pmatrix} = 3{,}6\begin{pmatrix}2\\-3\end{pmatrix} - 3{,}2\begin{pmatrix}1\\-4\end{pmatrix}$ c) nicht darstellbar 284

d) nicht darstellbar e) z.B.: $\begin{pmatrix}6\\-3\\1\end{pmatrix} = 2\begin{pmatrix}1\\-1\\0\end{pmatrix} + 2\begin{pmatrix}1\\0\\1\end{pmatrix} + 3\begin{pmatrix}1\\0\\0\end{pmatrix} - \begin{pmatrix}1\\1\\1\end{pmatrix}$

f) $\begin{pmatrix}-5\\8\\-1\end{pmatrix} = 3\begin{pmatrix}1\\4\\1\end{pmatrix} - 4\begin{pmatrix}2\\1\\1\end{pmatrix}$ g) nicht darstellbar h) $\begin{pmatrix}6\\2\\5\end{pmatrix} = 2\begin{pmatrix}2\\0\\1\end{pmatrix} - \begin{pmatrix}1\\1\\0\end{pmatrix} + 3\begin{pmatrix}1\\1\\1\end{pmatrix}$

10. a) Für $a = 4$ ergibt sich ein Widerspruch, d.h. keine Linearkombination.
b) Für $a = 0$ ergibt sich ein Widerspruch, d.h. keine Linearkombination.
c) Für $a \neq 1$ ergibt sich ein Widerspruch, d.h. keine Linearkombination.
d) Für $a \neq 0$ ergibt sich ein Widerspruch, d.h. keine Linearkombination.

11. $\vec{x} = \overrightarrow{AM} = \vec{c} + \vec{b} + \frac{1}{2}\vec{a}$
$\vec{y} = \overrightarrow{HN} = -\vec{b} - \vec{c} + \vec{a} + \frac{1}{2}\vec{b} = -\frac{1}{2}\vec{b} - \vec{c} + \vec{a}$

12. $\overrightarrow{AC} = -\vec{a} + \vec{b}$, $\overrightarrow{BD} = \vec{a} + \vec{b}$, $\overrightarrow{BF} = \frac{1}{2}\vec{a} + \frac{1}{2}\vec{b}$, $\overrightarrow{DF} = -\frac{1}{2}\vec{a} - \frac{1}{2}\vec{b}$
$\overrightarrow{AS} = -\frac{1}{2}\vec{a} + \frac{1}{2}\vec{b} + \vec{c}$, $\overrightarrow{BS} = \frac{1}{2}\vec{a} + \frac{1}{2}\vec{b} + \vec{c}$, $\overrightarrow{SC} = -\vec{c} - \frac{1}{2}\vec{a} + \frac{1}{2}\vec{b}$
$\overrightarrow{SD} = -\vec{c} + \frac{1}{2}\vec{a} + \frac{1}{2}\vec{b}$

285 13.a) kollinear b) nicht kollinear c) kollinear
d) kollinear e) kollinear f) nicht kollinear
g) nicht kollinear h) kollinear

14.a) $\overrightarrow{AB} = \begin{pmatrix} 6 \\ 4 \end{pmatrix}$, $\overrightarrow{CD} = \begin{pmatrix} -3 \\ -2 \end{pmatrix}$
$\Rightarrow AB \parallel CD \Rightarrow$ Trapez

b) $\overrightarrow{AD} = \begin{pmatrix} 3 \\ 3 \end{pmatrix}$, $\overrightarrow{BC} = \begin{pmatrix} 1 \\ 3 \end{pmatrix}$, $\overrightarrow{AB} = \begin{pmatrix} 5 \\ 2 \end{pmatrix}$
$\overrightarrow{CD} = \begin{pmatrix} -3 \\ -2 \end{pmatrix} \Rightarrow$ kein Trapez

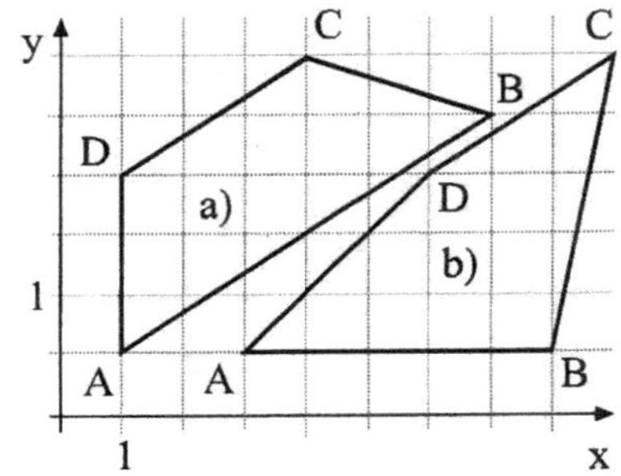

c) $\overrightarrow{AB} = \begin{pmatrix} -6 \\ 2 \\ 2 \end{pmatrix}$, $\overrightarrow{CD} = \begin{pmatrix} 3 \\ -1 \\ -1 \end{pmatrix}$
$\Rightarrow AB \parallel CD \Rightarrow$ Trapez

d) $\overrightarrow{AB} = \begin{pmatrix} 0 \\ 4 \\ -2 \end{pmatrix}$, $\overrightarrow{BC} = \begin{pmatrix} -4 \\ -2 \\ 4 \end{pmatrix}$
$\overrightarrow{AD} = \begin{pmatrix} -2 \\ -1 \\ 2 \end{pmatrix}$, $\overrightarrow{CD} = \begin{pmatrix} 2 \\ -3 \\ 0 \end{pmatrix} \Rightarrow AD \parallel BC \Rightarrow$ Trapez

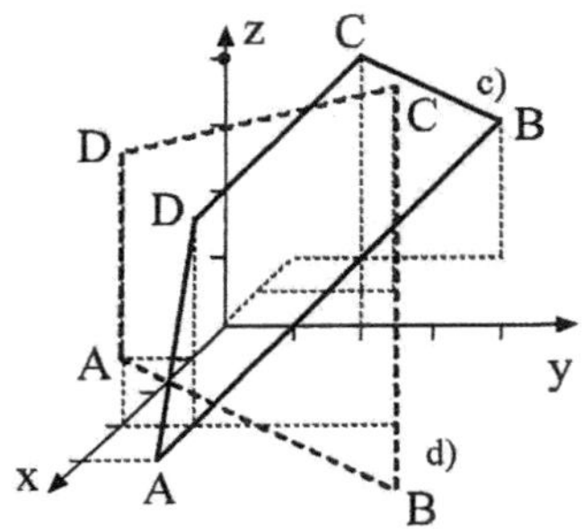

15. $M_1(4;1{,}5;0{,}5)$, $M_2(2;3;2{,}5)$
$M_3(2;1{,}5;3{,}5)$, $M_4(4;0;1{,}5)$

$\overrightarrow{M_1M_2} = \begin{pmatrix} -2 \\ 1{,}5 \\ 2 \end{pmatrix}$, $\overrightarrow{M_3M_4} = \begin{pmatrix} 2 \\ -1{,}5 \\ -2 \end{pmatrix} \Rightarrow \overrightarrow{M_1M_2} \parallel \overrightarrow{M_3M_4}$
$\overrightarrow{M_2M_3} = \begin{pmatrix} 0 \\ -1{,}5 \\ 1 \end{pmatrix}$, $\overrightarrow{M_1M_4} = \begin{pmatrix} 0 \\ -1{,}5 \\ 1 \end{pmatrix} \Rightarrow \overrightarrow{M_2M_3} \parallel \overrightarrow{M_1M_4}$
$\Rightarrow$ Parallelogramm

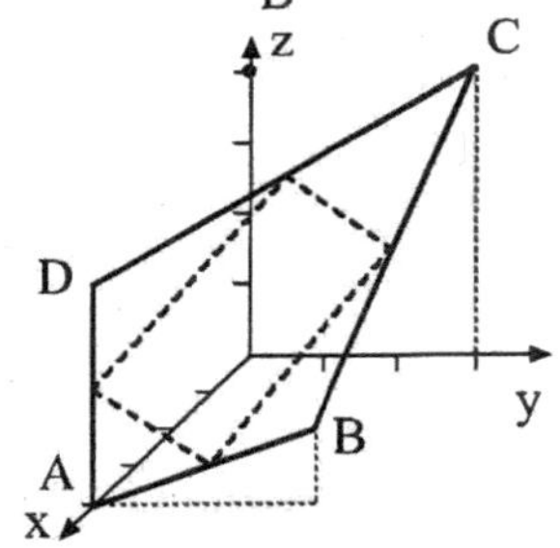

16. Die Punkte A, B und C liegen auf einer Geraden, wenn die Vektoren $\overrightarrow{AB}$ und $\overrightarrow{AC}$ kollinear sind.

a) $\overrightarrow{AB} = \begin{pmatrix} 4 \\ 1 \end{pmatrix}$, $\overrightarrow{AC} = \begin{pmatrix} -4 \\ -1 \end{pmatrix} \Rightarrow A,B,C \in g$

b) $\overrightarrow{AB} = \begin{pmatrix} -2 \\ -1 \end{pmatrix}$, $\overrightarrow{AC} = \begin{pmatrix} 3 \\ 1 \end{pmatrix} \Rightarrow A,B,C \notin g$

c) $\overrightarrow{AB} = \begin{pmatrix} 2 \\ 2 \\ -1 \end{pmatrix}$, $\overrightarrow{AC} = \begin{pmatrix} 4 \\ 4 \\ -2 \end{pmatrix} \Rightarrow A,B,C \in g$

d) $\overrightarrow{AB} = \begin{pmatrix} 2 \\ -3 \\ -1 \end{pmatrix}$, $\overrightarrow{AC} = \begin{pmatrix} -2 \\ 2 \\ 0 \end{pmatrix} \Rightarrow A,B,C \notin g$

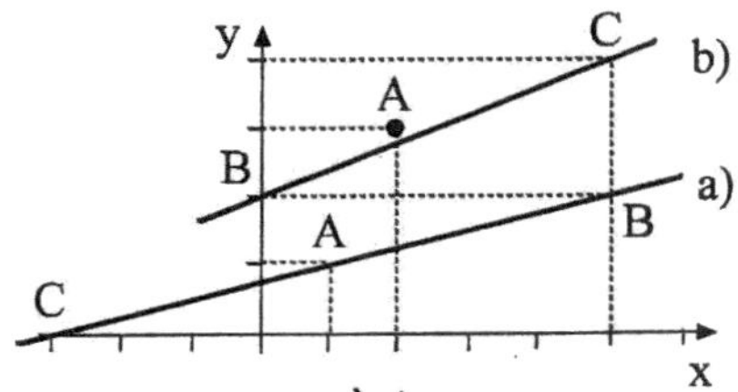

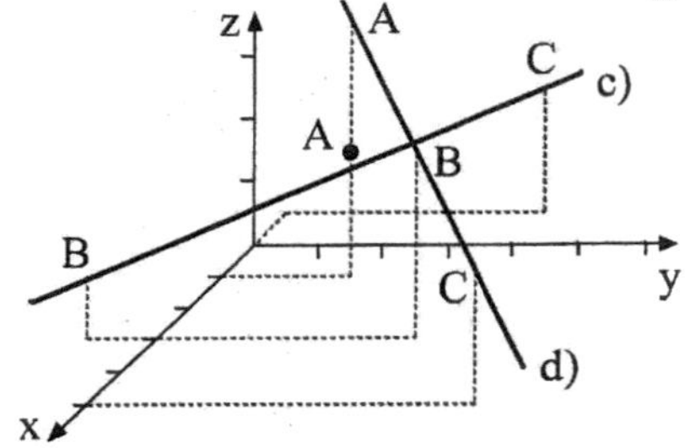

17.(i) Voraussetzung: $\vec{a}$, $\vec{b}$ sind kollinear. **285**
Dann ist ein Vektor ein Vielfaches des anderen Vektors, z.B. $\vec{b} = k \cdot \vec{a}$ ($k \in \mathbb{R}$).
Äquivalent dazu ist die Gleichung $k \cdot \vec{a} - \vec{b} = \vec{0}$, d.h. $k \cdot \vec{a} + s \cdot \vec{b} = \vec{0}$ mit $s = -1 \neq 0$.

(ii) Voraussetzung: $r \cdot \vec{a} + s \cdot \vec{b} = \vec{0}$ mit $r \neq 0$ (bzw. $s \neq 0$).
Dann folgt: $\vec{a} = -\frac{s}{r} \cdot \vec{b}$, d.h. $\vec{a} = k \cdot \vec{b}$ mit $k \in \mathbb{R}$.
Also sind $\vec{a}$ und $\vec{b}$ kollinear.

18.a) $\begin{pmatrix} -4 \\ -2 \\ 0 \end{pmatrix} + 2\begin{pmatrix} 2 \\ 1 \\ 3 \end{pmatrix} - 6\begin{pmatrix} 0 \\ 0 \\ 1 \end{pmatrix} = \vec{0}$ b) nicht komplanar c) nicht komplanar

d) nicht komplanar e) $\begin{pmatrix} 3 \\ -1 \\ -1 \end{pmatrix} - \begin{pmatrix} 2 \\ -1 \\ 3 \end{pmatrix} + 0{,}5\begin{pmatrix} -2 \\ 0 \\ 8 \end{pmatrix} = \vec{0}$ f) $-3\begin{pmatrix} -2 \\ 1 \\ 1 \end{pmatrix} - \begin{pmatrix} 1 \\ 0 \\ 3 \end{pmatrix} + \begin{pmatrix} -5 \\ 3 \\ 6 \end{pmatrix} = \vec{0}$

19.a) komplanar b) komplanar c) nicht komplanar
d) komplanar e) nicht komplanar

20.a) $0 \cdot \vec{a} + 0 \cdot \vec{b} + t \cdot \vec{0} = \vec{0}$ mit $t \neq 0$ **286**
b) Sei z.B. $\vec{c} = k \cdot \vec{b}$, dann gilt: $\vec{c} - k \cdot \vec{b} = \vec{0}$ bzw. $0 \cdot \vec{a} - k \cdot \vec{b} + \vec{c} = \vec{0}$.

21.a) komplanar b) nicht komplanar c) komplanar

22.Die Punkte A, B, C, D liegen in einer Ebene, wenn die Vektoren $\overrightarrow{AB}$, $\overrightarrow{AC}$, $\overrightarrow{AD}$ komplanar sind.

a) $2\overrightarrow{AB} - \overrightarrow{AC} + 2\overrightarrow{AD} = \vec{0}$, komplanar, die Punkte liegen in einer Ebene.

b) Nicht komplanar, die Punkte liegen nicht in einer Ebene.

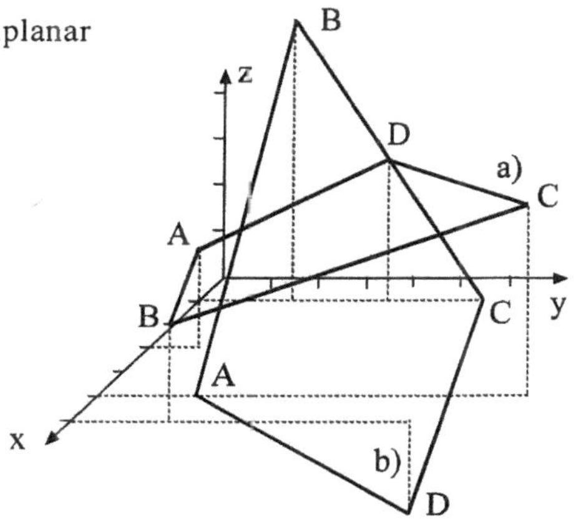

23.a) $\begin{pmatrix} 6 \\ -1 \\ -2 \end{pmatrix} + 0\begin{pmatrix} 12 \\ -2 \\ -4 \end{pmatrix} + \begin{pmatrix} -6 \\ 1 \\ 2 \end{pmatrix} = \vec{0}$, linear abhängig

b) $\begin{pmatrix} -1 \\ 5 \\ 3 \end{pmatrix} = -\begin{pmatrix} 1 \\ 0 \\ 0 \end{pmatrix} + 5\begin{pmatrix} 0 \\ 1 \\ 0 \end{pmatrix} + 3\begin{pmatrix} 0 \\ 0 \\ 1 \end{pmatrix}$, linear abhängig c) linear unabhängig

d) linear unabhängig e) $-\begin{pmatrix} 1 \\ 2 \\ 4 \end{pmatrix} + 2\begin{pmatrix} 2 \\ -1 \\ 3 \end{pmatrix} + \begin{pmatrix} -3 \\ 4 \\ -2 \end{pmatrix} = \begin{pmatrix} 0 \\ 0 \\ 0 \end{pmatrix}$, linear abhängig

f) $-3\begin{pmatrix} 1 \\ 1 \\ 2 \end{pmatrix} + \begin{pmatrix} 2 \\ -2 \\ -5 \end{pmatrix} + 2\begin{pmatrix} 2 \\ -1 \\ 3 \end{pmatrix} + \begin{pmatrix} -3 \\ 7 \\ 5 \end{pmatrix} = \begin{pmatrix} 0 \\ 0 \\ 0 \end{pmatrix}$, linear abhängig g) linear unabhängig

h) $\begin{pmatrix} 4 \\ -2 \\ 1 \\ 2 \end{pmatrix} + \begin{pmatrix} -2 \\ 3 \\ -1 \\ -1 \end{pmatrix} + \begin{pmatrix} 1 \\ 3 \\ 2 \\ 2 \end{pmatrix} - \begin{pmatrix} 3 \\ 4 \\ 2 \\ 3 \end{pmatrix} = \begin{pmatrix} 0 \\ 0 \\ 0 \\ 0 \end{pmatrix}$, linear abhängig

i) $2\begin{pmatrix} 1 \\ 2 \\ 3 \\ 3 \end{pmatrix} + 2\begin{pmatrix} -2 \\ 1 \\ 4 \\ -4 \end{pmatrix} + \begin{pmatrix} 5 \\ -3 \\ -8 \\ 10 \end{pmatrix} - \begin{pmatrix} 3 \\ 3 \\ 6 \\ 8 \end{pmatrix} = \begin{pmatrix} 0 \\ 0 \\ 0 \\ 0 \end{pmatrix}$, linear abhängig

286 24. a) $\vec{AC} = \vec{a} + \vec{b}$, $\vec{BD} = -\vec{a} + \vec{b}$, $\vec{CG} = \vec{c}$, $\vec{AG} = \vec{a} + \vec{b} + \vec{c}$

$\vec{EC} = \vec{a} + \vec{b} - \vec{c}$, $\vec{BH} = -\vec{a} + \vec{b} + \vec{c}$, $\vec{DF} = \vec{a} - \vec{b} + \vec{c}$

b) $\vec{x}$ und $\vec{y}$ sind nicht kollinear c) $\vec{CM} = -\frac{\vec{a}}{2} - \frac{\vec{b}}{2} + \frac{\vec{c}}{2}$

288 25. a) Die Menge bildet eine Basis, die Vektoren $\begin{pmatrix} 3 \\ 5 \end{pmatrix}$ und $\begin{pmatrix} 1 \\ -7 \end{pmatrix}$ sind linear unabhängig.

b) Die angegebene Menge ist keine Basis, die Vektoren sind linear abhängig:

$\begin{pmatrix} 5 \\ -20 \end{pmatrix} = (-5)\begin{pmatrix} -1 \\ 4 \end{pmatrix}$.

c) Eine Menge, die 3 Vektoren enthält, kann keine Basis des IR^2 sein.

26. a) Keine Basis, z.B. $\begin{pmatrix} 1 \\ 1 \\ 1 \end{pmatrix} = \frac{1}{3}\begin{pmatrix} 3 \\ 0 \\ 3 \end{pmatrix} + (-\frac{1}{4})\begin{pmatrix} 0 \\ -4 \\ 0 \end{pmatrix}$ b) Basis

c) Keine Basis, z.B. $(-2)\begin{pmatrix} -1 \\ 2 \\ 3 \end{pmatrix} = \begin{pmatrix} 2 \\ -4 \\ -6 \end{pmatrix}$

27. Kanonosche Basis des IR^3: $\left\{\begin{pmatrix} 1 \\ 0 \\ 0 \end{pmatrix}, \begin{pmatrix} 0 \\ 1 \\ 0 \end{pmatrix}, \begin{pmatrix} 0 \\ 0 \\ 1 \end{pmatrix}\right\}$, $\vec{x} = \begin{pmatrix} x_1 \\ x_2 \\ x_3 \end{pmatrix} = x_1 \cdot \begin{pmatrix} 1 \\ 0 \\ 0 \end{pmatrix} + x_2 \cdot \begin{pmatrix} 0 \\ 1 \\ 0 \end{pmatrix} + x_3 \cdot \begin{pmatrix} 0 \\ 0 \\ 1 \end{pmatrix}$

28. a) $\begin{pmatrix} 5 \\ 3 \end{pmatrix} = (-1)\begin{pmatrix} 1 \\ -1 \end{pmatrix} + 2\begin{pmatrix} 3 \\ 1 \end{pmatrix}$ b) $\begin{pmatrix} x_1 \\ x_2 \end{pmatrix} = \frac{x_1 - 3x_2}{4}\begin{pmatrix} 1 \\ -1 \end{pmatrix} + \frac{x_1 + x_2}{4}\begin{pmatrix} 3 \\ 1 \end{pmatrix}$

29. $\begin{pmatrix} -1 \\ 5 \\ 8 \end{pmatrix} = 2 \cdot \begin{pmatrix} 1 \\ 2 \\ 2 \end{pmatrix} + 1 \cdot \begin{pmatrix} 3 \\ 1 \\ 1 \end{pmatrix} + 3 \cdot \begin{pmatrix} -2 \\ 0 \\ 1 \end{pmatrix}$

30. $\begin{pmatrix} x_1 \\ x_2 \\ x_3 \end{pmatrix} = (-x_1 + x_2 + x_3)\begin{pmatrix} 1 \\ 1 \\ 1 \end{pmatrix} + (x_1 - x_3)\begin{pmatrix} 2 \\ 1 \\ 1 \end{pmatrix} + (x_3 - x_2)\begin{pmatrix} 1 \\ 0 \\ 1 \end{pmatrix}$

31. Es gibt mehrere Lösungsmöglichkeiten, z.B. $\left\{\begin{pmatrix} 1 \\ 2 \end{pmatrix}, \begin{pmatrix} 5 \\ -1 \end{pmatrix}\right\}$.

32. Es gibt mehrere Lösungsmöglichkeiten, z.B. ist $\left\{\begin{pmatrix} 1 \\ 1 \\ 1 \end{pmatrix}, \begin{pmatrix} 1 \\ 2 \\ 3 \end{pmatrix}, \begin{pmatrix} 2 \\ 1 \\ 4 \end{pmatrix}\right\}$ eine Basis.

33. a) $t \neq 0$

b) $t \neq -2$

c) $t \neq \pm 3$

Test

1. a) B(4;8;0), C(0;8;0), D(0;0;0), E(4;0;5), F(4;8;5), H(0;0;5), M(2;4;5) 292
   b) $|\overrightarrow{AF}| = \sqrt{64+25} = \sqrt{89} \approx 9,43$, $|\overrightarrow{DM}| = \sqrt{4+16+25} = \sqrt{45} \approx 6,71$

2. a) $\begin{pmatrix}1\\7\end{pmatrix}$ b) $\begin{pmatrix}-2\\2\end{pmatrix}+\begin{pmatrix}-1\\3\end{pmatrix}+\begin{pmatrix}4\\2\end{pmatrix}=\begin{pmatrix}1\\7\end{pmatrix}$

3. $\vec{a}=\begin{pmatrix}2\\-2\end{pmatrix}$, $\vec{b}=\begin{pmatrix}3\\2\end{pmatrix}$, $\vec{c}=\begin{pmatrix}2\\0\end{pmatrix}$, $\vec{d}=\begin{pmatrix}0\\-2\end{pmatrix}$

   a) $\begin{pmatrix}2\\-2\end{pmatrix}+\begin{pmatrix}3\\2\end{pmatrix}+\begin{pmatrix}0\\-2\end{pmatrix}=\begin{pmatrix}5\\-2\end{pmatrix}$ b) $\begin{pmatrix}1\\-1\end{pmatrix}-2\left(\begin{pmatrix}3\\2\end{pmatrix}-\begin{pmatrix}0\\-4\end{pmatrix}\right)=\begin{pmatrix}-5\\-13\end{pmatrix}$

   c) $\begin{pmatrix}2\\-2\end{pmatrix}+\begin{pmatrix}6\\4\end{pmatrix}-\begin{pmatrix}8\\0\end{pmatrix}+\begin{pmatrix}0\\-2\end{pmatrix}=\begin{pmatrix}0\\0\end{pmatrix}$

4. a) $\begin{pmatrix}6\\-2\\-1\end{pmatrix}=4\begin{pmatrix}3\\1\\2\end{pmatrix}-3\begin{pmatrix}2\\2\\3\end{pmatrix}$

   b) Die Vektoren sind nicht komplanar, denn keiner der Vektoren lässt sich durch die beiden anderen darstellen.

5. a) $\overrightarrow{AB}=\begin{pmatrix}-2\\-3\\-6\end{pmatrix}$, $\overrightarrow{AC}=\begin{pmatrix}-4\\3\\-3\end{pmatrix}$, $\overrightarrow{BC}=\begin{pmatrix}-2\\6\\3\end{pmatrix}$

   $|\overrightarrow{AB}| = \sqrt{4+9+36} = 7$, $|\overrightarrow{AC}| = \sqrt{34}$, $|\overrightarrow{BC}| = \sqrt{49} = 7$

   Das Dreieck ist gleichschenklig aber nicht gleichseitig.

   c) $\vec{d} = \vec{c} + \overrightarrow{AB} = \begin{pmatrix}2\\10\\6\end{pmatrix}+\begin{pmatrix}-2\\-3\\-6\end{pmatrix}=\begin{pmatrix}0\\7\\0\end{pmatrix}$

   D(0;7;0) (bzw. D(4;13;12) bzw. D(8;1;6))

6. $r\cdot\vec{a}+s\cdot\vec{b}+t\cdot\vec{c}=\vec{0} \Leftrightarrow \begin{array}{ll}\text{I.} & r-2s-3t=0\\ \text{II.} & -r+4s=0\\ \text{III:} & 3r+6s+9t=0\end{array} \Rightarrow \begin{array}{l}r=0\\ s=0\\ t=0\end{array}$

Die Vektoren sind linear unabhängig.

VIII. Skalarprodukt und Vektorprodukt
1. Das Skalarprodukt

294 1. a) $\vec{a}\cdot\vec{b} = |\vec{a}|\cdot|\vec{b}|\cdot\cos\gamma = \sqrt{10}\cdot\sqrt{18}\cdot\cos 63° \approx 6{,}09$

b) $\vec{a}\cdot\vec{b} = 5\cdot 4\cdot 0{,}8 = 16$

c) $|\vec{a}| = \sqrt{34}$, $|\vec{b}| = \sqrt{61}$, $\gamma = 180° - 50{,}19° - 59{,}04° = 70{,}77°$, $\vec{a}\cdot\vec{b} = \sqrt{34\cdot 61}\cdot\cos 70{,}77° = 15$

d) $|\vec{a}| = \sqrt{20}$, $|\vec{b}| = \sqrt{52}$, $\gamma = 56{,}31° - 26{,}57° \approx 29{,}74°$, $\vec{a}\cdot\vec{b} \approx 28$

296 2. a) Messen: $|\vec{a}| \approx 5{,}7$, $|\vec{b}| \approx 4{,}5$, $\gamma \approx 72°$, $\vec{a}\cdot\vec{b} \approx 7{,}92$

$|\vec{a}| = 5$, $|\vec{b}| \approx 6{,}4$, $\gamma \approx 88°$, $\vec{a}\cdot\vec{b} \approx 1{,}12$

$|\vec{a}| \approx 4{,}5$, $|\vec{b}| = 5$, $\gamma \approx 117°$, $\vec{a}\cdot\vec{b} \approx -10{,}21$

b) Rechnung: $|\vec{a}| = \sqrt{32}$, $|\vec{b}| = \sqrt{20}$, $\gamma = 71{,}57°$, $\vec{a}\cdot\vec{b} = 7{,}99 \approx 8$

$|\vec{a}| = 5$, $|\vec{b}| = \sqrt{41}$, $\gamma = 88{,}21°$, $\vec{a}\cdot\vec{b} = 1$

$|\vec{a}| = \sqrt{20}$, $|\vec{b}| = 5$, $\gamma = 116{,}57°$, $\vec{a}\cdot\vec{b} = -10$

c) Spaltenvektoren: $\vec{a}\cdot\vec{b} = \begin{pmatrix}-4\\4\end{pmatrix}\cdot\begin{pmatrix}2\\4\end{pmatrix} = 8$, $\vec{a}\cdot\vec{b} = \begin{pmatrix}-3\\-4\end{pmatrix}\cdot\begin{pmatrix}5\\-4\end{pmatrix} = 1$, $\vec{a}\cdot\vec{b} = \begin{pmatrix}-2\\-4\end{pmatrix}\cdot\begin{pmatrix}5\\0\end{pmatrix} = -10$

3. a) $\vec{a}\cdot\vec{b} = 0$, $\vec{a}\cdot\vec{c} = 16$, $\vec{b}\cdot\vec{c} = 9$

b) $\overrightarrow{DA}\cdot\overrightarrow{DF} = 36$, $\overrightarrow{FB}\cdot\overrightarrow{FD} = -15$, $\overrightarrow{AF}\cdot\overrightarrow{AD} = 0$, $\overrightarrow{DC}\cdot\overrightarrow{DF} = 40$

c) Die Innenwinkel in einem Sechseck betragen 120°.

$\vec{a}\cdot\vec{b} = 5\cdot 5\cdot\cos 60° = 12{,}5$, $\vec{a}\cdot\vec{c} = 5\cdot 5\cdot\cos 120° = -12{,}5$, $\vec{a}\cdot\vec{d} = 5\cdot 5\cdot\cos 180° = -25$

$(\vec{a}+\vec{b})\cdot\vec{c} = |\vec{a}+\vec{b}|\cdot 5\cdot\cos 90° = 0$, $(\vec{a}+\vec{b}+\vec{c})\cdot(\vec{d}+\vec{e}+\vec{f}) = 10\cdot 10\cdot\cos 180° = -100$

4. a) -2 b) $a^2 + a$ c) 0 d) -1

5. a) $2a^2 + 4a + 2 = 0$, $a = -1$ b) $a + 4a + a = 1$, $a = 1/6$ c) $4a + 5 = 6$, $a = 0{,}25$

6. a) $\overrightarrow{SB}\cdot\overrightarrow{SC} = \begin{pmatrix}3\\3\\-3\end{pmatrix}\cdot\begin{pmatrix}-3\\3\\-3\end{pmatrix} = 9$, $\overrightarrow{AD}\cdot\overrightarrow{DC} = 0$, $\overrightarrow{AC}\cdot\overrightarrow{BD} = 0$, $\overrightarrow{BA}\cdot\overrightarrow{BS} = 18$

b) $\overrightarrow{SA} = \begin{pmatrix}3\\-3\\-3\end{pmatrix}$, $\overrightarrow{SB} = \begin{pmatrix}3\\3\\-3\end{pmatrix}$, $\overrightarrow{SA}\cdot\overrightarrow{SB} = \begin{pmatrix}3\\-3\\-3\end{pmatrix}\begin{pmatrix}3\\3\\-3\end{pmatrix} = 9$

$|\overrightarrow{SA}| = \sqrt{27} = |\overrightarrow{SB}|$, $\overrightarrow{SA}\cdot\overrightarrow{SB} = 9 = \sqrt{27}\cdot\sqrt{27}\cdot\cos\alpha \Rightarrow \alpha \approx 70{,}53°$

297 7. 1. Methode: $(r\vec{a})\cdot\vec{b} = |r\vec{a}|\cdot|\vec{b}|\cdot\cos\gamma = r|\vec{a}|\cdot|\vec{b}|\cdot\cos\gamma = r\cdot(\vec{a}\cdot\vec{b})$

2. Methode: $(r\vec{a})\cdot\vec{b} = \begin{pmatrix}ra_1\\ra_2\\ra_3\end{pmatrix}\cdot\begin{pmatrix}b_1\\b_2\\b_3\end{pmatrix} = ra_1b_1 + ra_2b_2 + ra_3b_3$

$= r(a_1b_1 + a_2b_2 + a_3b_3) = r\cdot(\vec{a}\cdot\vec{b})$

8. $\vec{a}=\begin{pmatrix}1\\-1\\2\end{pmatrix}, \vec{b}=\begin{pmatrix}0\\2\\3\end{pmatrix}, \vec{c}=\begin{pmatrix}1\\0\\-1\end{pmatrix}, \vec{a}\cdot(\vec{b}\cdot\vec{c})=\vec{a}\cdot\left(\begin{pmatrix}0\\2\\3\end{pmatrix}\cdot\begin{pmatrix}1\\0\\-1\end{pmatrix}\right)=\vec{a}\cdot(-3)=-3\vec{a}=-3\begin{pmatrix}1\\-1\\2\end{pmatrix}=\begin{pmatrix}-3\\3\\-6\end{pmatrix}$ 297

$(\vec{a}\cdot\vec{b})\cdot\vec{c}=\left(\begin{pmatrix}1\\-1\\2\end{pmatrix}\cdot\begin{pmatrix}0\\2\\3\end{pmatrix}\right)\cdot\vec{c}=4\vec{c}=4\begin{pmatrix}1\\0\\-1\end{pmatrix}=\begin{pmatrix}4\\0\\-4\end{pmatrix}\neq\vec{a}\cdot(\vec{b}\cdot\vec{c})$

9. a) $(\vec{a}+\vec{b})^2=(\vec{a}+\vec{b})\cdot(\vec{a}+\vec{b})=\vec{a}\cdot(\vec{a}+\vec{b})+\vec{b}\cdot(\vec{a}+\vec{b})=(\vec{a}+\vec{b})\cdot\vec{a}+(\vec{a}+\vec{b})\cdot\vec{b}$
$=\vec{a}\cdot\vec{a}+\vec{b}\cdot\vec{a}+\vec{a}\cdot\vec{b}+\vec{b}\cdot\vec{b}=\vec{a}^2+\vec{a}\cdot\vec{b}+\vec{a}\cdot\vec{b}+\vec{b}^2=\vec{a}^2+2\vec{a}\cdot\vec{b}+\vec{b}^2$

b) $(\vec{a}+\vec{b})\cdot(\vec{a}-\vec{b})=\vec{a}\cdot(\vec{a}-\vec{b})+\vec{b}\cdot(\vec{a}-\vec{b})\quad(-\vec{b}=+(-\vec{b}))$
$=\vec{a}\cdot\vec{a}+\vec{a}\cdot(-\vec{b})+\vec{b}\cdot\vec{a}+\vec{b}\cdot(-\vec{b})=\vec{a}^2-\vec{a}\cdot\vec{b}+\vec{a}\cdot\vec{b}-\vec{b}^2$
$=\vec{a}^2-\vec{b}^2$

10. a) z.B. $\vec{a}=\begin{pmatrix}1\\-1\\2\end{pmatrix},\quad \vec{b}=\begin{pmatrix}0\\2\\3\end{pmatrix},\quad (\vec{a}\cdot\vec{b})^2=\left(\begin{pmatrix}1\\-1\\2\end{pmatrix}\begin{pmatrix}0\\2\\3\end{pmatrix}\right)^2=4^2=16$

$\vec{a}^2\cdot\vec{b}^2=\left(\begin{pmatrix}1\\-1\\2\end{pmatrix}\cdot\begin{pmatrix}1\\-1\\2\end{pmatrix}\right)\cdot\left(\begin{pmatrix}0\\2\\3\end{pmatrix}\cdot\begin{pmatrix}0\\2\\3\end{pmatrix}\right)=6\cdot13=78\neq(\vec{a}\cdot\vec{b})^2$

b) z.B. $\vec{a}=\begin{pmatrix}1\\-1\\0\end{pmatrix},\quad \vec{b}=\begin{pmatrix}2\\2\\8\end{pmatrix},\quad \vec{a}\cdot\vec{b}=\begin{pmatrix}1\\-1\\0\end{pmatrix}\cdot\begin{pmatrix}2\\2\\8\end{pmatrix}=0$ aber $\vec{a}\neq\vec{0}$, $\vec{b}\neq\vec{0}$

11. a) $\vec{a}=\vec{b}, \vec{c}$ bel.: $\vec{a}\cdot\vec{c}=\begin{pmatrix}a_1\\a_2\\a_3\end{pmatrix}\cdot\begin{pmatrix}c_1\\c_2\\c_3\end{pmatrix}=\begin{pmatrix}b_1\\b_2\\b_3\end{pmatrix}\cdot\begin{pmatrix}c_1\\c_2\\c_3\end{pmatrix}=\vec{b}\cdot\vec{c}$ (da $\begin{pmatrix}a_1\\a_2\\a_3\end{pmatrix}=\begin{pmatrix}b_1\\b_2\\b_3\end{pmatrix}$ ist)

b) Annahme: $\vec{x}\cdot\vec{c}=\vec{y}\cdot\vec{c}\Rightarrow\vec{x}=\vec{y}$

Gegenbeispiel: $\vec{x}=\begin{pmatrix}1\\2\\-1\end{pmatrix},\quad \vec{c}=\begin{pmatrix}1\\3\\-1\end{pmatrix},\quad \vec{x}\cdot\vec{c}=\begin{pmatrix}1\\2\\-1\end{pmatrix}\cdot\begin{pmatrix}1\\3\\-1\end{pmatrix}=8$

$\vec{y}=\begin{pmatrix}2\\2\\0\end{pmatrix},\quad \vec{y}\cdot\vec{c}=\begin{pmatrix}2\\2\\0\end{pmatrix}\cdot\begin{pmatrix}1\\3\\-1\end{pmatrix}=8=\vec{x}\cdot\vec{c}$, aber $\vec{x}\neq\vec{y}$

12. a) $\cos\gamma=\frac{6}{\sqrt{10}\cdot\sqrt{18}},\quad \gamma\approx 63{,}43°$ b) $\cos\gamma=\frac{-10}{\sqrt{14\cdot20}},\quad \gamma\approx126{,}70°$ 299

c) $\cos\gamma=\frac{0}{\sqrt{14\cdot21}},\quad \gamma=90°$

13. a) $\cos\alpha=\frac{5}{\sqrt{13\cdot17}},\quad \alpha\approx70{,}35°$ b) $\cos\alpha=\frac{44}{\sqrt{40\cdot61}},\quad \alpha\approx27{,}03°$

14. a) 71,57° ; 63,43° ; 45° b) 66,14° ; 69,77° ; 44,1°
c) 29,35° ; 96,99° ; 53,66° d) 50,77° ; 50,77° ; 78,46°

15. Der Ansatz $\cos45°=\frac{24+2z}{6\cdot\sqrt{36+z^2}}=0{,}707$ führt auf $24+2z=0{,}707\cdot6\cdot\sqrt{36+z^2}$
Quadrieren und umformen: $z^2-\frac{48}{7}z+\frac{36}{7}=0,\quad z_1=6, z_2=\frac{6}{7}$

301 16. $\vec a$ ist orthogonal zu $\vec c$ und zu $\vec e$ für a = –1,5. $\vec b$ ist orthogonal zu $\vec c$ und zu $\vec e$ für a = –0,5. $\vec c$ ist orthogonal zu $\vec e$ für a = 8/3. $\vec d$ ist orthogonal zu $\vec e$ für a = –5. $\vec e$ ist orthogonal zu $\vec f$ für a = 0,5.

17. a) kein rechter Winkel   b) rechter Winkel bei B

18. a) $(3\vec a+\vec b)\cdot(\vec a-2\vec b)=3\vec a^2-6\vec a\vec b+\vec b\vec a-2\vec b^2=3|\vec a|^2-\underbrace{5\vec a\vec b}_{=0}-2|\vec b|^2=3\cdot16-2\cdot9=30$

b) $(\vec a-\vec b)^2=\vec a^2-2\vec a\vec b+\vec b^2=|\vec a|^2-\underbrace{2\vec a\vec b}_{=0}+|\vec b|^2=16+9=25$

c) $(\vec a-5\vec b)\cdot(\vec b+\vec a)=\vec a\vec b+\vec a^2-5\vec b^2-5\vec b\vec a=-4\vec a\vec b+|\vec a|^2-5|\vec b|^2=16-45=-29$

19. a) z.B. $\begin{pmatrix}-1\\2\end{pmatrix}$ b) z.B. $\begin{pmatrix}3\\1\end{pmatrix}$ c) z.B. $\begin{pmatrix}2\\-4\\-3\end{pmatrix}$ d) z.B. $\begin{pmatrix}1\\1\\1\end{pmatrix}$

20. $\overrightarrow{AC}\cdot\overrightarrow{BD}=\begin{pmatrix}1\\4\end{pmatrix}\cdot\begin{pmatrix}-4\\1\end{pmatrix}=0\Rightarrow\overrightarrow{AC}\perp\overrightarrow{BD}$

Die Diagonalen AC und BD stehen senkrecht aufeinander.

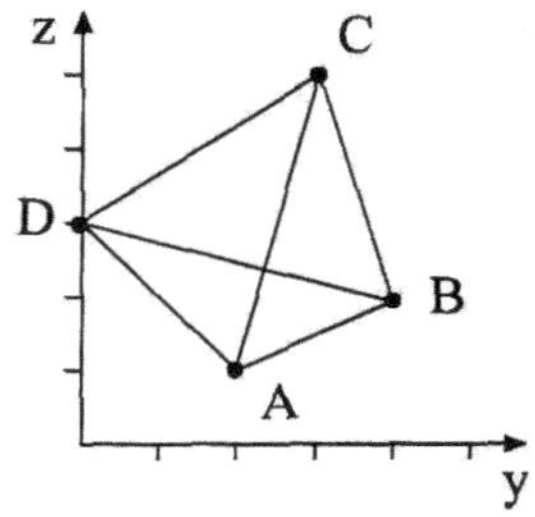

302 21. a) $\Delta ABC: A_1=\frac12\cdot\sqrt{464}\approx10,77$; $\Delta ABD: A_2=\frac12\cdot\sqrt{200}\approx7,07$
$\Delta BCD: A_3=\frac12\cdot\sqrt{374}\approx9,67$; $\Delta ACD: A_4=\frac12\cdot\sqrt{206}\approx7,18$
$O\approx34,69$

b) A(1 ; 1 ; 4), B(4 ; 4 ; 4), C(1 ; 5 ; 2), D(2 ; 4 ; 6)
$O=A_1+A_2+A_3+A_4\approx7,35+5,20+5,20+7,35=25,10$

22. Der Ansatz $15=\frac12\cdot\sqrt{\begin{pmatrix}0\\-3\\z-2\end{pmatrix}^2\cdot\begin{pmatrix}6\\-3\\4\end{pmatrix}^2-(1-4z)^2}$ führt auf die quadratische Gleichung $z^2-\frac{28}{5}z-\frac{12}{5}=0$ mit den Lösungen $z_1=6$ und $z_2=-0,4$.

303 23. a)

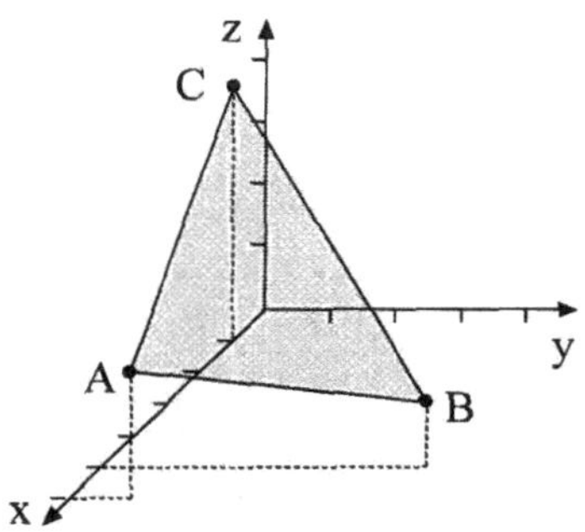

$\overrightarrow{CA}=\begin{pmatrix}5\\1\\-2\end{pmatrix}, \overrightarrow{CB}=\begin{pmatrix}4\\5\\-3\end{pmatrix}$

$\overrightarrow{AC}=\begin{pmatrix}-5\\-1\\2\end{pmatrix}, \overrightarrow{AB}=\begin{pmatrix}-1\\4\\-1\end{pmatrix}$

$\cos\gamma=\frac{31}{\sqrt{30\cdot50}}$, $\gamma\approx36,83°$

$\cos\alpha=\frac{-1}{\sqrt{30\cdot18}}$, $\alpha\approx92,47°$

$\beta=180°-\alpha-\gamma\approx50,70°$

23.b) $A=\frac{1}{2}\sqrt{\overrightarrow{AC}^2\cdot\overrightarrow{AB}^2-(\overrightarrow{AC}\cdot\overrightarrow{AB})^2}=\frac{1}{2}\sqrt{30\cdot 18-1}\approx 11{,}61$ 303

24. A(0;0), B(8;0), C(12;4), D(4;4), M(6;2), $\overrightarrow{MB}=\begin{pmatrix}2\\-2\end{pmatrix}$, $\overrightarrow{MC}=\begin{pmatrix}6\\2\end{pmatrix}$, $\overrightarrow{MD}=\begin{pmatrix}-2\\2\end{pmatrix}$

$|AB|=8$, $|BC|=\sqrt{32}$, $|AC|=\sqrt{160}$, $|BD|=\sqrt{32}$

$\cos\phi=\frac{8}{\sqrt{8\cdot 40}}$, $\phi\approx 63{,}43°$, $\cos\varepsilon=\frac{-8}{\sqrt{8\cdot 40}}$, $\varepsilon\approx 116{,}57°$ $(\varepsilon=180°-\phi)$

Flächeninhalt: I. konventionell: $A=|AB|\cdot h=8\cdot 4=32$

II. mittels Skalarprodukt:

$$A=\sqrt{\overrightarrow{AB}^2\cdot\overrightarrow{AD}^2-(\overrightarrow{AB}\cdot\overrightarrow{AD})^2}=\sqrt{64\cdot 32-32^2}=\sqrt{1024}=32$$

25. a) z.B. C(4;–1;0) b) z.B. C(–4;5;4) c) z.B. C(1;–4;2)

26. C(8;2) bzw. C(0;8) rechter Winkel bei B
oder C(5;–2) bzw. C(–3;4) rechter Winkel bei A
rechter Winkel bei C ist schwieriger:
C muss auf der zu AB Senkrechten durch $M_{AB}(2{,}5;3)$ liegen:

$$y=-\frac{3}{4}(x-2{,}5)+3=-\frac{3}{4}x+\frac{39}{8},\quad C\left(x\,|\,-\frac{3}{4}x+\frac{39}{8}\right)$$

$$\begin{pmatrix}x-1\\-\frac{3}{4}x+\frac{39}{8}-1\end{pmatrix}\cdot\begin{pmatrix}x-4\\-\frac{3}{4}x+\frac{39}{8}-5\end{pmatrix}=\frac{25}{16}x^2-\frac{250}{32}x+\frac{225}{64}=0$$

$$\Rightarrow\quad x^2-5x+\frac{9}{4}=0\quad\Rightarrow\quad C(4{,}5;1{,}5)\text{ bzw. }C(0{,}5;4{,}5)$$

27. Ist h die Höhe des Quaders, so muss gelten:

$$\begin{pmatrix}4\\3\\h\end{pmatrix}\cdot\begin{pmatrix}-4\\-3\\h\end{pmatrix}=-16-9+h^2=0,\quad\text{also } h=5$$

28. a) Man lege den Koordinatenursprung in den Mittelpunkt des Quadrates ABCD.
Dann gilt: A(0;–4;0), B(4;0;0), C(0;4;0), D(–4;0;0), S(0;0;3), T(0;0;–3)
Da alle Seitendreiecke kongruent sind, genügt es, die Winkel für ein Dreieck zu bestimmen: $\cos\alpha=\frac{\begin{pmatrix}4\\4\\0\end{pmatrix}\cdot\begin{pmatrix}0\\4\\3\end{pmatrix}}{\sqrt{32\cdot 25}}$, $\alpha\approx 55{,}55°$, $\cos\beta=\frac{16}{5\sqrt{32}}\Rightarrow\beta\approx 55{,}55°$, $\gamma\approx 68{,}9°$

b) $\cos(\sphericalangle ASC)=\frac{\begin{pmatrix}0\\-4\\-3\end{pmatrix}\cdot\begin{pmatrix}0\\4\\-3\end{pmatrix}}{25}$, $\sphericalangle ASC=106{,}26°$, $\cos(\sphericalangle SBT)=\frac{\begin{pmatrix}-4\\0\\3\end{pmatrix}\cdot\begin{pmatrix}-4\\0\\-3\end{pmatrix}}{25}$, $\sphericalangle SBT=73{,}74°$

c) Oberfläche: $O=8\cdot A_{ABS}$, $A_{ABS}=\frac{1}{2}\sqrt{\begin{pmatrix}4\\4\\0\end{pmatrix}^2\cdot\begin{pmatrix}0\\4\\3\end{pmatrix}^2-16^2}\approx 11{,}66$, $O\approx 93{,}3$

303 29. a) A(8;0;0), B(8;8;0), C(0;8;0), D(0;0;0), E(6;2;5), F(6;6;5), G(2;6;5), H(2;2;5)

b) $\cos(\sphericalangle ABF) = \dfrac{\begin{pmatrix}0\\-8\\0\end{pmatrix}\cdot\begin{pmatrix}-2\\-2\\5\end{pmatrix}}{8\sqrt{33}}$, $\sphericalangle ABF = 69{,}63°$

c) $g_{BH}\colon\ \vec{x} = \begin{pmatrix}8\\8\\0\end{pmatrix} + r\begin{pmatrix}-6\\-6\\5\end{pmatrix}$, $g_{DF}\colon\ \vec{x} = \begin{pmatrix}0\\0\\0\end{pmatrix} + s\begin{pmatrix}6\\6\\5\end{pmatrix}$, $g_{BH} \cap g_{DF}\colon r = s = \frac{2}{3}$, $S(4|4|\frac{10}{3})$

$\cos\gamma = \dfrac{\left|\begin{pmatrix}-6\\-6\\5\end{pmatrix}\cdot\begin{pmatrix}6\\6\\5\end{pmatrix}\right|}{97}$, $\gamma \approx 61{,}02°$

d) O_{Stumpf} = Quadratfl. ABCD + Quadratfl. EFGH + $4A_{ABFE} = 64 + 16 + 4\cdot 32{,}31 = 209{,}24$

$A_{AFE} = \frac{1}{2}\sqrt{64\cdot 63 - 16^2} + \frac{1}{2}\sqrt{33\cdot 16 - 8^2} = 21{,}54 + 10{,}77 = 32{,}31$

304 30. a)
$$\begin{aligned} a^2 &= |\vec{a}|^2 = \vec{a}\cdot\vec{a} \\ &= \vec{a}\cdot(\vec{b}-\vec{c}) \quad (\text{wegen } \vec{a} = \vec{b}-\vec{c}) \\ &= \vec{a}\vec{b} - \vec{a}\vec{c} = -\vec{a}\vec{c} \quad (\text{wegen } \vec{a}\perp\vec{b}) \\ &= -(\vec{h}-\vec{p})\cdot\vec{c} \quad (\text{wegen } \vec{a} = \vec{h}-\vec{p}) \\ &= -\vec{h}\vec{c} + \vec{p}\vec{c} = \vec{p}\vec{c} \quad (\text{wegen } \vec{h}\perp\vec{c}) \\ &= |\vec{p}|\cdot|\vec{c}|\cdot\cos 0° = |\vec{p}|\cdot|\vec{c}|\cdot 1 = p\cdot c \end{aligned}$$

b)
$$\begin{aligned} b^2 &= |\vec{b}|^2 = \vec{b}\cdot\vec{b} \\ &= \vec{b}\cdot(\vec{c}+\vec{a}) \quad (\text{wegen } \vec{b} = \vec{c}+\vec{a}) \\ &= \vec{b}\vec{c} + \vec{b}\vec{a} = \vec{b}\vec{c} \quad (\text{wegen } \vec{b}\perp\vec{a}) \\ &= (\vec{q}+\vec{h})\cdot\vec{c} \quad (\text{wegen } \vec{q}+\vec{h} = \vec{b}) \\ &= \vec{q}\vec{c} + \vec{h}\vec{c} = \vec{q}\vec{c} \quad (\text{wegen } \vec{h}\perp\vec{c}) \\ &= |\vec{q}|\cdot|\vec{c}|\cdot\cos 0° = |\vec{q}|\cdot|\vec{c}|\cdot 1 = q\cdot c \end{aligned}$$

31.
$$\begin{aligned} 0 &= \vec{a}\vec{b} \quad (\text{wegen } \vec{b}\perp\vec{a}) \\ &= (\vec{h}-\vec{p})\cdot(\vec{h}+\vec{q}) \quad (\text{wegen } \vec{a} = \vec{h}-\vec{p},\ \ \vec{b} = \vec{h}+\vec{q}) \\ &= (\vec{h}-\vec{p})\cdot(\vec{q}+\vec{h}) = \vec{h}\vec{q} + \vec{h}\vec{h} - \vec{p}\vec{q} - \vec{p}\vec{h} \\ &= \vec{h}\vec{h} - \vec{p}\vec{q} \quad (\text{wegen } \vec{h}\vec{q} = 0,\ \vec{p}\vec{h} = 0) \\ &= h^2 - |\vec{p}|\cdot|\vec{q}|\cdot\cos 0° = h^2 - p\cdot q \end{aligned}$$

305 32.
$$\begin{aligned} \vec{a}\vec{b} &= (\vec{n}-\vec{r})\cdot(\vec{r}+\vec{n}) \quad (\text{wegen } \vec{a} = \vec{n}-\vec{r},\ \vec{b} = \vec{r}+\vec{n}) \\ &= \vec{n}\vec{r} + \vec{n}\vec{n} - \vec{r}\vec{r} - \vec{r}\vec{n} = \vec{n}\vec{n} - \vec{r}\vec{r} \quad (\text{wegen } \vec{n}\vec{r} = \vec{r}\vec{n}) \\ &= |\vec{n}|^2 - |\vec{r}|^2 = 0 \quad (\text{wegen } |\vec{n}|^2 = |\vec{r}|^2) \Rightarrow \vec{a}\perp\vec{b} \Rightarrow \text{rechter Winkel bei C} \end{aligned}$$

33. Bezeichnungen wie in der Abbildung im Lehrbuch.

Vor.:
(1) $\vec{y}\perp\vec{b}$, d.h. $\vec{y}\cdot\vec{b} = 0$
(2) $\vec{x}\perp\vec{a}$, d.h. $\vec{x}\cdot\vec{a} = 0$
(3) $\vec{b}+\vec{a} = \vec{c}$
(4) $\vec{b} = \vec{x}-\vec{z}$, $\vec{z} = \vec{x}-\vec{b}$
(5) $\vec{a} = \vec{z}-\vec{y}$, $\vec{z} = \vec{a}+\vec{y}$
(6) $\vec{c} = \vec{x}-\vec{y}$

Beweis:
$$\begin{aligned} \vec{z}\cdot\vec{c} &= \vec{z}\cdot(\vec{x}-\vec{y}) && \text{nach (6)} \\ &= \vec{z}\cdot\vec{x} - \vec{z}\cdot\vec{y} \\ &= (\vec{a}+\vec{y})\cdot\vec{x} - (\vec{x}-\vec{b})\cdot\vec{y} && (4),(5) \\ &= \vec{a}\cdot\vec{x} + \vec{y}\cdot\vec{x} - \vec{x}\cdot\vec{y} + \vec{b}\cdot\vec{y} \\ &= \vec{a}\cdot\vec{x} + \vec{b}\cdot\vec{y} \\ &= 0 + 0 && (1),(2) \\ &= 0 \end{aligned}$$

34. $\vec{d}_1 = \vec{a} + \vec{b}, \quad \vec{d}_2 = \vec{a} - \vec{b}$ 306

$\vec{d}_1 \cdot \vec{d}_2 = (\vec{a} + \vec{b}) \cdot (\vec{a} - \vec{b}) = \vec{a}^2 - \vec{b}^2 = |\vec{a}|^2 - |\vec{b}|^2 = 0$ (wegen $|\vec{a}| = |\vec{b}|$ bei einer Raute)

Also stehen die Diagonalen einer Raute immer senkrecht aufeinander.

35. $\vec{e} \cdot \vec{f} = (\vec{a} + \vec{b}) \cdot (-\vec{a} + \vec{b}) = -\vec{a}^2 + \vec{a}\vec{b} - \vec{a}\vec{b} + \vec{b}^2$

$= -|\vec{a}|^2 + |\vec{b}|^2 = 0$ (wegen $\vec{e} \perp \vec{f}$)

$\Rightarrow \quad |\vec{a}|^2 = |\vec{b}|^2 \Rightarrow |\vec{a}| = |\vec{b}| \Rightarrow$ Raute

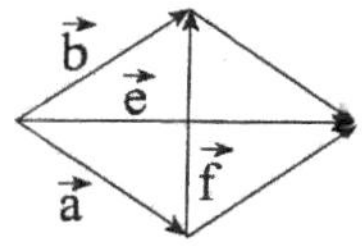

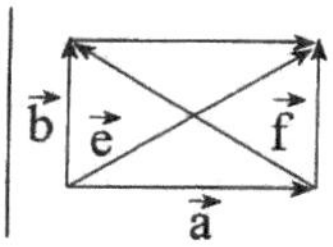

$\vec{a} \perp \vec{b}$

36. (i) $\vec{e} \perp \vec{f}$, zu zeigen: $|\vec{a}| = |\vec{b}|$

Beweis: $\vec{e} \cdot \vec{f} = (\vec{a} + \vec{b}) \cdot (-\vec{a} + \vec{b}) = -\vec{a}^2 + \vec{a}\vec{b} - \vec{a}\vec{b} + \vec{b}^2$

$= -|\vec{a}|^2 + |\vec{b}|^2 = 0$ (wegen $\vec{e} \perp \vec{f}$) $\Rightarrow \quad |\vec{a}|^2 = |\vec{b}|^2 \Rightarrow |\vec{a}| = |\vec{b}|$

(ii) Voraussetzung: Quadrat ($|\vec{a}| = |\vec{b}|$), zu zeigen: $\vec{e} \perp \vec{f}$

$\vec{e} \cdot \vec{f} = (\vec{a} + \vec{b}) \cdot (-\vec{a} + \vec{b}) = -\vec{a}^2 + \vec{a}\vec{b} - \vec{b}\vec{a} + \vec{b}^2$

$= -|\vec{a}|^2 + |\vec{b}|^2 = -|\vec{b}|^2 + |\vec{b}|^2$ (wegen $|\vec{a}| = |\vec{b}|$)

$= 0 \quad \Rightarrow \quad \vec{e} \perp \vec{f}$

37. a) Voraussetzung: $\vec{a} \perp \vec{b}$ (rechter Winkel bei C), zu zeigen: $a^2 + b^2 = c^2$

Beweis: $c^2 = |\vec{c}|^2 = \vec{c}^2 = (\vec{b} - \vec{a}) \cdot (\vec{b} - \vec{a}) = \vec{b}^2 - \underbrace{2\vec{a}\vec{b}}_{=0} + \vec{a}^2 = |\vec{b}|^2 + |\vec{a}|^2 = b^2 + a^2$

b) Voraussetzung: $a^2 + b^2 = c^2$, zu zeigen: $\vec{a} \perp \vec{b}$

Beweis: $c^2 = \underbrace{b^2 + a^2}_{\text{Vor.}} - 2\vec{a}\vec{b}$ (s. a)

$c^2 = c^2 - 2\vec{a}\vec{b} \quad |-c^2, \quad 0 = -2\vec{a}\vec{b} \quad |:(-2), \quad 0 = \vec{a}\vec{b} \quad \Rightarrow \quad \vec{a} \perp \vec{b}$

38. Voraussetzungen:

(1) $\vec{a} \perp \vec{b}$, d.h. $\vec{a} \cdot \vec{b} = 0$
(2) $\vec{a} \perp \vec{c}$, d.h. $\vec{a} \cdot \vec{c} = 0$
(3) $\vec{b} \perp \vec{c}$, d.h. $\vec{b} \cdot \vec{c} = 0$
(4) $|\vec{a}| = |\vec{b}|$
(5) $\vec{e} = -\vec{a} + \vec{b}$
(6) $\vec{f} = \vec{a} + \vec{b} + \vec{c}$

Beweis:

$\vec{e} \cdot \vec{f} = (-\vec{a} + \vec{b}) \cdot (\vec{a} + \vec{b} + \vec{c})$ (6),(5)

$= -\vec{a}^2 - \vec{a}\vec{b} - \vec{a}\vec{c} + \vec{b}\vec{a} + \vec{b}^2 + \vec{b}\vec{c}$

$= -|\vec{a}|^2 - \vec{a}\vec{b} - \vec{a}\vec{c} + \vec{a}\vec{b} + |\vec{b}|^2 + \vec{b}\vec{c}$

$= -|\vec{a}|^2 - 0 - 0 + 0 + |\vec{b}|^2 + 0$ (1),(2),(3)

$= 0$ (wegen $|\vec{a}|^2 = |\vec{b}|^2$ (4)) $\Rightarrow \quad \vec{e} \perp \vec{f}$

39. zu zeigen: $e^2 + f^2 = 2(a^2 + b^2)$

Beweis: $e^2 + f^2 = |\vec{e}|^2 + |\vec{f}|^2 = \vec{e}^2 + \vec{f}^2 = (\vec{a} + \vec{b})^2 + (\vec{b} - \vec{a})^2$

$= \vec{a}^2 + 2\vec{a}\vec{b} + \vec{b}^2 + \vec{b}^2 - 2\vec{b}\vec{a} + \vec{a}^2$

$= 2\vec{a}^2 + 2\vec{b}^2 = 2|\vec{a}|^2 + 2|\vec{b}|^2 = 2a^2 + 2b^2 = 2(a^2 + b^2)$

306 40. Voraussetzungen: $\vec{c} = \vec{b} - \vec{a}$, $\vec{c} \cdot \vec{h}_c = 0$, $\gamma = \gamma_1 + \gamma_2$

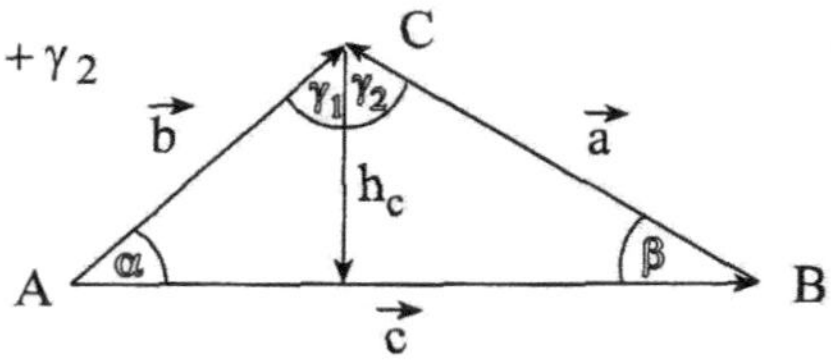

Beweis: $\vec{c} \cdot \vec{h}_c = (\vec{b} - \vec{a}) \cdot \vec{h}_c = \vec{b} \cdot \vec{h}_c - \vec{a} \cdot \vec{h}_c = 0$

$$\Rightarrow \vec{b} \cdot \vec{h}_c = \vec{a} \cdot \vec{h}_c$$
$$\Rightarrow |\vec{b}| \cdot |\vec{h}_c| \cdot \cos\gamma_1 = |\vec{a}| \cdot |\vec{h}_c| \cdot \cos\gamma_2$$
$$\Rightarrow b \cdot \cos\gamma_1 = a \cdot \cos\gamma_2$$
$$\Rightarrow b \cdot \frac{h_c}{b} = a \cdot \frac{h_c}{a} \Rightarrow b \cdot \sin\alpha = a \cdot \sin\beta \Rightarrow \frac{\sin\alpha}{\sin\beta} = \frac{a}{b}$$

307 41. $W = |\vec{F}| \cdot |\vec{s}| \cdot \cos 40° = 2500 \cdot 10000 \cdot \cos 40° \approx 19151111{,}08\,\text{Nm}$

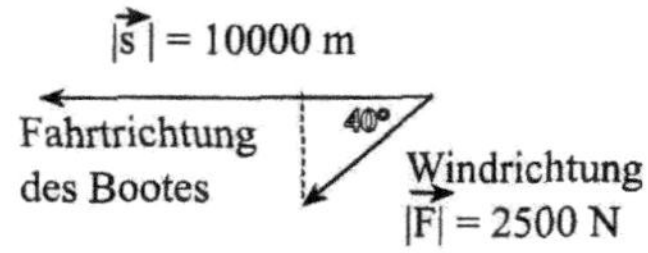

309 42. E_1: $2R_1 + 9R_2 + 6R_3$, E_2: $4R_1 + 16R_2 + 13R_3$

2. Exkurs: Das Vektorprodukt

311 1. a) $\begin{pmatrix}2\\1\\5\end{pmatrix} \times \begin{pmatrix}3\\4\\2\end{pmatrix} = \begin{pmatrix}1\cdot2-5\cdot4\\5\cdot3-2\cdot2\\2\cdot4-1\cdot3\end{pmatrix} = \begin{pmatrix}-18\\11\\5\end{pmatrix}$ b) $\begin{pmatrix}-1\\3\\7\end{pmatrix} \times \begin{pmatrix}2\\0\\1\end{pmatrix} = \begin{pmatrix}3\cdot1-7\cdot0\\7\cdot2-(-1)\cdot1\\(-1)\cdot0-3\cdot2\end{pmatrix} = \begin{pmatrix}3\\15\\-6\end{pmatrix}$

c) $\begin{pmatrix}1\\8\\0\end{pmatrix} \times \begin{pmatrix}-2\\-1\\1\end{pmatrix} = \begin{pmatrix}8\cdot1-0\cdot(-1)\\0\cdot(-2)-1\cdot1\\1\cdot(-1)-8\cdot(-2)\end{pmatrix} = \begin{pmatrix}8\\-1\\15\end{pmatrix}$ d) $\begin{pmatrix}2\\1\\3\end{pmatrix} \times \begin{pmatrix}4\\2\\6\end{pmatrix} = \begin{pmatrix}6-6\\12-12\\4-4\end{pmatrix} = \begin{pmatrix}0\\0\\0\end{pmatrix}$

2. a) $\begin{pmatrix}1\\1\\-3\end{pmatrix} \times \begin{pmatrix}5\\-2\\3\end{pmatrix} = \begin{pmatrix}3-6\\-15-3\\-2-5\end{pmatrix} = \begin{pmatrix}-3\\-18\\-7\end{pmatrix}$ b) $\begin{pmatrix}9\\6\\5\end{pmatrix}$ c) $\begin{pmatrix}-9\\-6\\11\end{pmatrix}$ d) $\begin{pmatrix}-9\\-6\\-5\end{pmatrix}$ e) $\begin{pmatrix}1\\1\\-3\end{pmatrix} \times \begin{pmatrix}-9\\-6\\11\end{pmatrix} = \begin{pmatrix}-7\\16\\3\end{pmatrix}$

312 3. (2) $(r \cdot \vec{a}) \times \vec{b} = \begin{pmatrix}ra_1\\ra_2\\ra_3\end{pmatrix} \times \begin{pmatrix}b_1\\b_2\\b_3\end{pmatrix} = \begin{pmatrix}(ra_2)b_3-(ra_3)b_2\\(ra_3)b_1-(ra_1)b_3\\(ra_1)b_2-(ra_2)b_1\end{pmatrix} = \begin{pmatrix}r(a_2b_3-a_3b_2)\\r(a_3b_1-a_1b_3)\\r(a_1b_2-a_2b_1)\end{pmatrix} = r\begin{pmatrix}a_2b_3-a_3b_2\\a_3b_1-a_1b_3\\a_1b_2-a_2b_1\end{pmatrix} = r \cdot (\vec{a} \times \vec{b})$

(3) $\vec{a} \times (\vec{b} + \vec{c}) = \begin{pmatrix}a_1\\a_2\\a_3\end{pmatrix} \times \begin{pmatrix}b_1+c_1\\b_2+c_2\\b_3+c_3\end{pmatrix} = \begin{pmatrix}a_2(b_3+c_3)-a_3(b_2+c_2)\\a_3(b_1+c_1)-a_1(b_3+c_3)\\a_1(b_2+c_2)-a_2(b_1+c_1)\end{pmatrix} = \begin{pmatrix}a_2b_3-a_3b_2+a_2c_3-a_3c_2\\a_3b_1-a_1b_3+a_3c_1-a_1c_3\\a_1b_2-a_2b_1+a_1c_2-a_2c_1\end{pmatrix}$

$$= \begin{pmatrix}a_2b_3-a_3b_2\\a_3b_1-a_1b_3\\a_1b_2-a_2b_1\end{pmatrix} + \begin{pmatrix}a_2c_3-a_3c_2\\a_3c_1-a_1c_3\\a_1c_2-a_2c_1\end{pmatrix} = (\vec{a} \times \vec{b}) + (\vec{a} \times \vec{c})$$

4. $\vec{a} \times \vec{a} = \begin{pmatrix}a_1\\a_2\\a_3\end{pmatrix} \times \begin{pmatrix}a_1\\a_2\\a_3\end{pmatrix} = \begin{pmatrix}a_2a_3-a_3a_2\\a_3a_1-a_1a_3\\a_1a_2-a_2a_1\end{pmatrix} = \begin{pmatrix}0\\0\\0\end{pmatrix} = \vec{0}$

5. Voraussetzungen: $\vec{a}, \vec{b}$ l.a. $\Rightarrow \vec{b} = r \cdot \vec{a}$ $(r \in \mathbb{R})$ o.B.d.A.

$$\Rightarrow \vec{a} \times \vec{b} = \vec{a} \times (r \cdot \vec{a}) = r \cdot (\vec{a} \times \vec{a}) = r \cdot \vec{0} = \vec{0}$$

6. Das Gesetz $(\vec{a} \times \vec{b}) \times \vec{c} = \vec{a} \times (\vec{b} \times \vec{c})$ ist nicht für alle $\vec{a}, \vec{b}, \vec{c}$ des Raumes gültig.

Gegenbeispiel: $\vec{a} = \begin{pmatrix}1\\1\\2\end{pmatrix}, \vec{b} = \begin{pmatrix}2\\0\\1\end{pmatrix}, \vec{c} = \begin{pmatrix}3\\1\\-1\end{pmatrix}$

$$(\vec{a} \times \vec{b}) \times \vec{c} = \begin{pmatrix}1\\3\\-2\end{pmatrix} \times \begin{pmatrix}3\\1\\-1\end{pmatrix} = \begin{pmatrix}-1\\-5\\-8\end{pmatrix}, \vec{a} \times (\vec{b} \times \vec{c}) = \begin{pmatrix}1\\1\\2\end{pmatrix} \times \begin{pmatrix}-1\\5\\2\end{pmatrix} = \begin{pmatrix}-8\\-4\\6\end{pmatrix}$$

7. a) $\vec{a}\times\vec{b}-\vec{b}\times\vec{a}=\vec{0}$ falsch 312
$\vec{a}\times\vec{b}-\vec{b}\times\vec{a}=\vec{a}\times\vec{b}+\vec{a}\times\vec{b}=2(\vec{a}\times\vec{b})\neq\vec{0}$ falls $\vec{a},\vec{b}$ l.u.

b) $(\vec{a}+\vec{b})\times(\vec{a}+\vec{b})=\vec{0}$ nach Ü4
$\vec{a}\times\vec{a}+\vec{b}\times\vec{b}=\vec{0}+\vec{0}=\vec{0}$ nach Ü4 $\Rightarrow$ $(\vec{a}+\vec{b})\times(\vec{a}+\vec{b})=\vec{a}\times\vec{a}+\vec{b}\times\vec{b}=\vec{0}$

Knobelaufgabe

Es ist ganz egal, wie gut umgerührt wird, im Rotwein befindet sich nun genausoviel Weißwein, wie sich im Weißwein Rotwein befindet. Begründung: Nach der Umfüllaktion sind beide Gläser gleich voll. Die im Weißweinglas verbliebene Rotweinmenge hat eine gleiche Menge Weißwein verdrängt. Wo anders als im Rotweinglas sollte sich diese Weisweinmenge aber nun befinden?

8. a) $\vec{a}=\overrightarrow{AB}=\begin{pmatrix}1\\6\\-4\end{pmatrix}$, $\vec{b}=\overrightarrow{AD}=\begin{pmatrix}-4\\1\\1\end{pmatrix}$ 313

$A=|\vec{a}\times\vec{b}|=\left|\begin{pmatrix}1\\6\\-4\end{pmatrix}\times\begin{pmatrix}-4\\1\\1\end{pmatrix}\right|=\left|\begin{pmatrix}10\\15\\25\end{pmatrix}\right|=\sqrt{10^2+15^2+25^2}\approx 30{,}82$

b) $\vec{a}=\overrightarrow{AB}=\begin{pmatrix}-5\\4\\0\end{pmatrix}$, $\vec{b}=\overrightarrow{AC}=\begin{pmatrix}-5\\0\\6\end{pmatrix}$, $A=\frac{1}{2}|\vec{a}\times\vec{b}|=\frac{1}{2}\left|\begin{pmatrix}-5\\4\\0\end{pmatrix}\times\begin{pmatrix}-5\\0\\6\end{pmatrix}\right|=\frac{1}{2}\left|\begin{pmatrix}24\\30\\20\end{pmatrix}\right|\approx 21{,}66$

9. $V=|(\vec{a}\times\vec{b})\cdot\vec{c}|=\left|\left(\begin{pmatrix}8\\0\\0\end{pmatrix}\times\begin{pmatrix}2\\2\\1\end{pmatrix}\right)\cdot\begin{pmatrix}1\\1\\3\end{pmatrix}\right|=\left|\begin{pmatrix}0\\-8\\16\end{pmatrix}\cdot\begin{pmatrix}1\\1\\3\end{pmatrix}\right|=|0-8+48|=40$ 314

10. $\vec{a}=\overrightarrow{AB}=\begin{pmatrix}-3\\1\\-1\end{pmatrix}$, $\vec{b}=\overrightarrow{AC}=\begin{pmatrix}-3\\-3\\1\end{pmatrix}$, $\vec{c}=\overrightarrow{AD}=\begin{pmatrix}-3\\0\\3\end{pmatrix}$

$V=\frac{1}{6}|(\vec{a}\times\vec{b})\cdot\vec{c}|=\frac{1}{6}\left|\left(\begin{pmatrix}-3\\1\\-1\end{pmatrix}\begin{pmatrix}-3\\-3\\1\end{pmatrix}\right)\cdot\begin{pmatrix}-3\\0\\3\end{pmatrix}\right|=\frac{1}{6}\left|\begin{pmatrix}-2\\6\\12\end{pmatrix}\cdot\begin{pmatrix}-3\\0\\3\end{pmatrix}\right|=\frac{1}{6}|6+36|=7$

11. a) $\vec{a}\times\vec{b}=\begin{pmatrix}2\\-10\\-6\end{pmatrix}$ b) $\vec{a}\times\vec{b}=\begin{pmatrix}8\\16\\4\end{pmatrix}$ c) $\vec{a}\times\vec{b}=\begin{pmatrix}0\\4\\2\end{pmatrix}$ 315

12. a) $\vec{a}\times\vec{b}=\begin{pmatrix}-1\\3\\9\end{pmatrix}$, $\vec{b}\times\vec{a}=\begin{pmatrix}1\\-3\\-9\end{pmatrix}$, $\vec{c}\times\vec{a}=\begin{pmatrix}-5\\-6\\24\end{pmatrix}$, $(\vec{a}\times\vec{b})\times\vec{c}=\begin{pmatrix}-33\\1\\-4\end{pmatrix}$

$(\vec{a}\times\vec{b})\cdot\vec{c}=\begin{pmatrix}-1\\3\\9\end{pmatrix}\cdot\begin{pmatrix}0\\4\\1\end{pmatrix}=12+9=21$

b) $\begin{pmatrix}-1\\3\\9\end{pmatrix}\cdot\begin{pmatrix}-6\\1\\-1\end{pmatrix}=0\Rightarrow\vec{a}\times\vec{b}\perp\vec{a}$, $\begin{pmatrix}-1\\3\\9\end{pmatrix}\cdot\begin{pmatrix}3\\-2\\1\end{pmatrix}=0\Rightarrow\vec{a}\times\vec{b}\perp\vec{b}$

c) $\vec{a}\times\vec{b}$ und $\vec{b}\times\vec{a}$ stehen beide senkrecht zu $\vec{a}$ und $\vec{b}$ (gemeinsam).
$\vec{b}\times\vec{a}$ hat dieselbe Länge wie $\vec{a}\times\vec{b}$, weist nur in die entgegengesetzte Richtung, da $\vec{b}\times\vec{a}=-\vec{a}\times\vec{b}$ ist.
Während $\vec{a},\vec{b},\vec{a}\times\vec{b}$ ein Rechtssystem bilden, bilden $\vec{a},\vec{b},\vec{b}\times\vec{a}$ ein Linkssystem.

315 13. $(r\cdot\vec{a})\times(s\vec{b})=\begin{pmatrix}ra_1\\ra_2\\ra_3\end{pmatrix}\times\begin{pmatrix}sb_1\\sb_2\\sb_3\end{pmatrix}=\begin{pmatrix}ra_2\cdot sb_3-ra_3\cdot sb_2\\ra_3\cdot sb_1-ra_1\cdot sb_3\\ra_1\cdot sb_2-ra_2\cdot sb_1\end{pmatrix}=\begin{pmatrix}rs(a_2b_3-a_3b_2)\\rs(a_3b_1-a_1b_3)\\rs(a_1b_2-a_2b_1)\end{pmatrix}=r\cdot s\begin{pmatrix}a_2b_3-a_3b_2\\a_3b_1-a_1b_3\\a_1b_2-a_2b_1\end{pmatrix}$

$=r\cdot s\cdot(\vec{a}\times\vec{b})$

14. $(\vec{a}\times\vec{b})\cdot\vec{c}=\begin{pmatrix}a_2b_3-a_3b_2\\a_3b_1-a_1b_3\\a_1b_2-a_2b_1\end{pmatrix}\cdot\begin{pmatrix}c_1\\c_2\\c_3\end{pmatrix}$

$=a_2b_3c_1-a_3b_2c_1+a_3b_1c_2-a_1b_3c_2+a_1b_2c_3-a_2b_1c_3$

$(\vec{b}\times\vec{c})\cdot\vec{a}=\begin{pmatrix}b_2c_3-b_3c_2\\b_3c_1-b_1c_3\\b_1c_2-b_2c_1\end{pmatrix}\cdot\begin{pmatrix}a_1\\a_2\\a_3\end{pmatrix}$

$=b_2c_3a_1-b_3c_2a_1+b_3c_1a_2-b_1c_3a_2+b_1c_2a_3-b_2c_1a_3$

$(\vec{c}\times\vec{a})\cdot\vec{b}=\begin{pmatrix}c_2a_3-c_3a_2\\c_3a_1-c_1a_3\\c_1a_2-c_2a_1\end{pmatrix}\cdot\begin{pmatrix}b_1\\b_2\\b_3\end{pmatrix}$

$=c_2a_3b_1-c_3a_2b_1+c_3a_1b_2-c_1a_3b_2+c_1a_2b_3-c_2a_1b_3$

Alle 3 rechten Seiten stimmen überein.

15. a) $\vec{a}=\overrightarrow{AB}=\begin{pmatrix}-2\\4\\-3\end{pmatrix},\quad \vec{b}=\overrightarrow{AC}=\begin{pmatrix}-2\\3\\0\end{pmatrix},\quad A=\frac{1}{2}|\vec{a}\times\vec{b}|=\frac{1}{2}\left|\begin{pmatrix}-2\\4\\-3\end{pmatrix}\times\begin{pmatrix}-2\\3\\0\end{pmatrix}\right|=\frac{1}{2}\left|\begin{pmatrix}9\\6\\2\end{pmatrix}\right|=\frac{11}{2}=5{,}5$

b) $\vec{a}=\overrightarrow{AB}=\begin{pmatrix}-2\\3\\3\end{pmatrix},\quad \vec{b}=\overrightarrow{AC}=\begin{pmatrix}-3\\0\\5\end{pmatrix},\quad A=\frac{1}{2}|\vec{a}\times\vec{b}|=\frac{1}{2}\left|\begin{pmatrix}-2\\3\\3\end{pmatrix}\times\begin{pmatrix}-3\\0\\5\end{pmatrix}\right|=\frac{1}{2}\left|\begin{pmatrix}15\\1\\9\end{pmatrix}\right|\approx 8{,}76$

16. a) $\overrightarrow{AB}=\begin{pmatrix}6\\2\\2\end{pmatrix}=\overrightarrow{DC},\quad \overrightarrow{BC}=\begin{pmatrix}-2\\6\\-10\end{pmatrix}=\overrightarrow{AD}$ b) $A=\left|\begin{pmatrix}6\\2\\2\end{pmatrix}\times\begin{pmatrix}-2\\6\\-10\end{pmatrix}\right|=\left|\begin{pmatrix}-32\\56\\40\end{pmatrix}\right|=\sqrt{5760}\approx 75{,}89$

17. $\vec{a}=\overrightarrow{AB}=\begin{pmatrix}0\\7\\0\end{pmatrix},\quad \vec{b}=\overrightarrow{BC}=\begin{pmatrix}-3\\0\\0\end{pmatrix}$

$\vec{c}=\overrightarrow{AE}=\begin{pmatrix}-1\\1\\4\end{pmatrix}$

$V=\left|\left(\begin{pmatrix}0\\7\\0\end{pmatrix}\times\begin{pmatrix}-3\\0\\0\end{pmatrix}\right)\cdot\begin{pmatrix}-1\\1\\4\end{pmatrix}\right|=\left|\begin{pmatrix}0\\0\\21\end{pmatrix}\cdot\begin{pmatrix}-1\\1\\4\end{pmatrix}\right|=84$

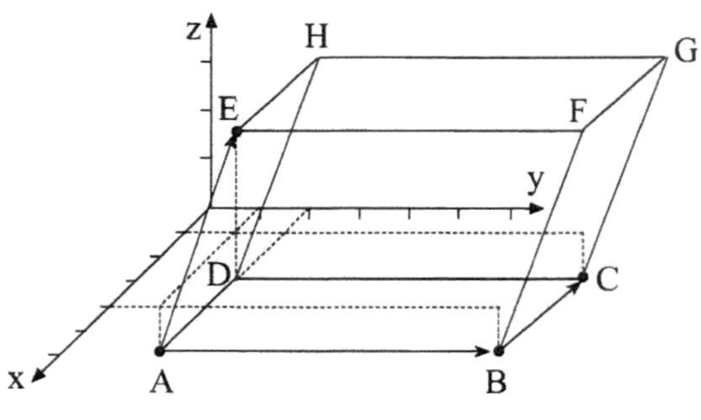

18. a) $\vec{a}=\overrightarrow{AB}=\begin{pmatrix}-5\\4\\0\end{pmatrix},\quad \vec{b}=\overrightarrow{AC}=\begin{pmatrix}-5\\0\\0\end{pmatrix},\quad \vec{c}=\overrightarrow{AD}=\begin{pmatrix}-3\\2\\6\end{pmatrix}$

$V=\frac{1}{6}|(\vec{a}\times\vec{b})\cdot\vec{c}|=\frac{1}{6}\left|\left(\begin{pmatrix}-5\\4\\0\end{pmatrix}\times\begin{pmatrix}-5\\0\\0\end{pmatrix}\right)\cdot\begin{pmatrix}-3\\2\\6\end{pmatrix}\right|=\frac{1}{6}\left|\begin{pmatrix}0\\0\\20\end{pmatrix}\cdot\begin{pmatrix}-3\\2\\6\end{pmatrix}\right|=20$

b) $\vec{a}=\overrightarrow{AB}=\begin{pmatrix}-3\\4\\-2\end{pmatrix},\quad \vec{b}=\overrightarrow{AC}=\begin{pmatrix}-5\\1\\-1\end{pmatrix},\quad \vec{c}=\overrightarrow{AD}=\begin{pmatrix}-3\\1\\4\end{pmatrix}$

$V=\frac{1}{6}|(\vec{a}\times\vec{b})\cdot\vec{c}|=\frac{1}{6}\left|\left(\begin{pmatrix}-3\\4\\-2\end{pmatrix}\times\begin{pmatrix}-5\\1\\-1\end{pmatrix}\right)\cdot\begin{pmatrix}-3\\1\\4\end{pmatrix}\right|=\frac{1}{6}\left|\begin{pmatrix}-2\\7\\17\end{pmatrix}\cdot\begin{pmatrix}-3\\1\\4\end{pmatrix}\right|=13{,}5$

19. **Druckfehler** in 1.-5. Druck: D(0|-2|0) 315

Die Pyramide mit viereckiger Grundfläche kann in zwei Pyramiden mit dreieckiger Grundfläche zerlegt werden, z.B. in die Pyramide P_1 mit der Grundfläche ACD und der Spitze S und in die Pyramide P_2 mit der Grundfläche ABC und der Spitze S. Wir können die Volumina von P_1 und P_2 mit dem Spatprodukt berechnen.

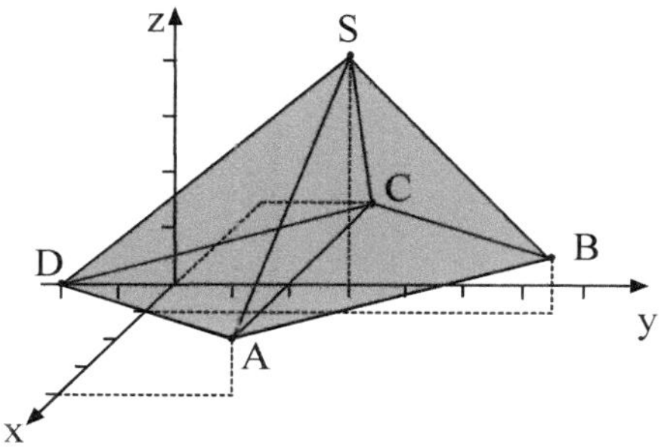

$$V(P_1) = \tfrac{1}{6}\left|(\overrightarrow{AC} \times \overrightarrow{AD}) \cdot \overrightarrow{AS}\right| = \tfrac{1}{6}\left|\left(\begin{pmatrix}-7\\-1\\-1\end{pmatrix} \times \begin{pmatrix}-4\\-5\\-1\end{pmatrix}\right) \cdot \begin{pmatrix}-4\\0\\3\end{pmatrix}\right| = \tfrac{1}{6}\left|\begin{pmatrix}-4\\-3\\31\end{pmatrix} \cdot \begin{pmatrix}-4\\0\\3\end{pmatrix}\right| = \tfrac{109}{6}$$

$$V(P_2) = \tfrac{1}{6}\left|(\overrightarrow{AB} \times \overrightarrow{AC}) \cdot \overrightarrow{AS}\right| = \tfrac{1}{6}\left|\left(\begin{pmatrix}-3\\4\\0\end{pmatrix} \times \begin{pmatrix}-7\\-1\\-1\end{pmatrix}\right) \cdot \begin{pmatrix}-4\\0\\3\end{pmatrix}\right| = \tfrac{1}{6}\left|\begin{pmatrix}-4\\-3\\31\end{pmatrix} \cdot \begin{pmatrix}-4\\0\\3\end{pmatrix}\right| = \tfrac{109}{6}$$

$$V(P) = V(P_1) + V(P_2) = \tfrac{109}{3}$$

20. a) Annahme: $(\vec{a} \times \vec{b}) \cdot \vec{c} = 0$. Dann ist $\vec{c}$ orthogonal zu $\vec{a} \times \vec{b}$.
Da $\vec{a} \times \vec{b}$ orthogonal zu $\vec{a}$ und zu $\vec{b}$ ist, liegt $\vec{c}$ in der von $\vec{a}$ und $\vec{b}$ aufgespannten Ebene. $\vec{a}, \vec{b}, \vec{c}$ sind dann l.a.
Folglich folgt aus $(\vec{a} \times \vec{b}) \cdot \vec{c} \neq 0$, dass $\vec{a}, \vec{b}, \vec{c}$ l.u. sind.

b) Annahme: $\vec{a}, \vec{b}, \vec{c}$ l.a. $\Rightarrow$

1. Fall: $\vec{c}$ lässt sich als Linearkombination von $\vec{a}$ und $\vec{b}$ ausdrücken. $\vec{c}$ liegt in der von $\vec{a}$ und $\vec{b}$ aufgespannten Ebene (Der Spat hat das Volumen 0). Oder: $\vec{a} \times \vec{b}$ ist senkrecht auf dieser Ebene, also auch auf $\vec{c}$, daraus folgt:
$(\vec{a} \times \vec{b}) \cdot \vec{c} = 0$.

2. Fall: $\vec{a}$ oder $\vec{b}$ lässt sich als Linearkombination darstellen. o.B.d.A. sei es $\vec{a}$.
$\vec{a}$ liegt in der von $\vec{b}$ und $\vec{c}$ aufgespannten Ebene.
$\vec{b} \times \vec{c}$ ist senkrecht zu $\vec{a}$: $(\vec{b} \times \vec{c}) \cdot \vec{a} = 0$
Nach Übung 14 gilt: $(\vec{a} \times \vec{b}) \cdot \vec{c} = (\vec{b} \times \vec{c}) \cdot \vec{a} = 0$

Daher gilt: $\vec{a}, \vec{b}, \vec{c}$ l.a. $\Rightarrow (\vec{a} \times \vec{b}) \cdot \vec{c} = 0$
Folglich: $\vec{a}, \vec{b}, \vec{c}$ l.u. $\Rightarrow (\vec{a} \times \vec{b}) \cdot \vec{c} \neq 0$

c) $\vec{a} = \begin{pmatrix}1\\2\\4\end{pmatrix}, \quad \vec{b} = \begin{pmatrix}-2\\3\\1\end{pmatrix}, \quad \vec{c} = \begin{pmatrix}2\\0\\-3\end{pmatrix}$

$\vec{a}, \vec{b}, \vec{c}$ sind l.u., wenn $(\vec{a} \times \vec{b}) \cdot \vec{c} \neq 0$ ist. Wir bilden also $(\vec{a} \times \vec{b}) \cdot \vec{c}$:

$$(\vec{a} \times \vec{b}) \cdot \vec{c} = \left(\begin{pmatrix}1\\2\\4\end{pmatrix} \times \begin{pmatrix}-2\\3\\1\end{pmatrix}\right) \cdot \begin{pmatrix}2\\0\\-3\end{pmatrix} = \begin{pmatrix}-10\\-9\\7\end{pmatrix} \cdot \begin{pmatrix}2\\0\\-3\end{pmatrix} = -20 - 21 = -41 \neq 0$$

Zusammengesetzte Aufgaben

316 1. a) $\overrightarrow{AB} = \begin{pmatrix} -3 \\ 3 \end{pmatrix}$, $\overrightarrow{AC} = \begin{pmatrix} -6 \\ 0 \end{pmatrix}$, $\overrightarrow{BC} = \begin{pmatrix} -3 \\ -3 \end{pmatrix}$

$|\overrightarrow{AB}| = |\overrightarrow{BC}| = \sqrt{18}$, das Dreieck ist gleichschenklig.

$\overrightarrow{AB} \cdot \overrightarrow{BC} = 0$, das Dreieck ist rechtwinklig.

b) $A = \frac{1}{2} |\overrightarrow{AB}| \cdot |\overrightarrow{BC}| = 9$

c) $\overrightarrow{OD} = \overrightarrow{OA} + \overrightarrow{BC} = \begin{pmatrix} 2 \\ -2 \end{pmatrix}$, D(2 | −2)

d) $\overrightarrow{OM} = \overrightarrow{OA} + \frac{1}{2}\overrightarrow{AC} = \begin{pmatrix} 2 \\ 1 \end{pmatrix}$, M(2 | 1)

2. a) $\overrightarrow{AB} = \begin{pmatrix} -4 \\ -2 \\ -6 \end{pmatrix}$, $\overrightarrow{AC} = \begin{pmatrix} -4 \\ 0 \\ 3 \end{pmatrix}$

$r \cdot \overrightarrow{AC} \neq \overrightarrow{AB}$ für alle $r \in \mathbb{R}$, die Vektoren sind nicht kollinear.

b) $\overrightarrow{OD} = \overrightarrow{OA} + \overrightarrow{BC} = \begin{pmatrix} 2 \\ 2 \\ 3 \end{pmatrix} + \begin{pmatrix} -2 \\ 2 \\ 9 \end{pmatrix} = \begin{pmatrix} 0 \\ 4 \\ 12 \end{pmatrix}$, D(0 | 4 | 12)

c) Winkel α: $\cos\alpha = \frac{\overrightarrow{AB} \cdot \overrightarrow{AC}}{|\overrightarrow{AB}||\overrightarrow{AC}|} = \frac{6}{\sqrt{56} \cdot \sqrt{45}}$, $\alpha \approx 83{,}1°$

Winkel β: $\cos\beta = \frac{\overrightarrow{BA} \cdot \overrightarrow{BC}}{|\overrightarrow{BA}||\overrightarrow{BC}|} = \frac{50}{\sqrt{56} \cdot \sqrt{89}}$, $\beta \approx 44{,}9°$

3. a) $\overrightarrow{AB} = \begin{pmatrix} 3 \\ 4 \\ 8 \end{pmatrix}$, $\overrightarrow{AC_t} = \begin{pmatrix} 0 \\ t-1 \\ 4 \end{pmatrix}$, $\overrightarrow{BC_t} = \begin{pmatrix} -3 \\ t-5 \\ -4 \end{pmatrix}$

$r \cdot \overrightarrow{AC_t} \neq \overrightarrow{AB}$ für alle $r \in \mathbb{R}$, die Vektoren sind nicht kollinear.

$s \cdot \overrightarrow{AC_t} \neq \overrightarrow{BC}$ für alle $s \in \mathbb{R}$, die Vektoren sind nicht kollinear.

b) $\overrightarrow{AB} \cdot \overrightarrow{AC_t} = 4t + 28 = 0$ für $t = -7$.

c) $A = \frac{1}{2} \cdot |\overrightarrow{AB} \times \overrightarrow{AC_2}| = \frac{1}{2} \cdot \left| \begin{pmatrix} 3 \\ 4 \\ 8 \end{pmatrix} \times \begin{pmatrix} 0 \\ 1 \\ 4 \end{pmatrix} \right| = \frac{1}{2} \cdot \left| \begin{pmatrix} 8 \\ -12 \\ 3 \end{pmatrix} \right| = \frac{1}{2}\sqrt{217}$

4. a) $\overrightarrow{AB} = \overrightarrow{DC} = \begin{pmatrix} -3 \\ 3 \\ 0 \end{pmatrix}$, $\overrightarrow{BC} = \overrightarrow{AD} = \begin{pmatrix} -3 \\ -3 \\ 0 \end{pmatrix}$ 316

alle Seiten haben die gleiche Länge (Parallelogramm)

$\overrightarrow{AB} \cdot \overrightarrow{BC} = 0$ (rechter Winkel)

b)

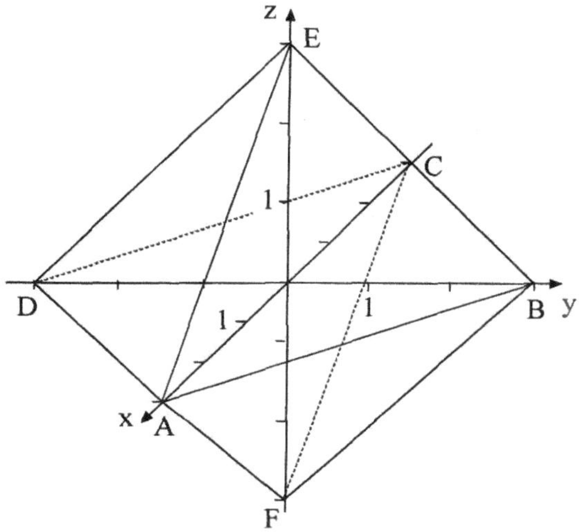

c) Volumen: Beide Pyramiden haben das gleiche Volumen.

$V = 2 \cdot \frac{1}{3} \cdot |\overrightarrow{AB}| \cdot |\overrightarrow{AD}| \cdot |\overrightarrow{OE}| = 36$

Oberfläche: Die 8 Dreiecke haben den gleichen Flächeninhalt.

$O = 8 \cdot \frac{1}{2} \cdot |\overrightarrow{DA} \times \overrightarrow{DE}| = 4 \cdot 9 \cdot \sqrt{3}$

5. a) $\overrightarrow{DA} \cdot \overrightarrow{OB_t} = 6 - 6t = 0$ nur für $t = 1$

$\overrightarrow{DA} \cdot \overrightarrow{OC_t} = 4t - 4 = 0$ nur für $t = 1$

$\overrightarrow{OB_t} \cdot \overrightarrow{OC_t} = t - 1 = 0$ nur für $t = 1$

b) $V = \frac{1}{6} \cdot |\overrightarrow{OA}| \cdot |\overrightarrow{OB_1}| \cdot |\overrightarrow{OC_1}|$

$= \frac{1}{6} \cdot \sqrt{12} \cdot \sqrt{14} \cdot \sqrt{42} = 14$

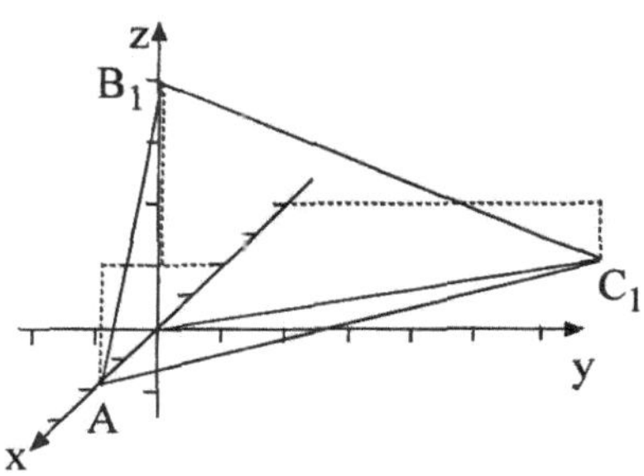

316 5. c) $\overrightarrow{AB_1} = \begin{pmatrix} 0 \\ 1 \\ 5 \end{pmatrix}$, $\overrightarrow{AC_1} = \begin{pmatrix} -2 \\ 7 \\ 1 \end{pmatrix}$, $\overrightarrow{B_1C_1} = \begin{pmatrix} -2 \\ 6 \\ -4 \end{pmatrix}$

Winkel bei A: $\cos\alpha = \frac{12}{\sqrt{26}\cdot\sqrt{54}}$, $\alpha \approx 71{,}32°$

Winkel bei B_1: $\cos\beta = \frac{14}{\sqrt{26}\cdot\sqrt{56}}$, $\beta \approx 68{,}48°$

Winkel bei C_1: $\gamma \approx 40{,}20°$

d) Mittelpunkt von $\overrightarrow{OA}$: $M_1(-1;-1;-1)$

Mittelpunkt von $\overrightarrow{AB}_t$: $M_2(-2;-1{,}5;\frac{3t-2}{2})$

Mittelpunkt von $\overrightarrow{B_tC}_t$: $M_3(-t-2;2;\frac{3t-1}{2})$, $\overrightarrow{M_1M_2} = \overrightarrow{M_4M_3} = \begin{pmatrix} -1 \\ -0{,}5 \\ 1{,}5t \end{pmatrix}$

Mittelpunkt von $\overrightarrow{C_tO}$: $M_4(-t-1;2{,}5;-0{,}5)$, $\overrightarrow{M_2M_3} = \overrightarrow{M_1M_4} = \begin{pmatrix} -t \\ 3{,}5 \\ 0{,}5 \end{pmatrix}$

Damit hat das Viereck OAB_tC_t zwei Paare gleichlanger Seiten, es ist ein Parallelogramm.

6. b) Mit den Bezeichnungen der Zeichnung:

a)

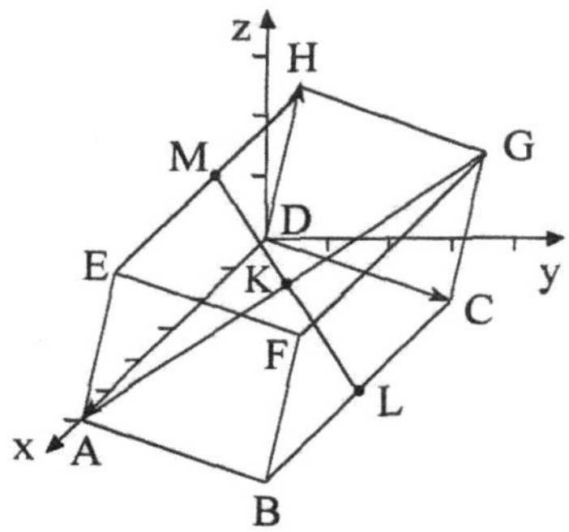

$\overrightarrow{OM} = \frac{1}{2}\vec{a} + \vec{c} = \begin{pmatrix} 4 \\ 1 \\ 3 \end{pmatrix}$, $\overrightarrow{OL} = \frac{1}{2}\vec{a} + \vec{b} = \begin{pmatrix} 5 \\ 4 \\ 0 \end{pmatrix}$

$\overrightarrow{OK} = \frac{1}{2}\vec{a} + \frac{1}{2}\vec{b} + \frac{1}{2}\vec{c} = \frac{1}{2}\begin{pmatrix} 9 \\ 5 \\ 3 \end{pmatrix}$

c) $\overrightarrow{OM} + \frac{1}{2}\overrightarrow{ML} = \begin{pmatrix} 4 \\ 1 \\ 3 \end{pmatrix} + \frac{1}{2}\begin{pmatrix} 1 \\ 3 \\ -3 \end{pmatrix} = \begin{pmatrix} 4{,}5 \\ 2{,}5 \\ 1{,}5 \end{pmatrix} = \frac{1}{2}\begin{pmatrix} 9 \\ 5 \\ 3 \end{pmatrix} = \overrightarrow{OK}$

K teilt ML im Verhältnis 1:1.

Test

1. a) $\overrightarrow{AB} = \begin{pmatrix} -1 \\ 4 \end{pmatrix}$, $\overrightarrow{AC} = \begin{pmatrix} -6 \\ 5 \end{pmatrix}$, $\overrightarrow{BC} = \begin{pmatrix} -5 \\ 1 \end{pmatrix}$ 322

   Umfang: $u = |\overrightarrow{AB}| + |\overrightarrow{BC}| + |\overrightarrow{AC}| = \sqrt{17} + \sqrt{61} + \sqrt{26} \approx 17{,}03$

   b) $\cos\alpha = \frac{\overrightarrow{AC} \cdot \overrightarrow{AB}}{|\overrightarrow{AC}| \cdot |\overrightarrow{AB}|} = \frac{26}{\sqrt{17} \cdot \sqrt{61}}$, $\alpha \approx 36{,}16°$

   c) $\overrightarrow{OD} = \overrightarrow{OA} + \overrightarrow{BC} = \begin{pmatrix} 3 \\ -1 \end{pmatrix} + \begin{pmatrix} -5 \\ 1 \end{pmatrix} = \begin{pmatrix} -2 \\ 0 \end{pmatrix}$, $D(-2 \mid 0)$

2. a) $\vec{x} = \begin{pmatrix} 1 \\ -1 \\ 3 \end{pmatrix} - 2 \cdot \begin{pmatrix} -2 \\ 6 \\ 6 \end{pmatrix} = \begin{pmatrix} 5 \\ -13 \\ -9 \end{pmatrix}$, $\vec{y} = 2 \cdot \begin{pmatrix} 1 \\ -1 \\ 3 \end{pmatrix} - \frac{1}{2} \cdot \begin{pmatrix} -2 \\ 6 \\ 6 \end{pmatrix} = \begin{pmatrix} 3 \\ -5 \\ 3 \end{pmatrix}$

   b) $r \cdot \begin{pmatrix} 1 \\ -1 \\ 3 \end{pmatrix} = \begin{pmatrix} -2 \\ 6 \\ 6 \end{pmatrix} \Rightarrow \begin{matrix} r=-2 \\ r=-6 \\ r=2 \end{matrix}$, die Vektoren sind nicht kollinear.

   c) $r \cdot \begin{pmatrix} -2 \\ 6 \\ 6 \end{pmatrix} = \begin{pmatrix} 1 \\ t \\ -3 \end{pmatrix} \Rightarrow \begin{matrix} r=-0{,}5 \\ r=t/6 \\ r=-0{,}5 \end{matrix} \Rightarrow t = -3$

   d) $\vec{a}_0 = \frac{1}{\sqrt{11}} \begin{pmatrix} 1 \\ -1 \\ 3 \end{pmatrix}$

   e) $\cos\alpha = \frac{10}{\sqrt{11} \cdot \sqrt{76}}$, $\alpha \approx 69{,}77°$

   f) $\frac{\vec{c} \cdot \vec{d}_t}{|\vec{c}| \cdot |\vec{d}_t|} = \frac{1+t}{\sqrt{2} \cdot \sqrt{t^2+10}} = \frac{1}{2}\sqrt{2} \Rightarrow 1 + t = \sqrt{t^2 + 10}$, $t = 4{,}5$

3. Die Vektoren müssen den gleichen Betrag haben und paarweise senkrecht zueinander sein.

   $|\vec{a}| = |\vec{b}| = |\vec{c}| = \sqrt{225} = 15$, $\vec{a} \cdot \vec{b} = \vec{a} \cdot \vec{c} = \vec{b} \cdot \vec{c} = 0$

322 4. $\vec{c} = \begin{pmatrix} c_1 \\ c_2 \\ c_3 \end{pmatrix}$, I. $3c_1+4c_2+c_3=0$
II. $2c_1-2c_2+c_3=0$
I.–II. $c_1+6c_2=0$

mögliche Lösung: $c_2 = 1$, $c_1 = -6$, $c_3 = 14$, $\vec{c} = \begin{pmatrix} -6 \\ 1 \\ 14 \end{pmatrix}$

alternative Lösung: $\vec{c} = \vec{a} \times \vec{b} = \begin{pmatrix} 3 \\ 4 \\ 1 \end{pmatrix} \times \begin{pmatrix} 2 \\ -2 \\ 1 \end{pmatrix} = \begin{pmatrix} 6 \\ -1 \\ -14 \end{pmatrix}$

5. a)

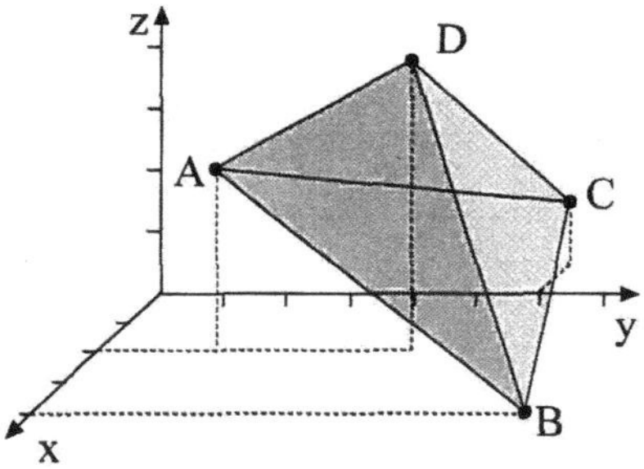

$\overrightarrow{AB} = \begin{pmatrix} 2 \\ 6 \\ -3 \end{pmatrix}$, $\overrightarrow{BC} = \begin{pmatrix} -5 \\ -2 \\ 1 \end{pmatrix}$

$\overrightarrow{AC} = \begin{pmatrix} -3 \\ 4 \\ -2 \end{pmatrix}$, $\overrightarrow{BD} = \begin{pmatrix} -2 \\ -3 \\ 6 \end{pmatrix}$

$\overrightarrow{AD} = \begin{pmatrix} 0 \\ 3 \\ 3 \end{pmatrix}$, $\overrightarrow{CD} = \begin{pmatrix} 3 \\ -1 \\ 5 \end{pmatrix}$

b) Berechnung der 4 Dreiecksflächen mithilfe des Skalarproduktes:

1. $\Delta ABC: G = \frac{1}{2} | \vec{a} \times \vec{b} | = \frac{1}{2} \left| \begin{pmatrix} 2 \\ 6 \\ -3 \end{pmatrix} \times \begin{pmatrix} -3 \\ 4 \\ -2 \end{pmatrix} \right| = \frac{1}{2} \left| \begin{pmatrix} 0 \\ 13 \\ 26 \end{pmatrix} \right| \approx 14{,}53$

2. $\Delta ABD: A = \frac{1}{2} | \vec{a} \times \vec{c} | = \frac{1}{2} \left| \begin{pmatrix} 2 \\ 6 \\ -3 \end{pmatrix} \times \begin{pmatrix} 0 \\ 3 \\ 3 \end{pmatrix} \right| = \frac{1}{2} \left| \begin{pmatrix} 27 \\ -6 \\ 6 \end{pmatrix} \right| \approx 14{,}15$

3. $\Delta ACD: A = \frac{1}{2} | \vec{b} \times \vec{c} | = \frac{1}{2} \left| \begin{pmatrix} -3 \\ 4 \\ -2 \end{pmatrix} \times \begin{pmatrix} 0 \\ 3 \\ 3 \end{pmatrix} \right| = \frac{1}{2} \left| \begin{pmatrix} 18 \\ 9 \\ -9 \end{pmatrix} \right| \approx 11{,}02$

4. $\Delta BCD: A = \frac{1}{2} \left| \begin{pmatrix} -5 \\ -2 \\ 1 \end{pmatrix} \times \begin{pmatrix} -2 \\ -3 \\ 6 \end{pmatrix} \right| = \frac{1}{2} \left| \begin{pmatrix} -9 \\ 28 \\ 11 \end{pmatrix} \right| \approx 15{,}7$

Oberfläche: $O \approx 55{,}40$

c) $V = \frac{1}{6} | (\vec{a} \times \vec{b}) \cdot \vec{c} | = \frac{1}{6} \left| \left(\begin{pmatrix} 2 \\ 6 \\ -3 \end{pmatrix} \times \begin{pmatrix} -3 \\ 4 \\ -2 \end{pmatrix} \right) \cdot \begin{pmatrix} 0 \\ 3 \\ 3 \end{pmatrix} \right| = \frac{1}{6} \left| \begin{pmatrix} 0 \\ 13 \\ 26 \end{pmatrix} \cdot \begin{pmatrix} 0 \\ 3 \\ 3 \end{pmatrix} \right| = 19{,}5$

IX. Statistische Erhebungen
1. Mittelwerte und Streuung

1. a) Mittelwert: 15 , Median: 15 , Modus: 15 327
   b) Mittelwert: 151 , Median: 152 , Modus: 156
   c) Mittelwert: / , Median: / , Modus: CSU

2. a) Sony: Median: 120,5 , arithmet. Mittel: 121,36 , Modus: 118
   Philipps: Median: 192,5 , arithmet. Mittel: 217,08 , Modus: 288
   Apple: Median: 285 , arithmet. Mittel: 299 , Modus: 285
   b) Besonders geeignet ist: Sony: arithmet. Mittel , Philipps: Median , Apple: Modus
   c) Unterschiedliche Fabrikate heben unterschiedliche Ausstattungsmerkmale, sodass die Preise nicht vergleichbar sind.

3. Arithmetisches Mittel: 1. Verteilung: 1,67 , 2. Verteilung: 1,62

4. a) Arithmetisches Mittel: $\overline{x} = 6{,}7$, Standardabweichung: $\overline{s} = 2{,}49$ 328
   b) Arithmetisches Mittel: $\overline{x} = 49$, Standardabweichung: $\overline{s} = 9{,}05$
   c) Arithmetisches Mittel: $\overline{x} = 2{,}96$, Standardabweichung: $\overline{s} = 1{,}21$

5. a)

	1. Diagramm	2. Diagramm
Arithmetisches Mittel	4	4,5
Median	4	5
Standardabweichung	1,52	1,86

   b) Die Spieler des SV Königsjäger sind insgesamt spielstärker als die Spieler des SC Tarrasch 45. Das ist erkennbar am größeren arithmetischen Mittel bzw. im Diagramm an der Anzahl der Spieler mit höheren Punktzahlen.
   c) 1. Diagramm: 35 % weichen um mehr als $\overline{s}$ von $\overline{x}$ ab.
   2. Diagramm: 25 %

6.

Arithmetisches Mittel:	Anlage A:	1000
	Anlage B:	998
Standardabweichung:	Anlage A:	7,71
	Anlage B:	2,62

Anlage A: Der Sollwert entspricht dem arithmetischen Mittel, die Standardabweichung ist aber groß.
Anlage B. Der Sollwert liegt höher als das arithmetische Mittel, die Standardabweichung ist gering.

328 7. a) Arithmetisches Mittel: Gruppe A: 11,21 Gruppe B: 12
Etwa 70 % der Daten liegen im Intervall: 8 ... 14 Gruppe A , 8 ... 16 Gruppe B

b) Spitzenergebnisse: A: 30 (von 200) Personen: 15 %
B: 38 (vOn 140) Personen: 27,1 %
schwache Ergebnisse: A: 15 (von 200) Personen: 7,5 %
B: 12 (vOn 140) Personen: 8,6 %

c) Mehr als 10 Wörter wiederholt: A: 132 (von 200) Personen: 66 %
B: 94 (von 140) Personen: 67,1 %

d) Von beiden Gruppen bestehen ca. 43 der Kandidaten den Test.
Gruppe B hat deutlich mehr Spitzenergebnisse.

2. Exkurs: Boxplots

1. a) Die Daten werden sortiert, dann in die Perzentilklassen eingeordnet. 332
   Anschließend werden die Perzentile bestimmt und der Boxplot gezeichnet.
   11a: 5 %: 8
   20 %: 12 24 24 27
   25 %: 33 33 34 35 36
   25 %: 44 45 47 47 49
   20 %: 51 52 52 56
   5 %: 58

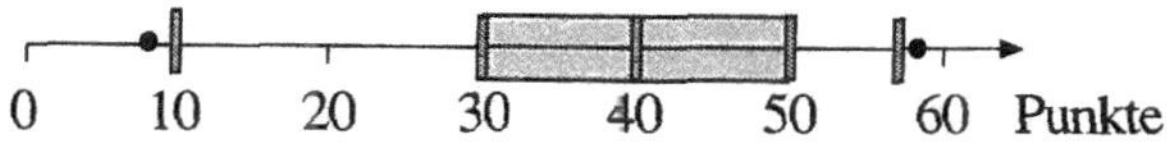

   Die Perzentile liegen bei 10; 30; 40; 50 und 57.
   11b: 5 %: 2 7
   20 %: 23 28 29 32 35 35 36 37
   25 %: 37 37 38 38 38 39 39 40 41 42
   25 %: 43 43 43 43 43 44 44 44 44 45
   20 %: 45 46 46 47 48 48 49 52
   5 %: 54 55

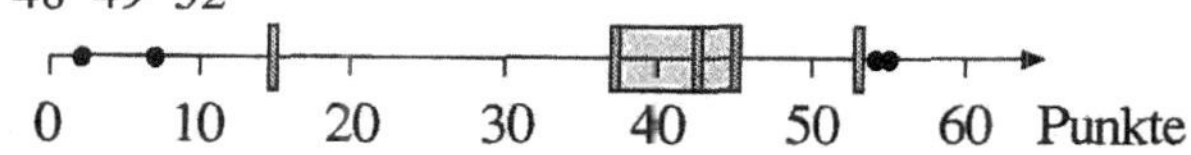

   Die Perzentile liegen bei 15; 37; 42,5; 45 und 53.

2. **Die Aufgabe wurde ab der 1. Auflage, Druck 2 berichtigt.**
   Gruppe 1 besteht nunmehr nur aus 20 Personen mit folgender Urliste:
   11, 8, 9, 4, 10, 8, 9, 7 10, 6, 11, 8, 7, 10, 9, 6, 11, 8, 7, 10
   5 %: 4
   20 %: 6 6 7 7
   25 %: 7 8 8 8 8
   25 %: 9 9 9 10 10
   20 %: 10 10 11 11
   5 %: 11

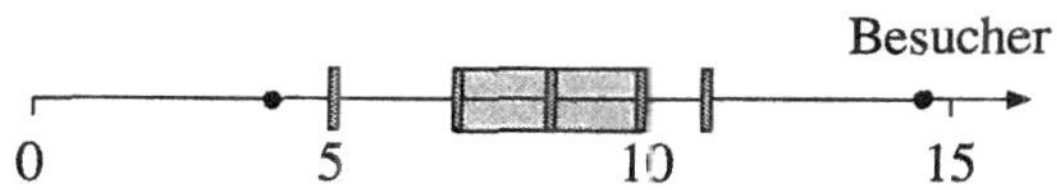

   Die Perzentile liegen bei 5; 7; 8,5; 10 und 11.
   Das arithmetische Mittel lautet: $\overline{z} = 8,45$.
   Gruppe 2:
   Die Perzentile liegen bei 3,5; 6; 9,5; 15 und 20,5.

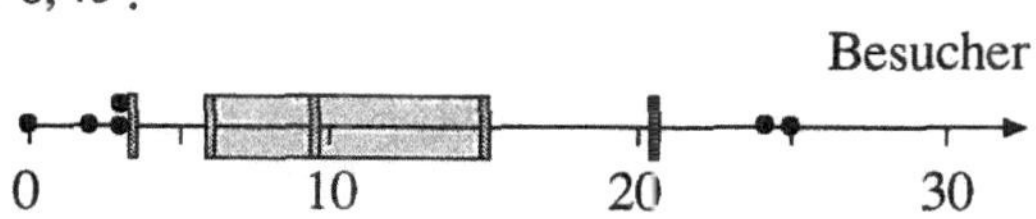

   Das arithmetische Mittel lautet: $\overline{z} = 10,76$.
   Vergleich der Gruppen:
   Gruppe 2 besuchte den Zahnarzt im Mittel häufiger. Sie weist außerdem eine breite Streuung auf, ist insofern also inhomogener.

3. Aus den Diagrammen läßt sich der Median $\tilde{z}$ bestimmen.
   A: $\tilde{z} = 6$; B: $\tilde{z} = 4$; C: $\tilde{z} = 3$; D: $\tilde{z} = 4$
   Hieraus folgen die Zuordnungen $A \leftrightarrow III$ und $C \leftrightarrow II$. Aus der breiten Streuung von egibt sich die Zuordnung $D \leftrightarrow I$, womit nur noch $B \leftrightarrow IV$ übrig bleibt.

Test

336 1.

Punkte	Gruppe A (%)	Gruppe B (%)
0	10	6
1	15	14
2	25	18
3	30	26
4	10	18
5	5	10
6	5	8
arith. Mittel:	2,5	2,98

Gruppe B schnitt besser ab.

2. a) 60 Haushalte waren beteiligt.
   b) Mehr als 2 Tiere: in 35 Haushalten
      Weniger als 4 Tiere: in 45 Haushalten
   c) Durchschnittliche Anzahl von Tieren: 2,5
   d) Standardabweichung: 1,26
   e) Median: 3

3. a) Arithmetisches Mittel: 20
      Median: 15,5
   b) Der Median ist besser geeignet, da 2 Ausreißer (50 , 82) das arithmetische Mittel beeinflussen.
   c) 54 Geräte wurden zusätzlich angeschafft.

1. Wiederholung: Bernoulli-Ketten und Binomialverteilung

338 1. $B(20;0,2;10) = \binom{20}{10} \cdot 0,2^{10} \cdot 0,8^{10} \approx 0,002$

339 2. $\mu = 100 \cdot 0,1 = 10, \quad \sigma = \sqrt{100 \cdot 0,1 \cdot 0,9} = 3$

Bei 100 Versuchen im Mittel 10 Treffer mit der Streuung 3.

340 3. $P(X < 5) = P(X \le 4) = F(20;0,2;4) = 0,6296 = 62,96\%$

$P(X \ge 16) = 1 - P(X \le 15) = 1 - 1 = 0$

Die Wahrscheinlichkeit für weniger als 5 oder mehr als 15 beträgt 62,96%

4. a) Mit 20% Wahrscheinlichkeit ist der erste Tag verregnet. 341

b) Mit $0{,}8^7 \approx 20{,}97\%$ ist die ganze Woche schönes Wetter.

c) Mit $P(X=1) = B(7;0{,}2;1) = \binom{7}{1} \cdot 0{,}2 \cdot 0{,}8^6 \approx 36{,}7\%$ ist genau ein Tag verregnet.

d) Mit $P(X=2) = B(7;0{,}2;2) = \binom{7}{2} \cdot 0{,}2^2 \cdot 0{,}8^5 \approx 27{,}53\%$ sind genau 2 Tage verregnet.

e) $P(X>1) = 1 - P(X \le 1) = 1 - (P(0) + P(1)) = 1 - (0{,}8^7 + 7 \cdot 0{,}2 \cdot 0{,}8^6)) \approx 42{,}33\%$

f) $P(X \le 2) = F(7;0{,}2;2) \approx 85{,}2\%$

g) $P(X \le 9) = F(20;0{,}2;9) \approx 99{,}74\%$ für mehr Sonnen- als Regentage
Wahrscheinlichkeit für mindestens einen schönen Tag:
$P(X \ge 1) = 1 - P(X=0) = 1 - 0{,}2^n = 0{,}9999$, $n = \frac{\ln 0{,}0001}{\ln 0{,}2} \approx 5{,}72$, also 6 Tage buchen

5. $n = 8$; $p = 0{,}3$ (Elfmeter gehalten)
$n \ge 5$, $P(X \ge 5) = 1 - P(x \le 4) \approx 1 - 0{,}9420 = 5{,}8\%$

6. $n = 10$; $p = 0{,}6$ (Feuerwache einsatzbereit)

a) $k = 3$: $P(X=3) = \binom{10}{3} \cdot 0{,}6^3 \cdot 0{,}4^7 \approx 4{,}25\%$

b) $k \ge 8$: $P(X \ge 8) = 1 - P(X \le 7) \approx 1 - (1 - 0{,}1673) = 16{,}73\%$
c) $k \le 2$: $P(X \le 2) \approx 1 - 0{,}9877 = 1{,}23\%$

d) $0{,}6^3 \cdot 0{,}4^7 \approx 0{,}035\%$

7. $n = 20$; $p = 0{,}8$ (Gewichtsabnahme)
a) $k \le 19$: $P(X \le 19) \approx 1 - 0{,}0115 = 98{,}85\%$

b) $k \le 10$: $P(X \le 10) \approx 1 - 0{,}9974 = 0{,}26\%$

c) $13 \le k \le 17$: $P(13 \le k \le 17) = P(X \le 17) - P(X \le 12) \approx 0{,}9679 - 0{,}2061 = 76{,}18\%$

d) $0{,}2^2 \cdot (2 \cdot 0{,}2 \cdot 0{,}8) \cdot 0{,}8^{16} \approx 0{,}00036$

8. $n = 20$; $p = 0{,}3$ (Zahnschaden) 342
a) A: $k = 0$: $P(X=0) = 0{,}7^{20} \approx 0{,}08\%$; B: $P(B) = 0{,}3^4 \cdot 0{,}7^{16} \approx 0{,}000027 = 0{,}0027\%$

C: $1 \le k \le 5$: $P(C) = P(1 \le X \le 5) = P(X \le 5) - P(X=0) \approx 0{,}4164 - 0{,}0008 = 41{,}56\%$

b) geänderte Fragestellung: Welche Zahl von Schülern mit schadhaften Zähnen wird bei der Untersuchung der 20 Schüler am wahrscheinlichsten aufgefunden?

Erwartungswert: $\mu = n \cdot p = 6$

$P(X=5) \approx 0{,}1789$, $P(X=6) \approx 0{,}1916$, $P(X=7) \approx 0{,}1643$

Ein Vergleich zeigt: Am wahrscheinlichsten sind 6 Schüler mit schadhaften Zähnen.

c) Ansatz: $P(X \ge 1) \ge 0{,}9 \Rightarrow 1 - P(X=0) \ge 0{,}9 \Rightarrow P(X=0) \le 0{,}1 \Rightarrow B(n;0{,}3;0) \le 0{,}1$
$\Rightarrow \binom{n}{0} \cdot 0{,}3^0 \cdot 0{,}7^n \le 0{,}1 \Rightarrow n \ge \frac{\ln 0{,}1}{\ln 0{,}7} \approx 6{,}46$ $(\ln 0{,}7 < 0)$

Der Arzt muss mindestens 7 Schüler untersuchen.

342 9. a) $n=20, \quad p=0{,}5, \quad k \geq 11, \quad P(X \geq 11) = 1 - P(X \leq 10) \approx 1 - 0{,}5881 = 41{,}19\%$

b) $n=17, \quad p=0{,}5, \quad k \geq 8, \quad P(X \geq 8) = 1 - P(X \leq 7) \approx 1 - 0{,}5000 = 50\%$

10. $P(3-\text{mal keine } 6) = \left(\frac{5}{6}\right)^3 \approx 57{,}87\%$

$P(\text{n Versuche ohne Aufsetzen}) = 0{,}5787^n$

$1 - 0{,}5787^n \geq 0{,}95 \quad \Leftrightarrow \quad 0{,}5787^n \leq 0{,}05, \quad n \geq \frac{\ln 0{,}05}{\ln 0{,}5787} \approx 5{,}5$

Wenn ein Spieler sechsmal an der Reihe war, liegt die Wahrscheinlichkeit, dass er aufsetzen darf, über 95%.

343 11. a) $P(A) = 0{,}25 \cdot 0{,}4 = 10\%, \quad P(B) = 0{,}25 \cdot 0{,}6 + 0{,}75 \cdot 0{,}4 = 45\%, \quad P(C) = 0{,}75 \cdot 0{,}6 = 45\%$

b) $n = 10$;

D: $p=0{,}1, \quad k=2, \quad P(D) = P(X=2) = \binom{10}{2} \cdot 0{,}1^2 \cdot 0{,}9^8 \approx 19{,}37\%$

E: $p=0{,}45, \quad k=5, \quad P(E) = P(X=5) = \binom{10}{5} \cdot 0{,}45^5 \cdot 0{,}55^5 \approx 23{,}40\%$

F: $p=0{,}1, \quad k \leq 2, \quad P(F) = P(X \leq 2) \approx 92{,}98\%$

G: $p=0{,}25, \quad 4 \leq k \leq 6, \quad P(G) = P(X \leq 6) - P(X \leq 3) \approx 0{,}9965 - 0{,}7759 = 22{,}06\%$

c) $P(\text{n Durchgänge ohne Treffer}) = 0{,}9^n$

$1 - 0{,}9^n \geq 0{,}9999, \quad n \geq \frac{\ln 0{,}0001}{\ln 0{,}9} \approx 87{,}4$

Er benötigt mindestens 88 Durchgänge.

12. a) $n = 15$; $p = 0{,}95$: $P(A) = 0{,}95^{15} \approx 46{,}33\%$

$P(B) = P(X \leq 12) \approx 0{,}036 = 3{,}6\%$

b) $n = 10$; $p = 0{,}3$: $P(C) = P(X \geq 4) = 1 - P(X \leq 3) \approx 1 - 0{,}6496 = 35{,}04\%$

$P(D) = P(X \leq 2) \approx 38{,}28\%$

$P(E) = 0{,}3 \cdot 0{,}7^9 \approx 1{,}21\%$

c) $P(\text{kein Treffer bei n Versuchen}) = 0{,}7^n$

$1 - 0{,}7^n \geq 0{,}99, \quad n \geq \frac{\ln 0{,}01}{\ln 0{,}7} \approx 12{,}9$

Er benötigt mindestens 13 Versuche.

13. a) A: $n=5, \quad p=0{,}8, \quad k=5$: $P(A) = 0{,}8^5 \approx 32{,}77\%$

B: $n=20, \quad p=0{,}8, \quad 14 \leq k \leq 17$: $P(B) = P(X \leq 17) - P(X \leq 13)$

$\approx 0{,}9133 - 0{,}2061 = 70{,}72\%$

b) $P(\text{alle Züge pünktlich}) = 0{,}8^n, \quad 1 - 0{,}8^n \geq 0{,}99, \quad n \geq \frac{\ln 0{,}01}{\ln 0{,}8} \approx 20{,}6$

Es müssen mindestens 21 Züge abgefertigt werden.

2. Zweiseitiger Signifikanztest für binomialverteilte Zufallsgrößen

1. Wahrscheinlichkeit für den Fehler 1. Art: 348

```
1-binomCdf(500,0.25,101,174)     0.004904
```

Der Fehler 2. Art bedeutet hier, aufgrund des Stichprobenergebnisses anzunehmen, dass der Bekanntheitsgrad immer noch 25 % beträgt, obwohl er sich in Wirklichkeit verändert hat.

2. Berechnung der Irrtumswahrscheinlichkeit des Tests:

```
binomCdf(400,0.5,0,200-25)       0.007092
binomCdf(400,0.5,200+25,400)     0.007092
2· 0.007092061522626             0.014184
```

3. Beschreibung: Nullhypothese H_0: $p = 0,77$; Gegenhypothese H_1: $p \neq 0,77$

Zweiseitiger Test:
Ablehnungsbereich ermitteln durch $P(X \leq K_1) \leq 0,005$ und $P(X \geq K_2) \leq 0,005$.
Fehler 1. Art: Man geht aufgrund des Stichprobenergebnisses (Anzahl der Auswanderwilligen im Ablehnungsbereich) davon aus, dass sich deren Anteil verändert hat, obwohl er nach wie vor bei 77 % liegt.

Fehler 2. Art: Man geht aufgrund des Stichprobenergebnisses (Anzahl der Auswanderwilligen nicht im Ablehnungsbereich) davon aus, dass sich deren Anteil nicht verändert hat, obwohl er in Wirklichkeit nicht mehr bei 77 % liegt.

```
nSolve(binomCdf(600,0.77,0,k)=0.005,k,0)
                                    435.
nSolve(binomCdf(600,0.77,k,600)=0.005,k,0▸
                                    488.
```

Ablehnungsbereich für H_0: $\overline{A} = \{0, 1, 2, \ldots, 434\} \cup \{489, 490, \ldots, 600\}$

4. Man will der Angabe noch trauen, wenn der Anteil Rosinen im Intervall von 25 % bis 35 % liegt.

Die Wahrscheinlichkeit dafür, die 30 %-Angabe des Herstellers abzulehnen, obwohl sie stimmt, lässt sich dann berechnen durch $1 - P(25 \leq X \leq 35)$, wobei die Zufallsgröße X binomialverteilt ist mit den Parametern $n = 100$ und $p = 0,30$. Sie beträgt ca. 23 %.

```
1-binomCdf(100,0.3,25,35) ▸ 0.229649
```

348 5. Beispiel:

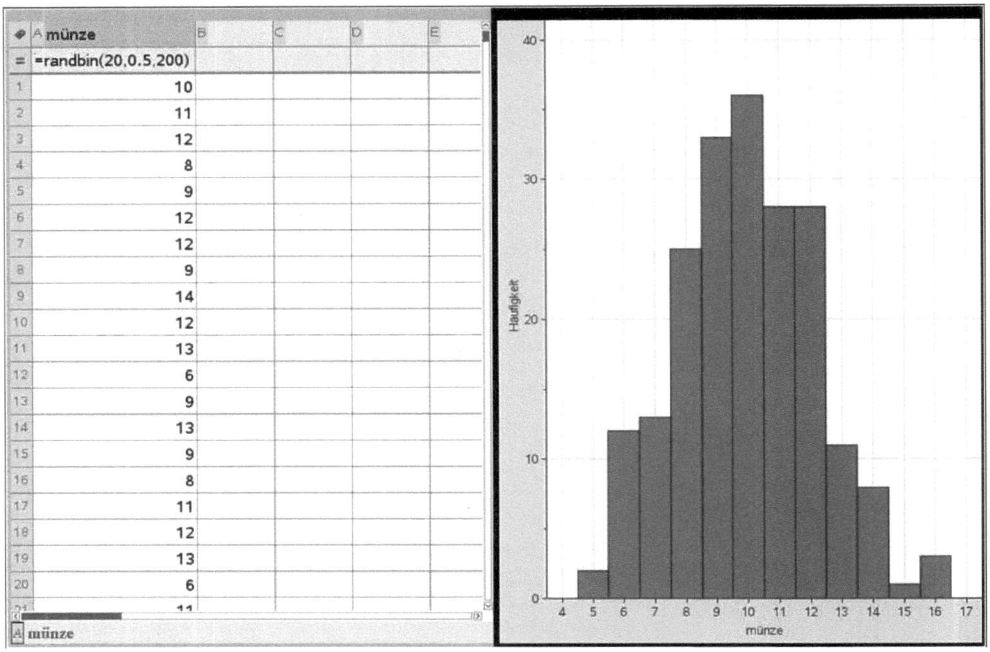

6. Beispiel:

Die Irrtumswahrscheinlichkeit wird auf 10 % festgelegt.

Ein Verwerfungsbereich wird festgelegt:

```
nSolve(binomCdf(30,0.25,0,k)=0.05,k,1)      4.
nSolve(binomCdf(30,0.25,k,30)=0.05,k,1)
                                            12.
```

Die Nullhypothese p = 0, 25 wird abgelehnt, wenn höchstens dreimal oder mindestens 13-mal die Seite mit den Noppen oben liegt. Für diese Entscheidung wird der nachfolgend beschriebene Mittelwert genutzt.

Jeder Kursteilnehmer führt 30 voneinander unabhängige Würfe durch und zählt, wie oft dabei die Seite mit den Noppen oben liegt. Die Ergebnisse aller Teilnehmer werden zu einem Wert gemittelt.

Test

1. a) $n = 10;\ p = \frac{1}{6};\ P(X \geq 2) = 0,5155$ 354

   b) $P(A) = \frac{\binom{3}{2}\cdot\binom{3}{1}+\binom{3}{3}\cdot\binom{3}{0}}{\binom{6}{3}} = \frac{10}{20} = \frac{1}{2}$, A: mindestens 2 blaue Kugeln

   $P(B) = \frac{\binom{3}{2}\cdot\binom{2}{1}}{\binom{6}{3}} = \frac{6}{20} = \frac{3}{10}$, B: noch alle Farben vertreten

   c)

x_i	-3	4	16
$P(X = x_i)$	$\frac{12}{15}$	$\frac{2}{15}$	$\frac{1}{15}$

   Erwartungswert: $E(X) = -3 \cdot \frac{12}{15} + 4 \cdot \frac{2}{15} + 16 \cdot \frac{1}{15} = -\frac{12}{15} = -0,8$
   Der Spieler muss a Euro zahlen. Das Spiel ist fair, wenn
   $-a \cdot \frac{12}{15} + 4 \cdot \frac{2}{15} + 16 \cdot \frac{1}{15} = 0 \quad \Rightarrow \quad a = 2.$

2. Wenn weniger als 160 oder mehr als 180 der 200 Gäste angeben, mit dem Hotel zufrieden zu sein, wird man die Hypothese „85 % der Gäste sind mit dem Hotel zufrieden.“ mit einer Irrtumswahrscheinlichkeit von 5 % ablehnen.

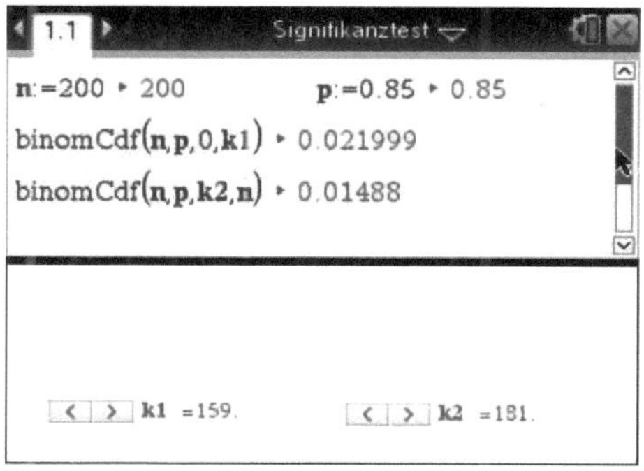

Der Fehler 2. Art bedeutet hier, die Nullhypothese (p = 0,85) nicht abzulehnen, obwohl in Wirklichkeit der Anteil der zufriedenen Gäste auf 60 % zurückgegangen ist. Man wird die Nullhypothese nicht verwerfen, wenn der Anteil der zufriedenen Gäste im Intervall [160; 180] liegt. Die Wahrscheinlichkeit hierfür ist fast null.

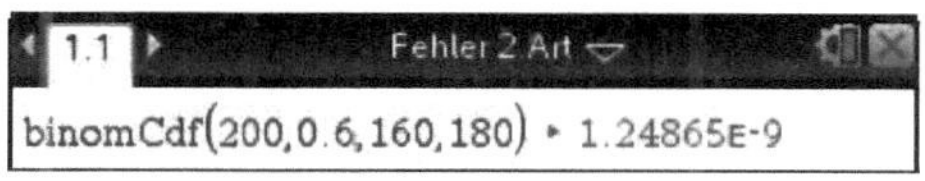

3. Keine der Aussagen ist wahr. Mögliche richtige Antwort: Das Risiko, die Nullhypothese fälschlicherweise abzulehnen, beträgt höchstens 1 %. Es ist trotzdem möglich, dass die Nullhypothese richtig ist.

Lösungen zu den CAS-Anwendungen

Die Lösungen zu den Übungen in den CAS-Anwendungen bestehen in erster Linie aus den entsprechenden tns-Dateien, die bei der Bearbeitung der Übungen mit dem verwendeten CAS Rechner TI-$n$spire™ erstellt werden. Die folgenden Seiten können natürlich nur die Ergebnisse der Übungen – illustriert durch einige Screenshots – sowie gelegentliche Hinweise enthalten.

I. Folgen, Grenzwerte, Stetigkeit

1. Das CAS liefert die Grenzwerte 29

   a) $\lim\limits_{x\to 0} \dfrac{1-\cos x}{x^2} = \frac{1}{2}$,

   b) $\lim\limits_{x\to 0} \dfrac{\sqrt{1+x}-1}{x} = \frac{1}{2}$,

   c) $\lim\limits_{x\to 1} x^{\frac{1}{x-1}} = e \approx 2,71828$.

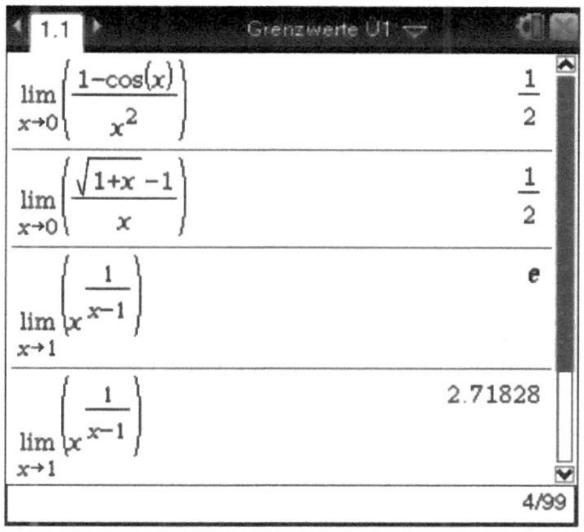

2. Im Screenshot wird nicht dargestellt, das die Funktion f mit $f(x) = \frac{1-\cos x}{x^2}$ an der Stelle x = 0 nicht definiert ist. Der Graph besitzt dort eine Lücke.
   Bei Annäherung sowohl von links als auch von rechts an diese Stelle nähern sich die Funktionswerte offensichtlich dem Wert 0,5.

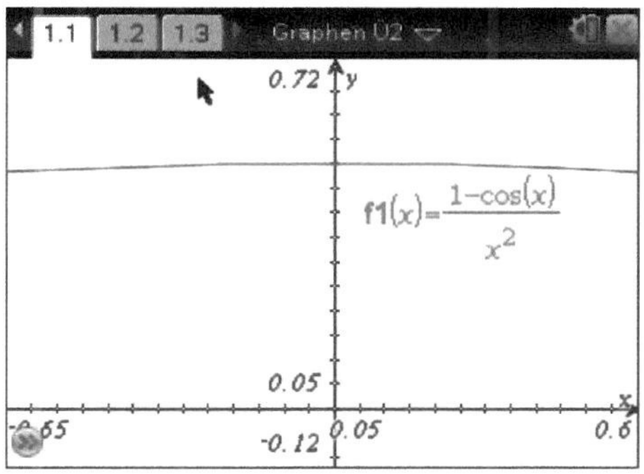

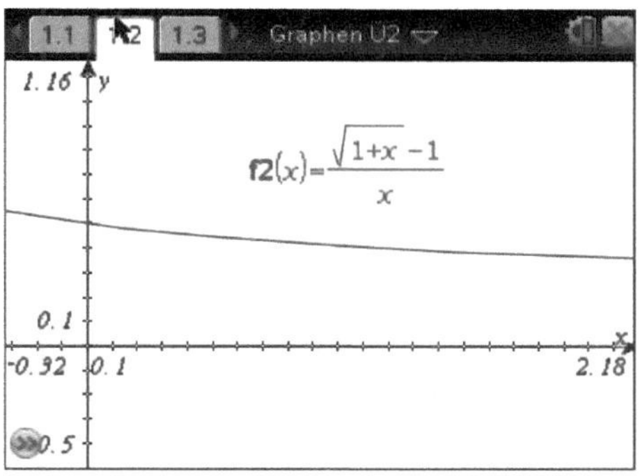

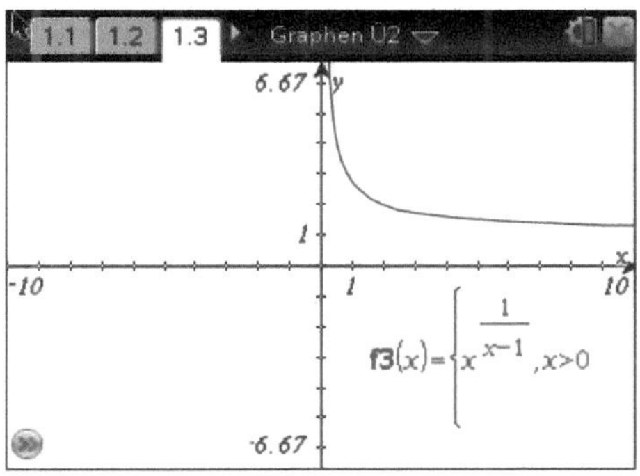

Auch bei den Graphen zu b) und c) werden die Grenzwerte 0,5 bzw. 2,7... durch die dargestellten Bilder bestätigt. Es liegen ebenfalls Lücken vor, die aber wie im Fall a) auch bei fortgesetztem Hineinzoomen vom CAS nicht dargestellt oder gekennzeichnet werden.

30 3. Es wird wie im Beispiel auf Seite 30 des Schülerbuchs verfahren. Die drei Screenshots zeigen die Ergebnisse.

Die Glieder der Folge c_n bilden eine alternierende Nullfolge.

Für $n > 2000$, also ab dem Index $N = 2001$, gilt $|c_n - \varepsilon| < 0,005$.

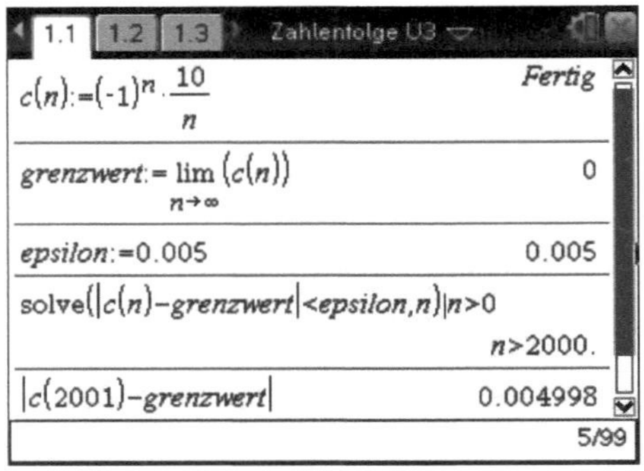

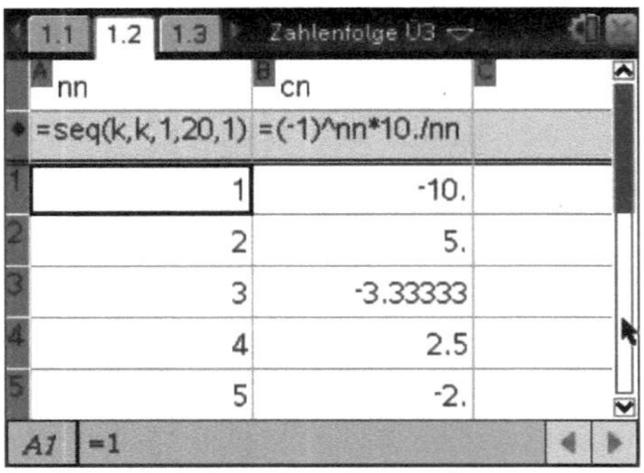

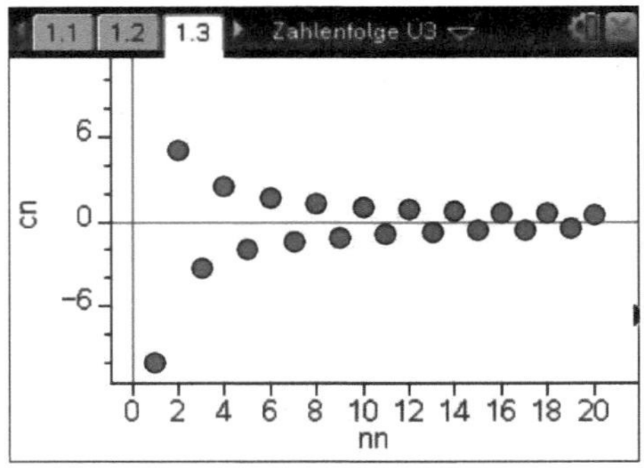

31 4. Auf drei Calculator-Seiten werden die Funktionen a) f(x), b) g(x) und c) h(x) analog zum Beispiel von Seite 31 des Schülerbuchs definiert und der Funktionswert und die Grenzwerte an der Stelle 0 verglichen.

Dabei ergibt sich: f und g sind stetig, h ist an der Stelle 0 nicht stetig, da dort weder der links- noch der rechtsseitige Grenzwert existieren.

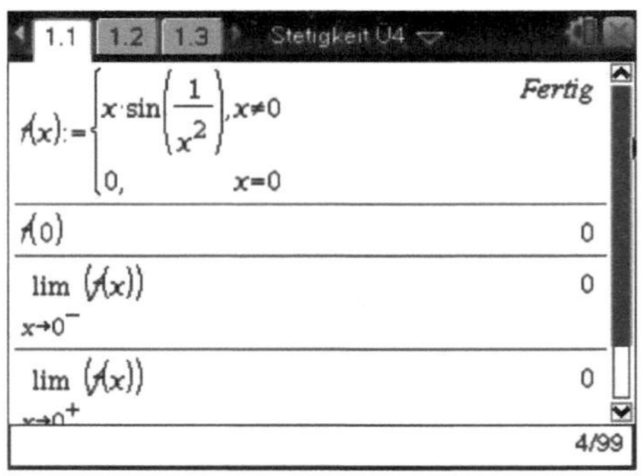

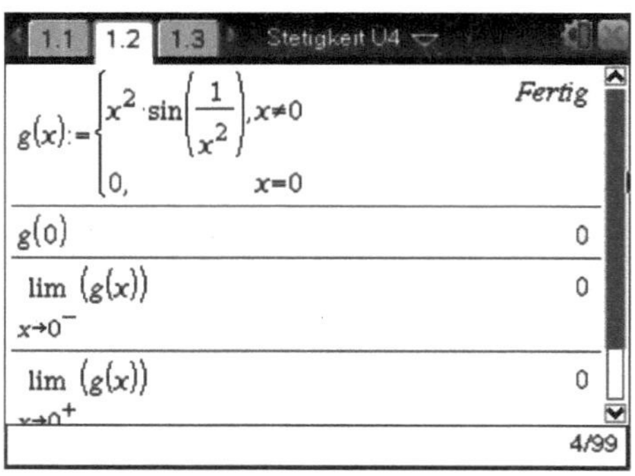

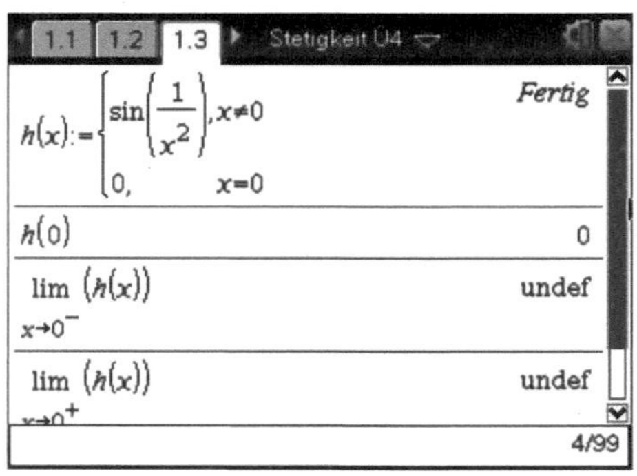

II. Anstieg und Ableitung

1. Auf einer Graphik-Seite wird die Funktion definiert und der Graph dargestellt. Mit [menu] wird der Punkt (2,2) auf dem Graphen festgelegt und die Tangente eingezeichnet. Anschließend wird der Schnittpunkt mit der y-Achse sowie ein Punkt Q auf dem Graphen festgelegt und die Sekante s durch diese beiden Punkte gezeichnet. Verschieben des Punktes Q ergibt, dass s etwa für Q(3,37; 8,35) parallel zur Tangente ist. 68

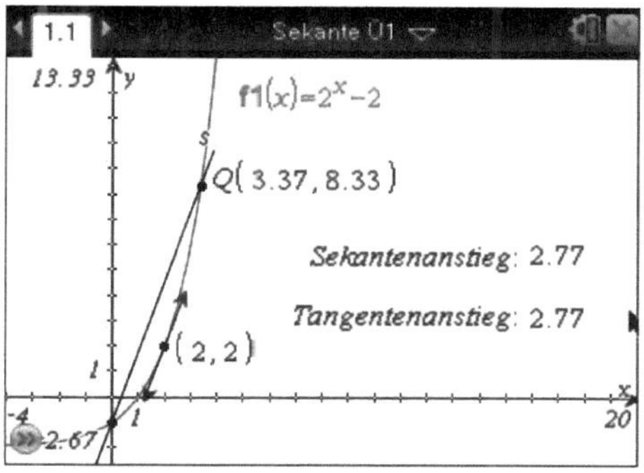

2. Das Bild zeigt den Graphen von f auf einer Graphik-Seite. Über [menu] wird der Punkt auf dem Graphen platziert und die Tangente gezeichnet. Durch die Auswahl [menu] Messung ▶ Steigung wird der Tangentanstieg ausgegeben. 69
Verschiebt man den Punkt Q, so stimmt etwa die x-Koordinate 7,42 mit dem Anstieg überein.
Man findet in dem gewählten Ausschnitt keine y-Koordinate von Q, die mit dem Anstieg übereinstimmt.

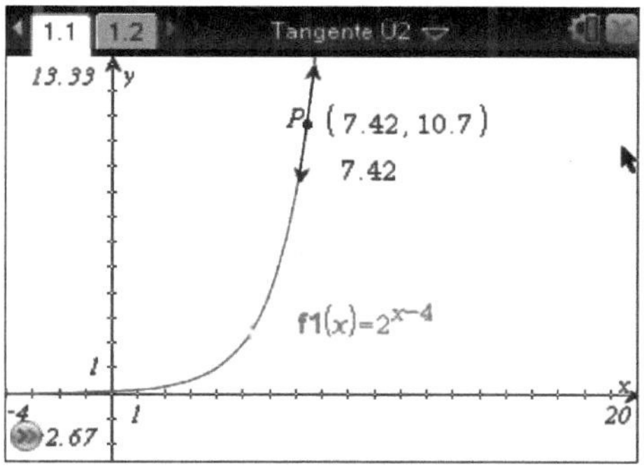

Obwohl die Aufgabenstellung es nicht explizit fordert, kann das CAS leicht zur Beantwortung der „Übereinstimmungsfrage“ herangezogen werden. Das nebenstehende Bild zeigt die Antwort. Die Lösung der Gleichung f′(x) = x erledigt das CAS wohl mit einem numerischen Verfahren. Die Übereinstimmung von y-Koordinate und Anstieg führt auf eine erst später aufstellbare Gleichung, die offensichtlich keine Lösung besitzt.

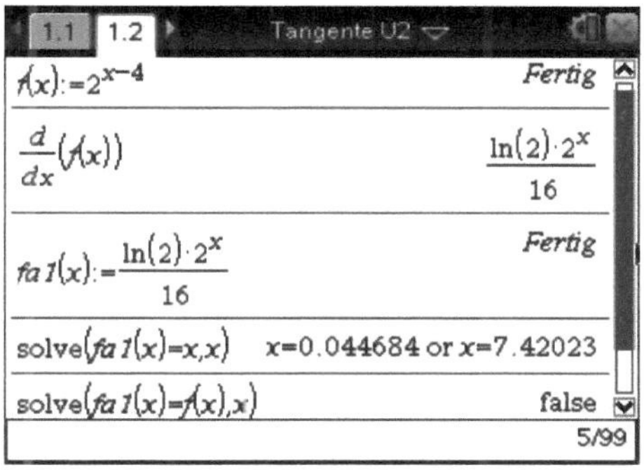

Bemerkung:
Die Ableitung von Exponentialfunktionen wird erst im 2. Jahr der Qualifikationsphase behandelt. Eigentlich stehen während und nach der Behandlung des Kapitels II nur die Ableitungsregeln für die Potenzfunktionen und für einfache Verknüpfungen von Potenzfunktionen zur Verfügung.
Trotzdem können mit dem CAS bereits zu diesem Zeitpunkt Problemstellungen behandelt werden, die andere Funktionenklassen beinhalten. Ein Vorgriff ist dabei nicht erforderlich, wie die Behandlung der Übungen dieses Kapitels zeigt.

69 3. Das Bild zeigt den Graphen von f auf einer Graphik-Seite. Über [menu] wird der Punkt auf dem Graphen platziert und die Tangente gezeichnet. Durch die Auswahl [menu] Messung ▶ Steigung wird der Tangentanstieg ausgegeben. Im Bereich $[-2; 2]$ besitzt der Graph zwei lokale Maxima und ein lokales Minimum. An diesen drei Stellen weist das CAS für den Tangentenanstieg betragsmäßig sehr kleine Werte aus.

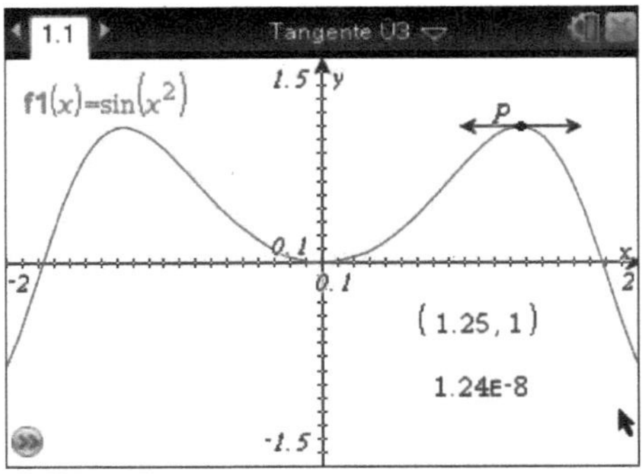

4. Das erste Bild zeigt die beiden Graphen zusammen mit den Punkten P und Q und den Tangenten in diesen Punkten.

Durch Probieren kommt man schnell zu der Erkenntnis, dass für keine Stelle x die Ansteige übereinstimmen.

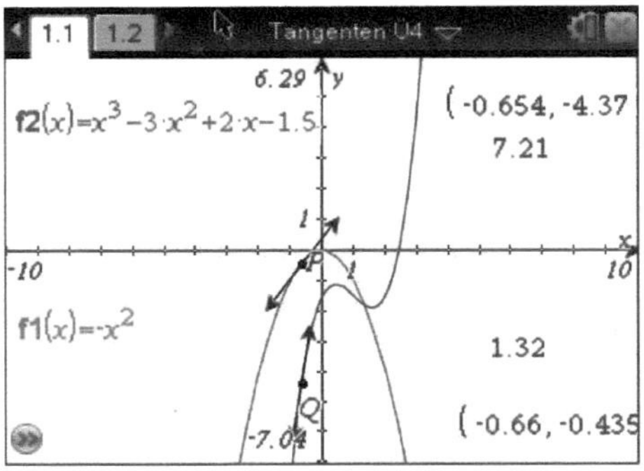

Den Nachweis der Nichtexistenz zeigt das zweite Bild.

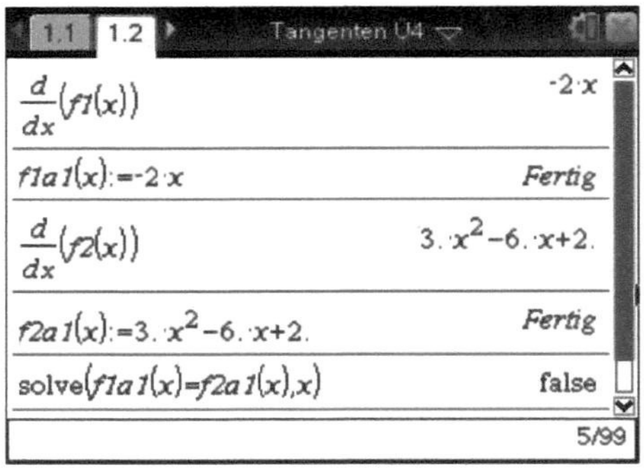

Man kann aber auch leicht im Kopf nachrechnen, dass die quadratische Gleichung $3x^2 - 6x - 2 = -2x$ keine reellen Lösungen besitzt.

70 5. Das linke Bild zeigt die Calculator-Seite, das rechte die Notes-Seite. Auf der Calculator-Seite wird durch die Eingabe fa1(*Zahlenwert*) die Ableitung an der Stelle *Zahlenwert* ausgegeben. Auf der Notes-Seite überschreibt man einfach das Argument in der letzten Zeile. Man kann hier aber auch den Funktionsterm überschreiben.

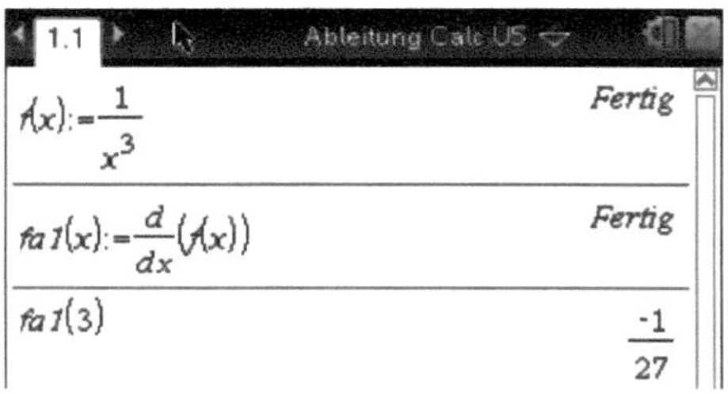

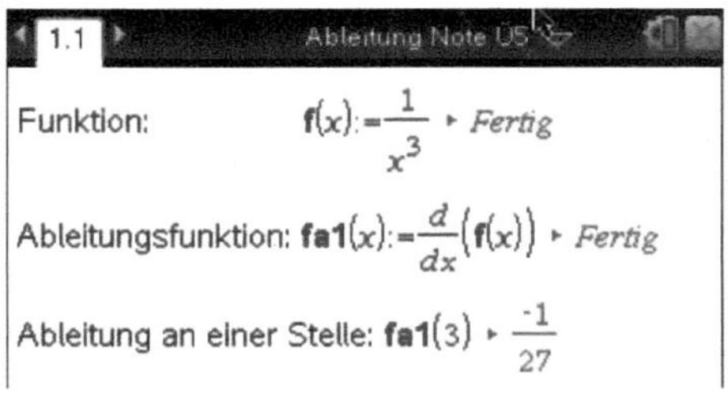

6. Um Möglichkeit zu schaffen, den Differenzenquotienten für verschiedene Stellen x und verschiedene Werte von h berechnen zu können, wird die von den Variablen x und h abhängige Differenzenquotientenfunktion q durch 71

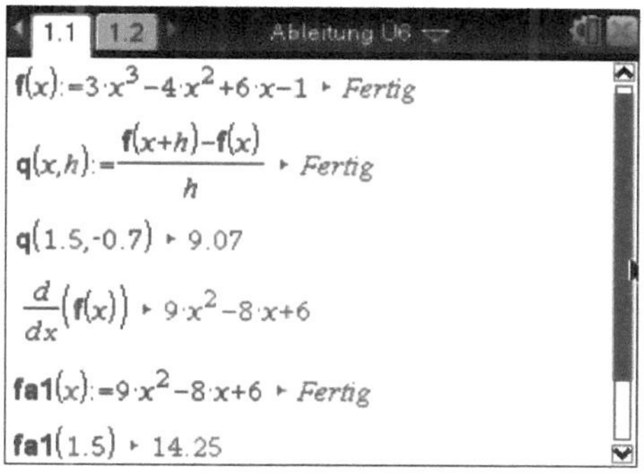

$$q(x, h) := \frac{f(x+h) - f(x)}{h}$$

definiert. Für die Stellen 1,5 und 0,8 ist $h = -0,7$ und für den Differenzenquotienten $q(1,5; -0,7)$ ergibt sich 9,07. Für den Anstieg der Tangente bei $x = 1,5$ ergibt sich der Ableitungswert 14,25.

Zur Veranschaulichung auf der Graphik-Seite wird f1(x) durch f(x) definiert und der Graph und die Tangente zu $x = 1,5$ eingezeichnet. Das Bild wird ergänzt durch die Senkrechte vom Berührpunkt P auf die x-Achse sowie die Senkrechte von Q auf die erstgenannte Senkrechte, wobei nach dem Festlegen der Strecken von P bzw. Q nach R die Senkrechten ausgeblendet werden. Schließlich werden die beiden Strecken vermessen und die Längen angezeigt.

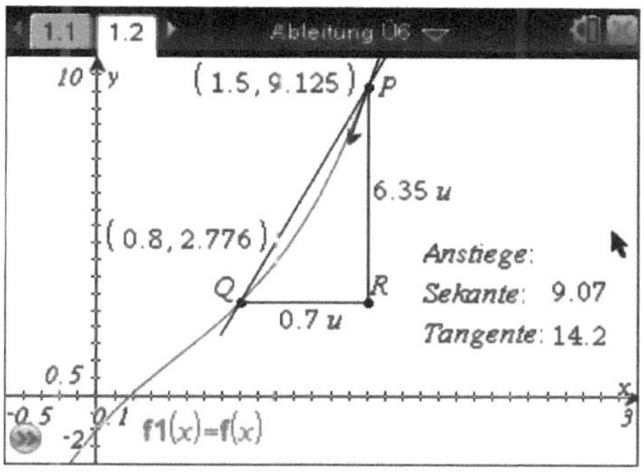

7. Diese Übung ist eigentlich eine Kopfrechenaufgabe, denn man sieht unmittelbar, dass es um die Lösung der Gleichung $10x - 4 = 0$ geht.

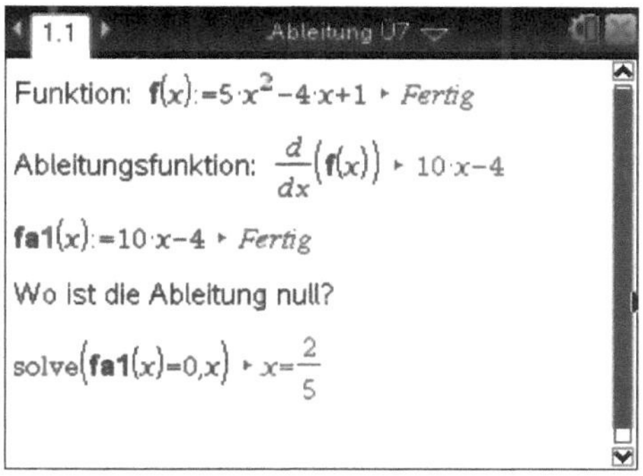

Verfährt man bei entsprechenden Problemstellungen wie auf der im Bild dargestellten Notes-Seite, dann liefert die solve-Funktion unmittelbar eine Lösung, falls diese existiert; ansonsten erscheint false. Es lohnt sich also, eine solche tns-Datei zu speichern.

III. Kurvenuntersuchungen

139 1. a) Nach dem Öffnen einer Graphik-Seite wird der Term $\frac{x^2}{2} + a \cdot \sin(x)$ eingegeben. Dessen Graph erscheint aber erst nach der Eingabe menu Aktionen ▶ Schieberegler einfügen.
Für $0 \leq a \leq 1$ zeigen sich noch keine Wendepunkte. Erst für $a > 1$ ändert sich das Krümmungsverhalten; man erkennt Wendepunkte. Für $a = 3$ wird ein Sattelpunkt sichtbar, danach ergeben sich lokale Extrema.

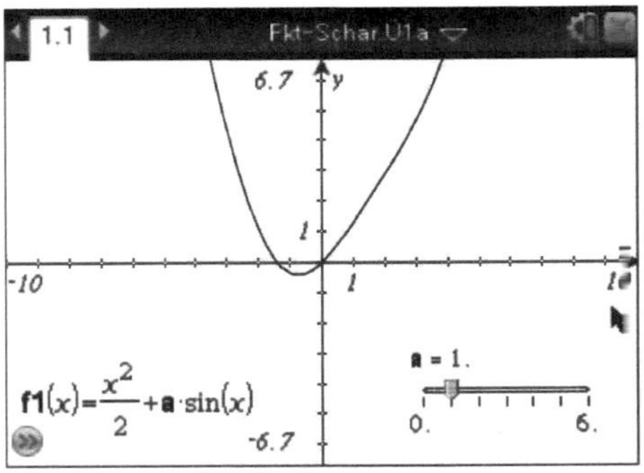

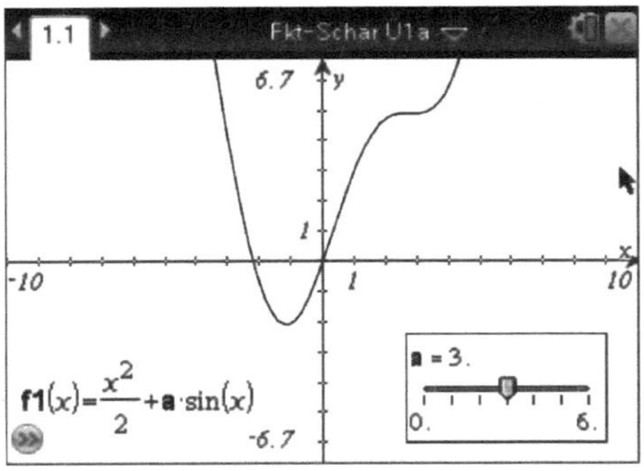

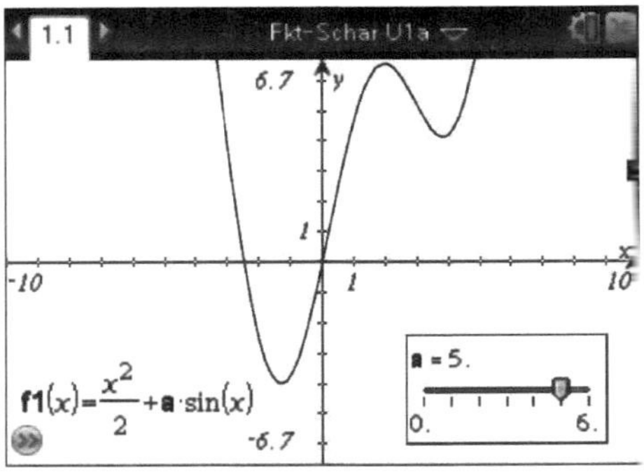

b) In einem neuen Dokument werden auf einer Calculator-Seite f und die ersten drei Ableitungen bestimmt.
Das CAS liefert für die Gleichung $f_a''(x) = 0$ die Lösungen
$x = -\sin^{-1}(\frac{1}{a}) + (2n+1)\pi$ und
$x = \sin^{-1}(\frac{1}{a}) + 2n\pi$, n ∈ ,
unter der Bedingung $-1 \leq \frac{1}{a} \leq 1$.
Nach Aufgabenstellung besteht die Einschränkung $0 \leq a \leq 5$; damit kann es nur Wendepunkte für $1 < a \leq 5$ geben, also für $\frac{1}{5} \leq \frac{1}{a} < 1$. Daraus folgt $0{,}201 \leq \sin^{-1}(\frac{1}{a}) < \frac{\pi}{2}$ und es kommen nur die Wendestellen mit $n = 0$ und $n = 1$ in Frage, also:

$x = \sin^{-1}(\frac{1}{a}) \quad \in [\overline{0{,}201}; \underline{1{,}571}[$,
$x = -\sin^{-1}(\frac{1}{a}) + \pi \quad \in]\underline{1{,}571}; \overline{2{,}941}]$,
$x = \sin^{-1}(\frac{1}{a}) + 2\pi \quad \in [\overline{6{,}484}; \underline{7{,}854}[$,
$x = -\sin^{-1}(\frac{1}{a}) + 3\pi \quad \in]\underline{7{,}854}; \overline{9{,}224}]$.
($\underline{z{,}zzz}$ für $a = 1$; $\overline{z{,}zzz}$ für $a = 5$)

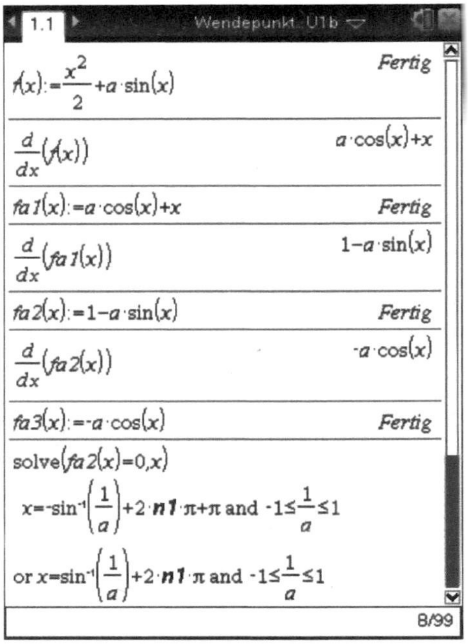

Im Bild sind neben dem Graphen der gegebenen Funktion für den Fall a = 1 auch Graphen der 2. und 3. Ableitung dargestellt. Man sieht unmittelbar, dass die 2. Ableitung $1 - \sin(x)$ zwar Nullstellen bei $x = \frac{\pi}{2} \approx 1,57$ und $x = \frac{5\pi}{2} \approx 7,85$ hat, aber dort das Vorzeichen nicht wechselt. Die Verletzung der hinreichenden Bedingung für Wendestellen ergibt sich auch daraus, dass die 3. Ableitung dort ebenfalls Nullstellen hat.

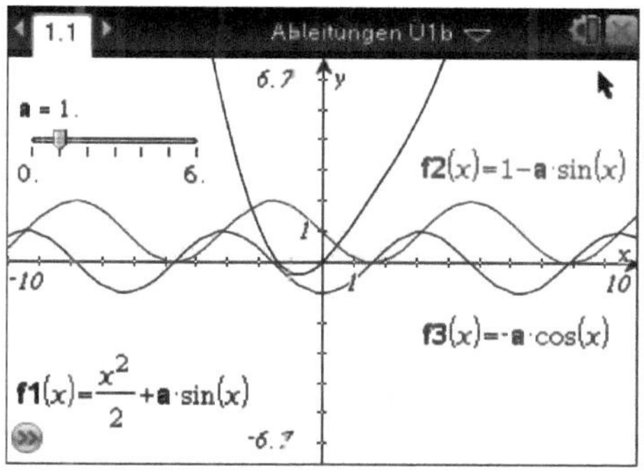

Die Bestimmung der Wendestellen wird recht mühsam durch die auf die Anwendung der solve-Funktion folgenden Betrachtungen unten auf der Seite 138. Das CAS bietet aber einen einfacheren Weg: Unter menu Graph analysieren ▶ Wendestelle wählt man zunächst ein Intervall, in dem von links beginnend ein erster Wendepunkt bestimmt wird. Bei der Auswahl des Intervalls muss man sehr sorgfältig vorgehen!

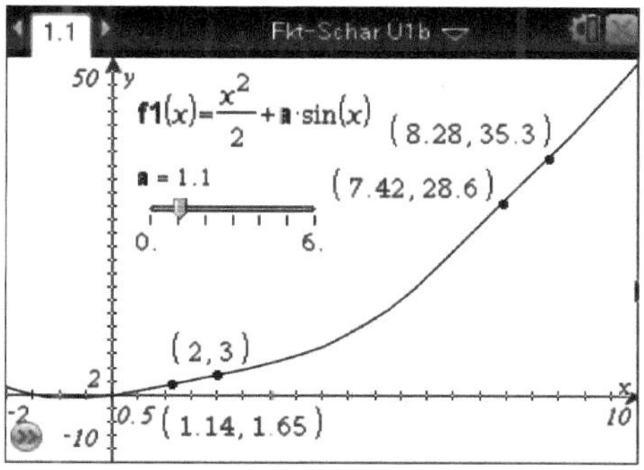

Die beiden mittleren Bilder zeigen den Graphen für a = 1,1 (für die Schrittweite des Schiebereglers wurde 0,1 gewählt) bzw. für a = 5. Man kann damit sehr gut die Lage der Wendestellen in den unten auf Seite 138 bestimmtem halboffenen Intervallen [0,201;1,571[,]1,571;2,941], [6,484;7,854[,]7,854;9,224] beobachten und bestätigen.

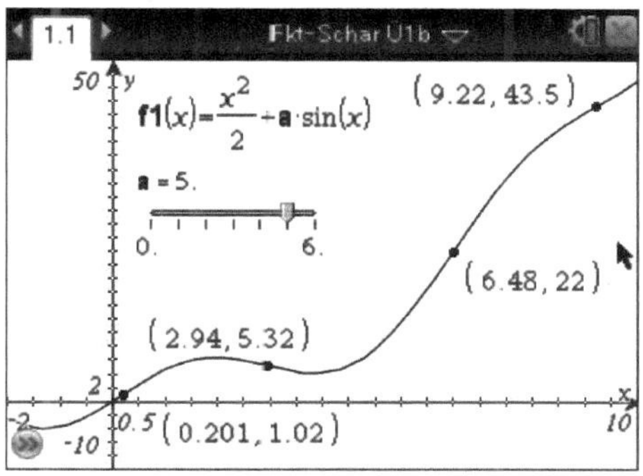

Abschließend werden mit einer Tabellenkalkulation die vier möglichen Wendestellen x1, x2, x3, x4 zu den Werten a = 1; 1,1; 1,2; 1,3; ...; 4,8; 4,9; 5,0 bestimmt. Für a = 1 liegen allerdings – wie oben bereits festgestellt – weder bei $x = \frac{\pi}{2}$ noch bei $x = \frac{5\pi}{2}$ Wendestellen vor. Ein formales Vorgehen mit CAS kann zu Irrtümern führen. In jedem Fall muss man auch ein hinreichendes Kriterium heranziehen.

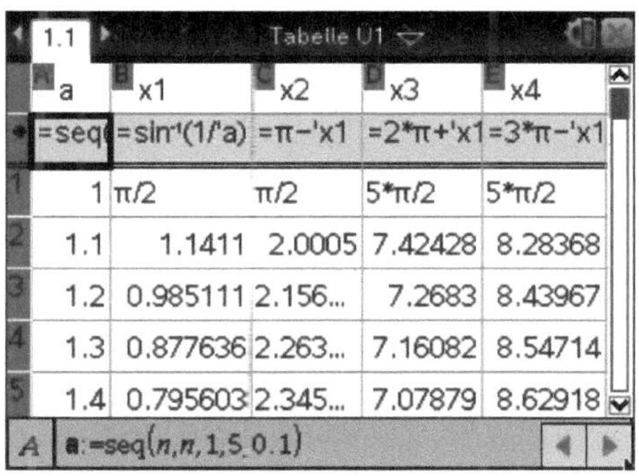

IV. Anwendungen der Differentialrechnung

182 1. Das nebenstehende Bild zeigt die Bearbeitung des Optimierungsproblems Abwurfwinkel von der Schülerbuchseite 182 auf einer Notes-Seite.

Zur Verwendung der tns-Datei für andere Optimierungsaufgaben sind nur die Hauptbedingung und die Nebenbedingung entsprechend anzupassen.

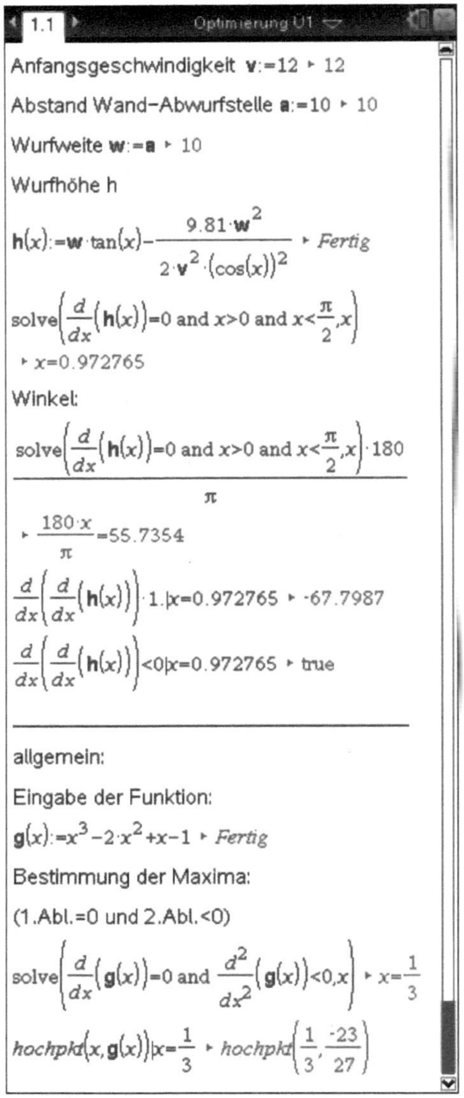

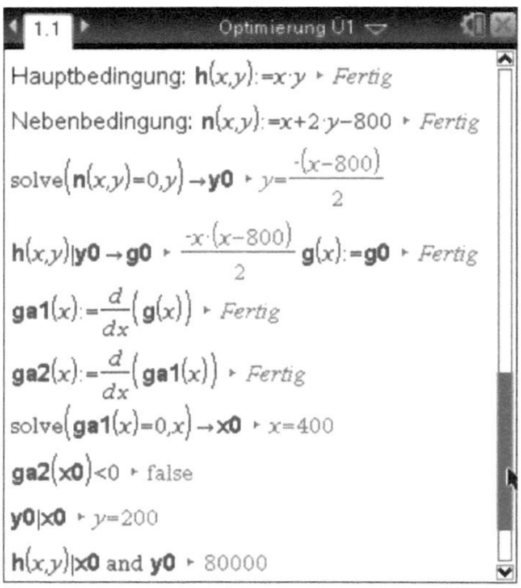

Das links stehende Bild zeigt die Lösung des Einführungsbeispiels zur Optimierung aus dem Schülerbuch, ebenfalls bearbeitet auf einer Notes-Seite.

2. Das nebenstehende Bild zeigt die Bearbeitung des Trassierungsproblems von der Schülerbuchseite 183 auf einer Notes-Seite. 183

   Zur Verwendung der tns-Datei für andere Trassierungsprobleme sind die Funktionsterme und die Verbindungsstellen a und b entsprechend abzuändern.

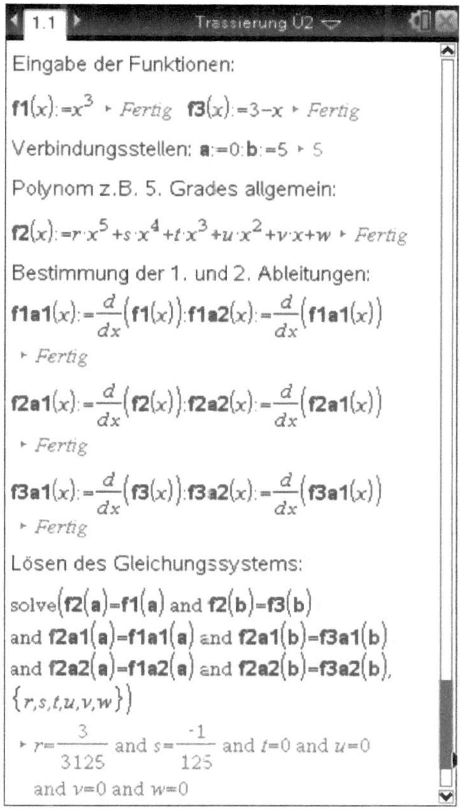

3. Bei 3 Teilintervallen $[x_0; x_1]$, $[x_1; x_2]$, $[x_2; x_3]$, also 4 Punkten $P_0(x_0; y_0), \ldots, P_3(x_3; y_3)$, sind 3 Polynome p_0, p_1, p_2 dritten Grades mit insgesamt $3 \cdot 4 = 12$ Koeffizienten zu bestimmen. Man benötigt also 12 Bedingungen. 185

   Zunächst sind folgende 6 Bedingungen zu erfüllen:
   $p_0(x_0) = y_0$, $p_0(x_1) = y_1$ und $p_1(x_1) = y_1$, $p_1(x_2) = y_2$ und $p_2(x_2) = y_2$, $p_2(x_3) = y_3$.

   Für die ersten beiden Ableitung ergeben sich insgesamt 4 Bedingungen:
   $p_0'(x_1) = p_1'(x_1)$, $p_1'(x_2) = p_2'(x_2)$ und $p_0''(x_1) = p_1''(x_1)$, $p_1''(x_2) = p_2''(x_2)$.

   Zusätzlich fordert man wieder: $p_0''(x_0) = p_2''(x_3) = 0$. Damit sind es 12 Bedingungen.

   Bei 4 Teilintervallen $[x_0; x_1], \ldots, [x_3; x_4]$, also 5 Punkten $P_0(x_0; y_0), \ldots, P_4(x_4; y_4)$, sind 4 Polynome p_0, p_1, p_2, p_3 dritten Grades mit insgesamt $4 \cdot 4 = 16$ Koeffizienten zu bestimmen. Man benötigt also 16 Bedingungen.

   Zunächst sind folgende 8 Bedingungen zu erfüllen: $p_0(x_0) = y_0$, $p_0(x_1) = y_1$ und $p_1(x_1) = y_1$, $p_1(x_2) = y_2$ und $p_2(x_2) = y_2$, $p_2(x_3) = y_3$ und $p_3(x_3) = y_3$, $p_3(x_4) = y_4$.

   Für die ersten beiden Ableitungen sind es insgesamt 6 Bedingungen: $p_0'(x_1) = p_1'(x_1)$, $p_1'(x_2) = p_2'(x_2)$, $p_2'(x_3) = p_3'(x_3)$, $p_0''(x_1) = p_1''(x_1)$, $p_1''(x_2) = p_2''(x_2)$, $p_2''(x_3) = p_3''(x_3)$.

   Zusätzlich fordert man wieder: $p_0''(x_0) = p_3''(x_4) = 0$. Damit sind es 16 Bedingungen.

185 Das untere Bild zeigt auf einer Notes-Seite die Formulierung der Bedingungen für drei Teilintervalle, das nebenstehende Bild die Bedingungen für vier Teilintervalle.
In beiden Fällen handelt es sich nur um einen Text. Ein Beispiel für die Umsetzung behandelt die Übung 4.

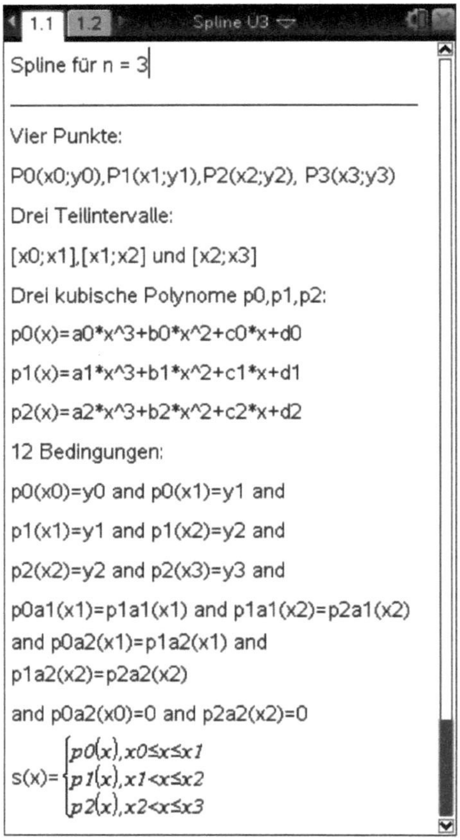

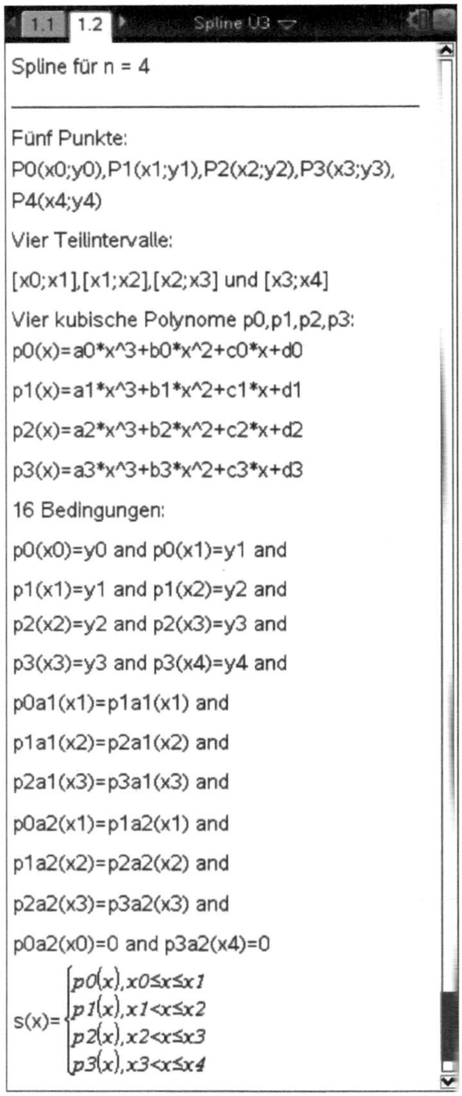

Allgemeiner Fall:

Bei n Teilintervallen, also n + 1 Punkten und n Polynomen mit 4n Koeffizienten, kommt man auf 2n Interpolationsbedingungen und $2(n-1) = 2n-2$ Glattheitsbedingungen. Mit den 2 Zusatzbedingungen für natürliche Splines sind es dann insgesamt 4n Bedingungen zur Bestimmmung der 4n gesuchten Koeffizienten.

4. Es wird wieder eine Notes-Seite verwendet. Damit besteht die Möglichkeit, für andere vier Punkte sofort den Spline zu berechnen. **185**

   Zunächst erfolgt die Eingabe der x- und der y-Koordinaten der vier gegebenen Punkte. Anschließend werden die drei kubischen Polynome p0, p1 und p2 mit den noch unbekannten Koeffizienten a0, b0, c0, d0; a1, b1, c1, d1; a2, b2, c2, d2 definiert und danach jeweils die erste und die zweite Ableitungsfunktion definiert (Bild links). Danach kann das aus den Spline-Bedingungen gebildete Gleichungssystem mit dem solve-Befehl gelöst werden (Bild rechts)

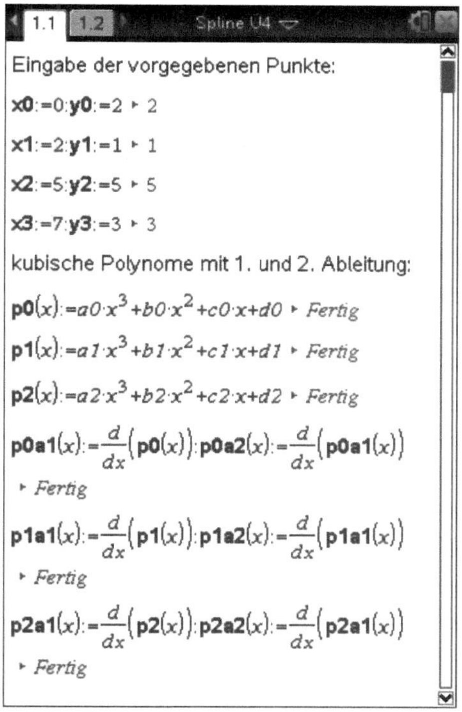

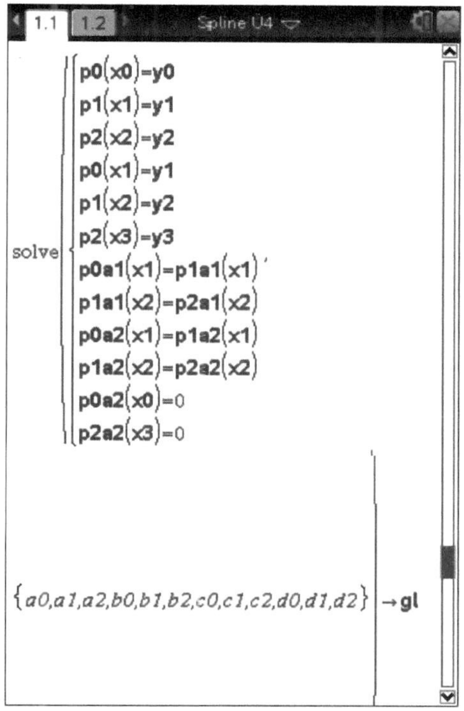

Im rechten Bild ist eine wichtige Aktion zu erkennen: Mit sto → gl (also mit der Tastenfolge ctrl var gl) wird die Lösung des Gleichungssystems unter dem Namen gl gespeichert, damit sie später verwendet werden kann.

Im Anschluss an diese Aktion erscheint – wie im nebenstehenden Bild dargestellt – die Lösung des Gleichungssystems, also die Werte der 12 Koeffizienten a0, ..., d2 der drei kubischen Polynome. Diese Lösung ist unter gl gespeichert.

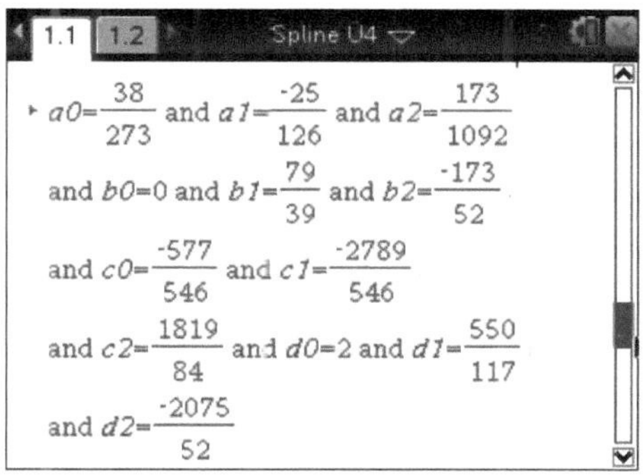

185 Im nebenstehenden Bild werden zunächst die stückweise definierten Polynome s0, s1 und s2 für die drei Teilintervalle festgelegt, indem in den drei Polynomen p0, p1 und p2 die Koeffizienten a0, ..., d2 mit den Werten gl der Lösung des Gleichungssystems belegt werden.

Dann wird der natürliche Spline s aus den drei Stücken zusammengesetzt und der Term ausgegeben.

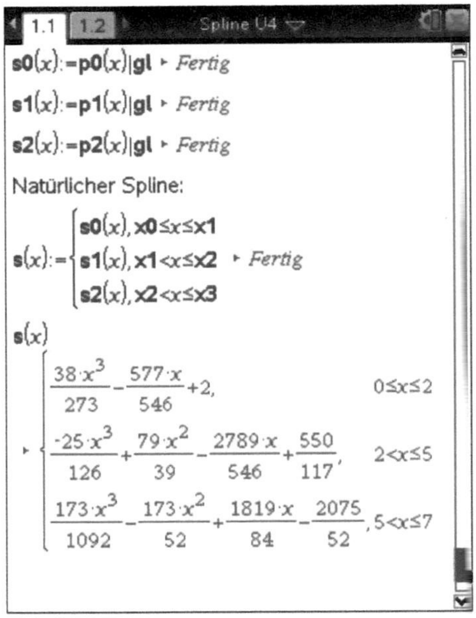

Abschließend wird der Graph des Splines zusammen mit den gegebenen Punkten $(x0, y0), \ldots, (x3, y3)$ auf einer Graphs-Seite dargestellt.

Die Ausgabe des Graphen erfolgt einfach, indem $f1(x) = s(x)$ gesetzt wird. Die vier Punkte müssen zunächst beliebig platziert werden. Dann müssen nacheinander die einzelnen Koordinaten markiert und mit [var] und der Auswahl Verknüpfen mit mit den Werten der Variablen x0, ..., y2 verknüpft werden. Die Punkte rücken damit an die richtigen Stellen.

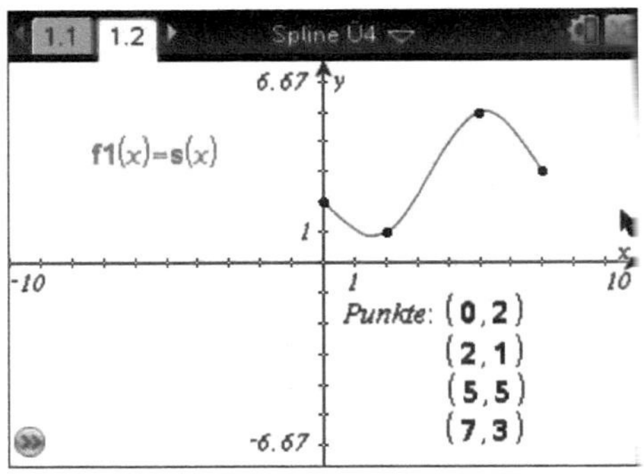

Die so erstellte Notes-Seite kann nun leicht für andere Werte der 4-Punkte-Tabelle verwendet werden.

V. Grundlagen der Integralrechnung

1. Die Übung wird auf einer Notes-Seite bearbeitet. Damit kann die Anzahl n der Teilintervalle beliebig so geändert werden, dass die Differenz von Ober- und Untersumme der geforderten Bedingung genügt, also im vorliegenden Fall weniger als $\frac{1}{100}$ beträgt. 208

   Die Festlegung der Anzahl n der Teilintervalle steht am Anfang. Danach werden die Funktion f definiert und die Intervallgrenzen a und b festgelegt. Dann erfolgt die Berechnung der Untersumme u(n) und der Obersumme o(n). Schließlich wird die Differenz $d = o(n) - u(n)$ links als Bruchzahl und daneben als Dezimalzahl ausgegeben. Falls d noch nicht der geforderten Bedingung genügt, ist n zu erhöhen.

   Das nebenstehende Bild zeigt das Ergebnis der Untersuchung: $n = 101$ ist der kleinste Index, für den die Differenz $d = o(n) - u(n) < \frac{1}{100}$ ist.

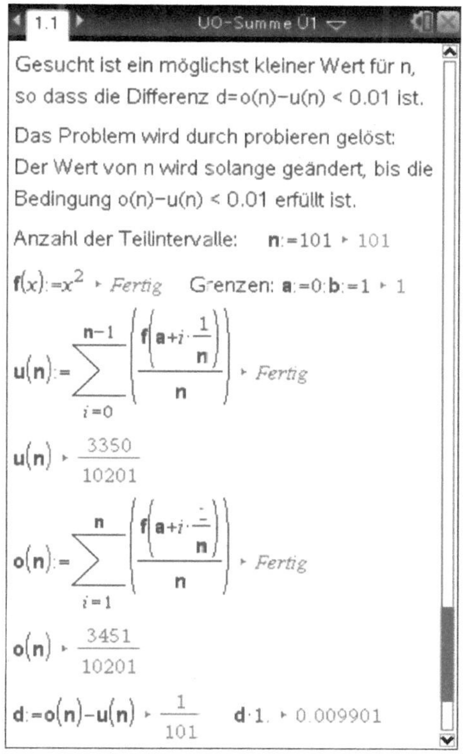

2. Es wird eine Notes-Seite verwendet. 209

   Zunächst wird die Funktion f definiert, dann die Intervallgrenzen a und b sowie die Anzahl n der Teilintervalle festgelegt.

   Für $n = 3$ erhält man die Untersumme $\frac{188}{243}$ und die Obersumme $\frac{269}{243}$.

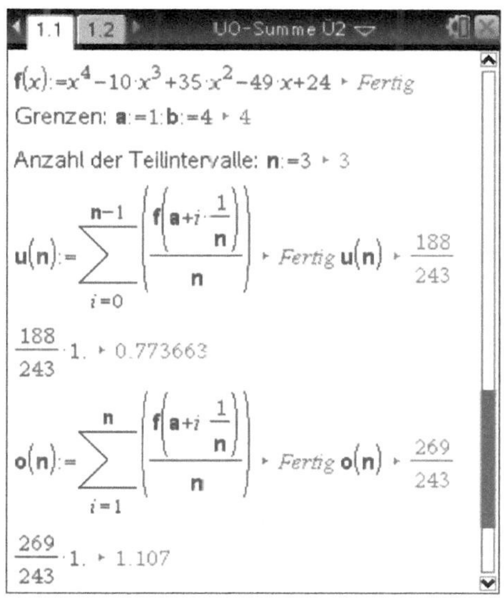

209 3. Das erste Bild zeigt die Notes-Seite mit den Eingaben. Die anderen drei Bilder zeigen die Ergebnisse für n = 4, n = 40 und n = 400. Im Bild für n = 4 ist unten außerdem der Wert des Integrals ausgegeben. Man erkennt, dass für n = 400 der Wert der Trapezsumme erst in der 6. Stelle hinter dem Komma vom Integralwert abweicht.

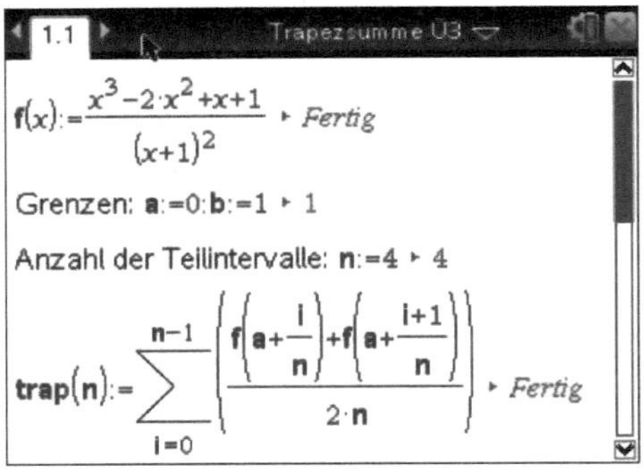

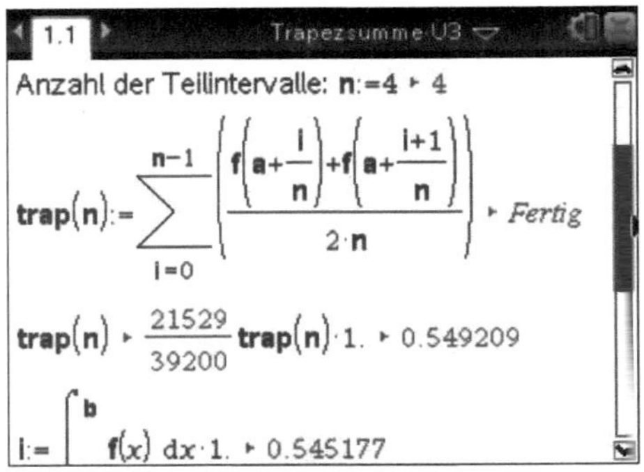

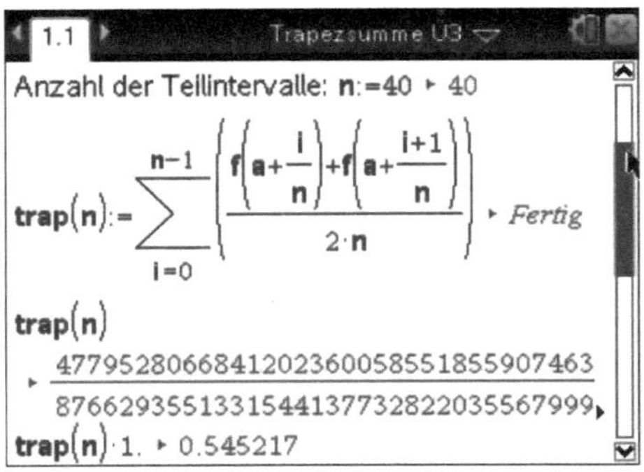

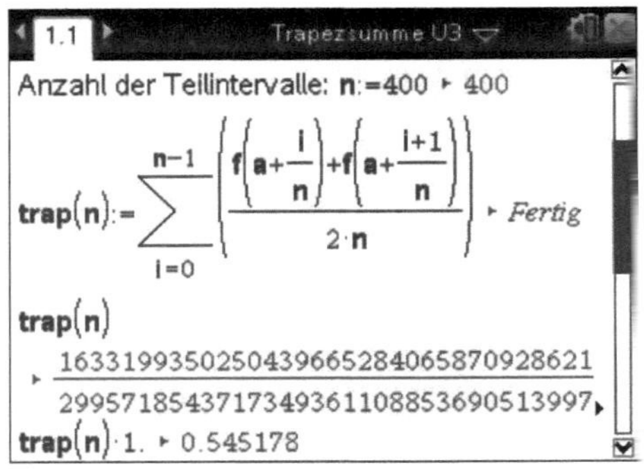

4. Bei der Trapezsumme wird die Fläche unter dem Graphen der Funktion durch Trapeze approximiert. Der Graph der Funktion wird also stückweise durch lineare Funktionen ersetzt. Eine bessere Näherung ergibt sich, wenn man den Graphen stückweise durch Parabeln ersetzt.
Verwendet man zunächst eine Parabel durch die Punkte $(a, f(a))$, $(\frac{a+b}{2}, f(\frac{a+b}{2}))$ und $(b, f(b))$, so ergibt sich die sog. Kepler'sche Fassregel.
Wird die Kepler'sche Fassregel mehrfach angewendet, so spricht man von der Simpson'schen Regel.
Der exakte Wert des Integrals $\int_0^1 x^4\,dx$ ist $\frac{1}{5}$, also 0,2. Die Kepler'sche Fassregel liefert $\frac{5}{24} \approx 0{,}208333$, mit der Simpson'schen Regel (n = 4) ergibt sich die bessere Näherung $\frac{1229}{6144} \approx 0{,}200033$.

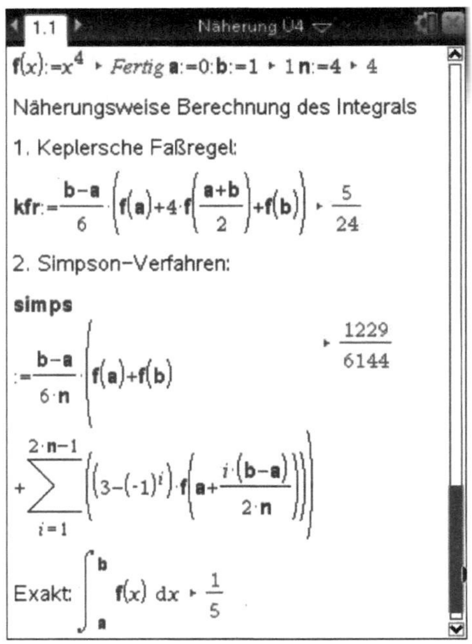

5. Es wird eine Calculator-Seite verwendet. Die gesuchte Stammfunktion ist $F(x) = \frac{x^3}{6} - \frac{x^2}{4} + 1$. 210

   Das Ergebnis wird bestätigt.

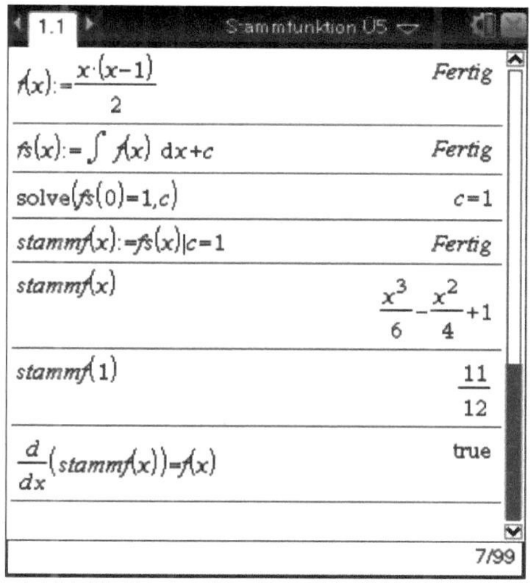

6. Es wird eine Calculator-Seite verwendet. Das Bild zeigt die Ergebnisse.

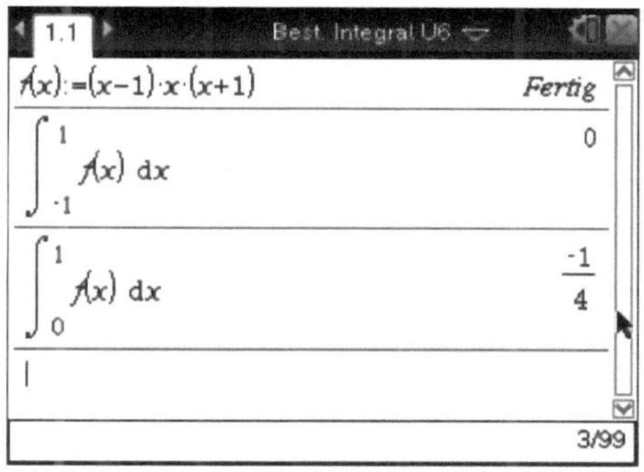

7. Zur Bestätigung ausgewählter Eigenschaften kann eine Calculator-Seite verwendet werden.

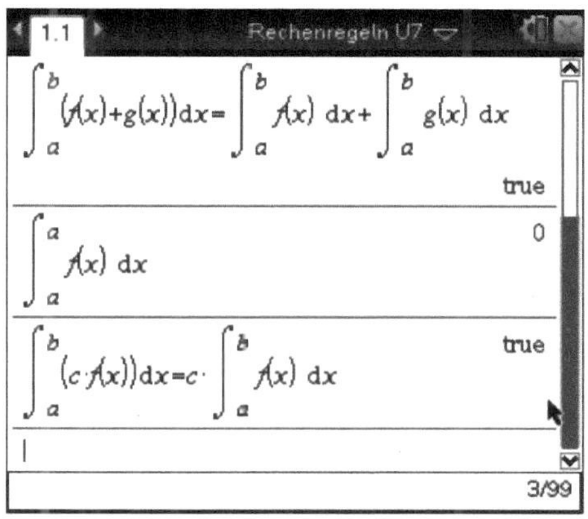

211 8. Es wird eine Calculatorseite verwendet.

a) Für den Inhalt der Fläche zwischen den Graphen von g und h für $0 \leq x \leq 4$ erhält man 5,07629 FE.

b) Zunächst werden die Schnittpunkte der Graphen bestimmt. Die Fläche zwischen den Graphen hat den Inhalt 2,76555 FE.

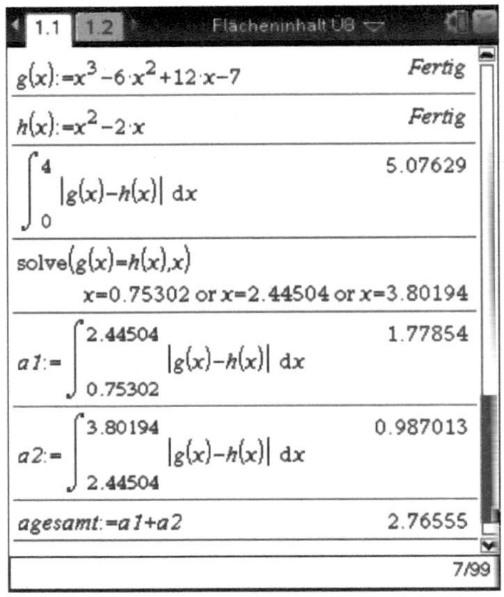

Auf einer Graphs-Seite können die Zusammenhänge veranschaulicht werden.

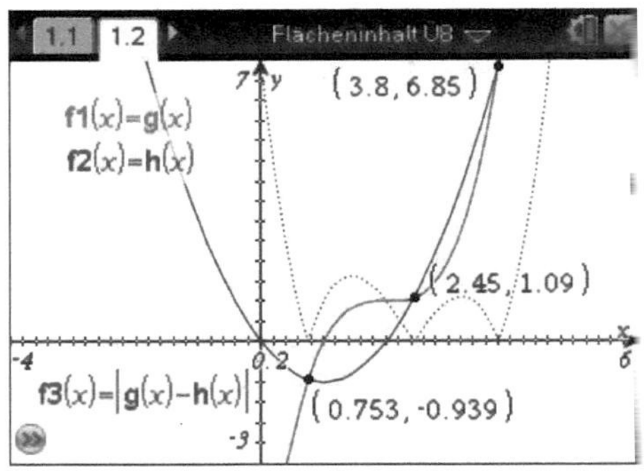

VI. Anwendungen der Integralrechnung

1. Im Anschluss an die Eingabe des Funktionsterms f(x) auf einer Calculator-Seite werden mit dem zeros-Befehl alle drei Nullstellen $-2\sqrt{3}$, 0 und $2\sqrt{3}$ ermittelt. 253

Die erste und die zweite Ableitung von f werden unter den Namen fa1 bzw. fa2 abgelegt, die Nullstellen -2 und 2 der ersten Ableitung bestimmt.

Die zweite Ableitung bei -2 ist negativ, bei 2 ist sie positiv; also liegt bei -2 ein Hochpunkt und bei 2 ein Tiefpunkt vor. Die Funktionswerte $f(-2) = \frac{16}{3}$ bzw. $f(2) = -\frac{16}{3}$ werden bestimmt.

Als Kommentarzeile werden die Extrempunkte und die Gleichung $y = -\frac{16}{3}$ der Parallelen zur x-Achse durch den Tiefpunkt notiert. Diese schneidet den Graphen von f im Punkt $A(-4; -\frac{16}{3})$, was man unmittelbar aus dem Funktionsterm ablesen kann.

Damit sind alle Integrationsgrenzen bestimmt, womit schließlich die Berechnung der Flächeninhalte a1 und a2 durchgeführt werden kann. Ihr Verhältnis beträgt 3 : 1.

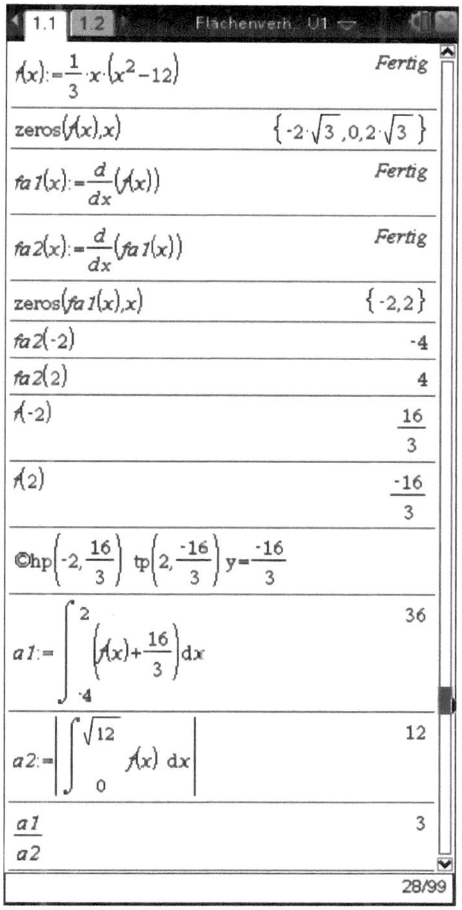

Es ist sinnvoll, gleich im Anschluss an die Eingabe des Funktionsterms f(x) auf einer Calculator-Seite den Graphen von f auf einer Graphs-Seite darzustellen. Das Bild wird später durch die Parallele zur x-Achse durch den Tiefpunkt T vervollständigt. Die Flächen, deren Verhältnis oben auf der Calculator-Seite bestimmt wurde, befinden sich unterhalb der Kurve über den Strecken $\overline{AT}$ bzw. $\overline{N_1N_2}$.

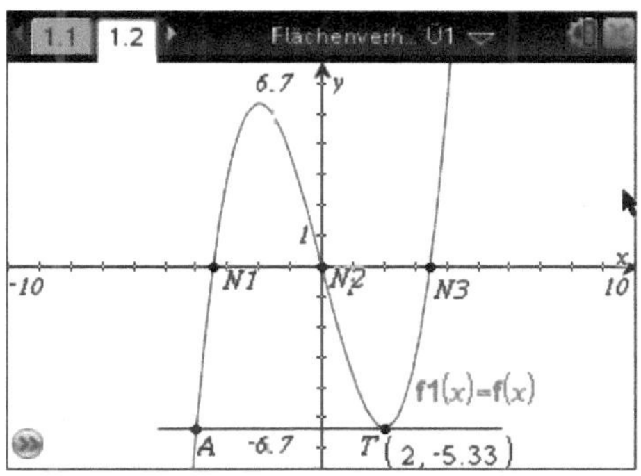

253 Überträgt man das Problem von Seite 149 auf ein beliebigens Polynom 3. Grades $px^3 + qx^2 + rx + s$, so sind folgende Flächen a1, a2 zu betrachten:

Die Fläche a1 wird berandet durch den Graphen und durch eine Parallele zur x-Achse durch den Tiefpunkt. Aus Symmetriegründen kann auch die Parallele durch den Hochpunkt verwendet werden, denn beide Flächen sind kongruent und haben gleichen Inhalt.

Die Fläche a1 wird berandet durch den Graphen und durch eine Parallele zur x-Achse durch den Wendepunkt. Auch hier gibt es zwei kongruente und folglich inhaltsgleiche Flächen.

Verschiebt man den Graphen so, dass sein Wendepunkt im Koordinatenursprung liegt, so ändern sich die betrachteten Flächen nicht, aber man erhält einen einfacheren Funktionsterm der Form $g(x) = ax(x^2 - b) = ax^3 - abx$. Das folgende Bild zeigt die Transformation. Die Koeffizienten a und b von g(x) kann man leicht ohne Hilfsmittel bestimmen.

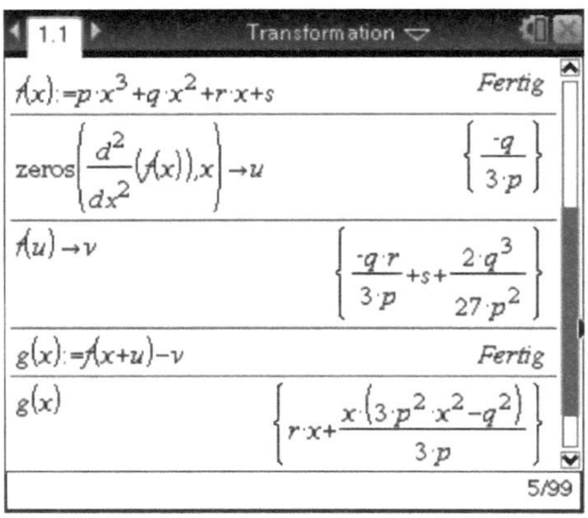

Man kann also genau wie auf Seite 149 vorgehen und erhält schließlich auch für den allgemeinen Fall das Verhältnis a1 : a2 = 3 : 1.

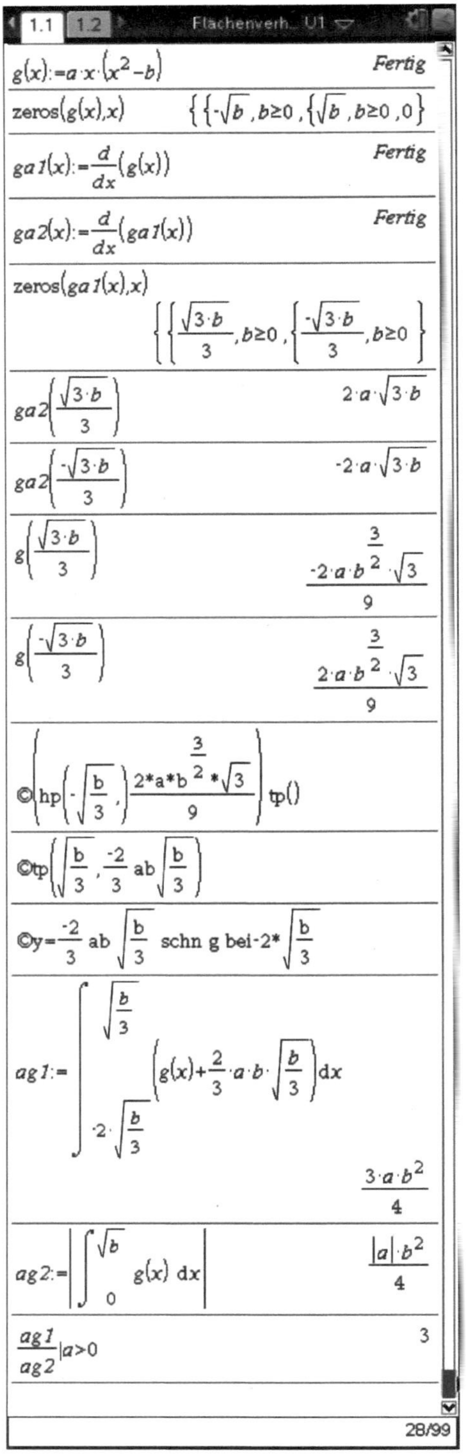

2. Es werden parallel alle drei Teilaufgaben a), b), c) gelöst und die Funktionen g und h mit den entsprechenden Bezeichnung eingegeben. Anschließend werden zunächst die x-Koordinaten der Schnittpunkte der Graphen mit solve(g(x)=h(x),x) berechnet und damit die Integrationsgrenzen für die Flächenintegrale bestimmt. Das nebenstehende Bild zeigt die Ergebnisse: 255
   a) 36
   b) 16 (auf zwei Wegen)
   c) 12,3333

   Die restlichen drei Bilder zeigen jeweils die Graphen.

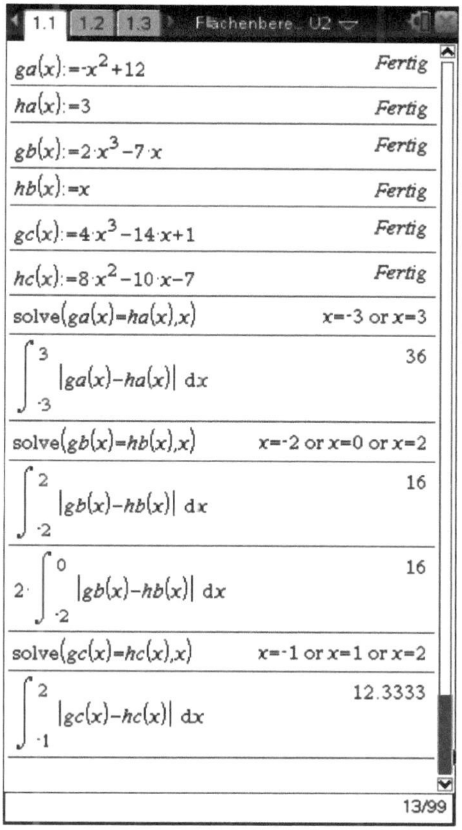

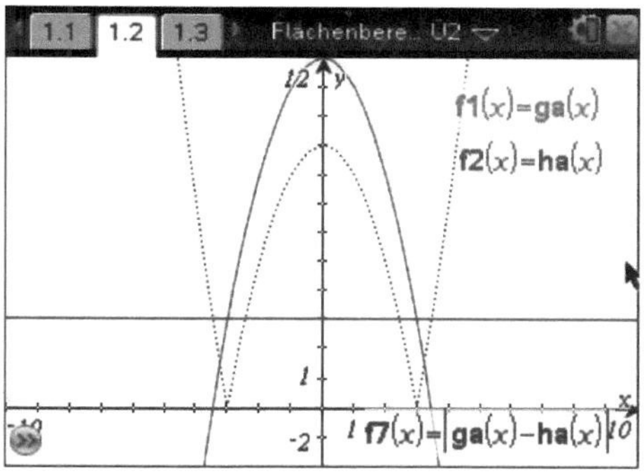

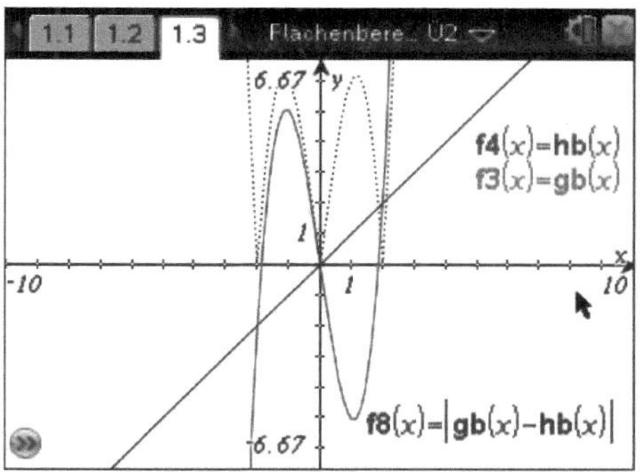

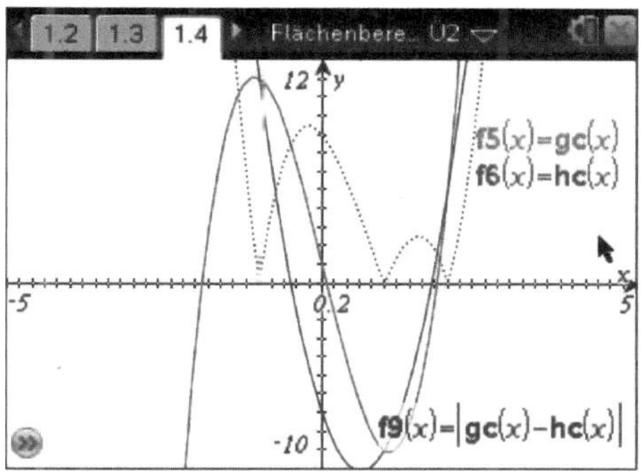

VII. Vektoren

291 1. Die Eingaben des Punktes C und des Ortsvektors $\vec{d}$ zum Punkt D erfolgen wie in der Übung auf der Schülerbuchseite 290 beschrieben.

Den Ortsvektor $\vec{c}$ erhält man durch [menu] Matrix und Vektor ▶ Transponieren.

Der Verbindungsvektor $\overrightarrow{CD}$ ergibt sich als Differenz $\vec{d} - \vec{c}$.

Anschließend werden mit dem norm-Befehl die Beträge der drei Vektoren berechnet und miteinander verglichen.

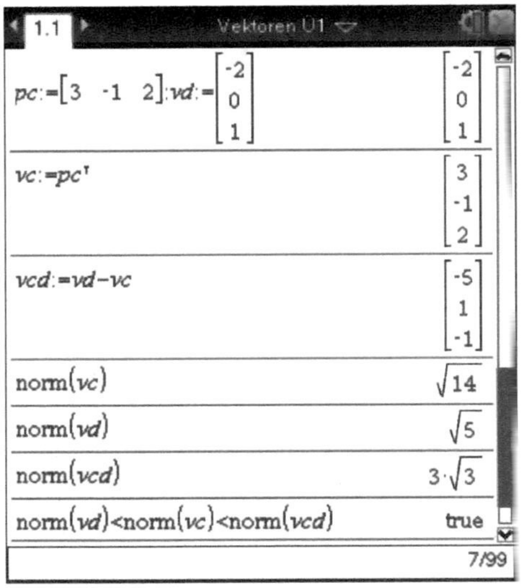

2. Zunächst werden die drei gegebenen Vektoren mit den Namen v1, v2, v3 und außerdem der Nullvektor v0 auf einer Calculator-Seite eingegeben.
Die Lösung des homogenen Gleichungssystems $k_1 \cdot \vec{v}_1 + k_2 \cdot \vec{v}_2 + k_3 \cdot \vec{v}_3 = \vec{v}_0$ erfolgt mit dem solve Befehl; man erhält dabei zwei Lösungen für das Quadrupel (a,k1,k2,k3). Diese stehen (mit zwei Parametern c1 und c2 versehen) in einer langen Zeile, weshalb im Folgenden zwei Screenshots nebeneinander dargestellt sind:

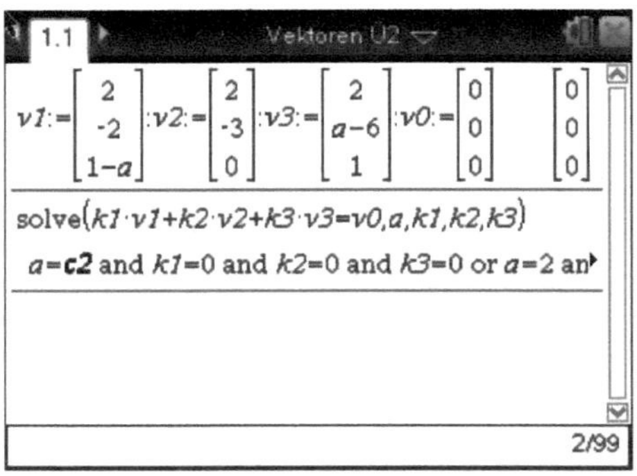

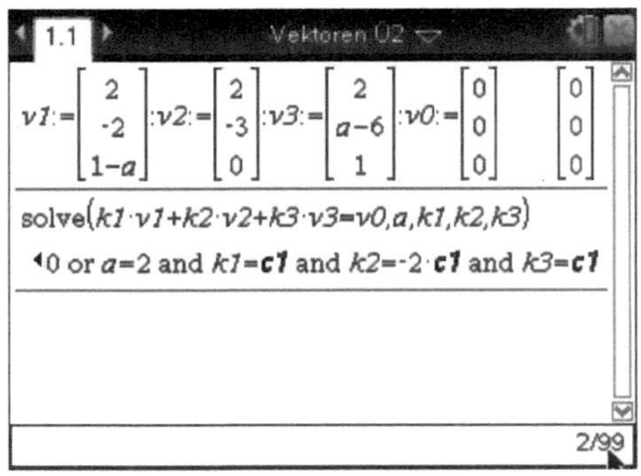

Im ersten Lösungsquadrupel gilt für die Koeffizienten k1 = k2 = k3 = 0.

Bei a = 2 können die Koeffizienten k1, k2 und k3 auch Werte ≠ 0 annehmen.

Die drei gegebenen Vektoren sind also nur für a = 2 linear abhängig.

Für a ≠ 2 sind sie linear unabhängig und bilden damit eine Basis des ^{3}.

3. Zunächst werden die drei gegebenen Vektoren mit den Namen v1, v2, v3 und außerdem der Nullvektor v0 auf einer Calculator-Seite eingegeben. **291**
Die Lösung des homogenen Gleichungssystems $k_1 \cdot \vec{v}_1 + k_2 \cdot \vec{v}_2 + k_3 \cdot \vec{v}_3 = \vec{v}_0$ erfolgt mit dem solve Befehl; man erhält dabei drei Lösungen für das 5-Tupel (a,b,k1,k2,k3). Diese stehen (mit sechs Parametern c1, ..., c6 versehen) in einer langen Zeile, weshalb im Folgenden vier Screenshots dargestellt sind:

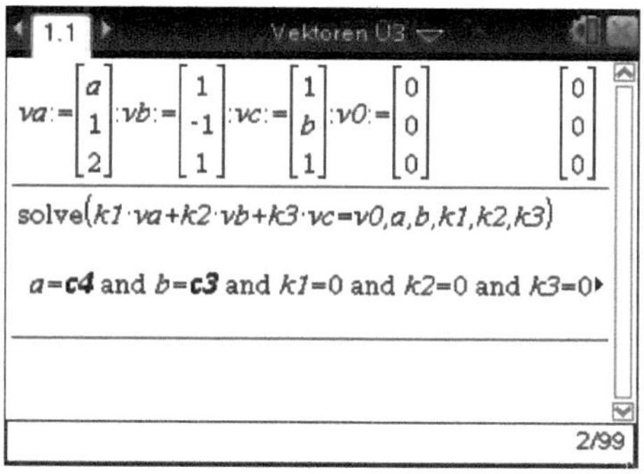

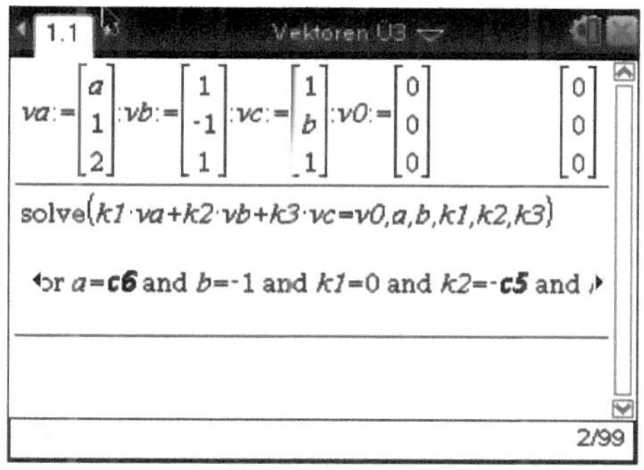

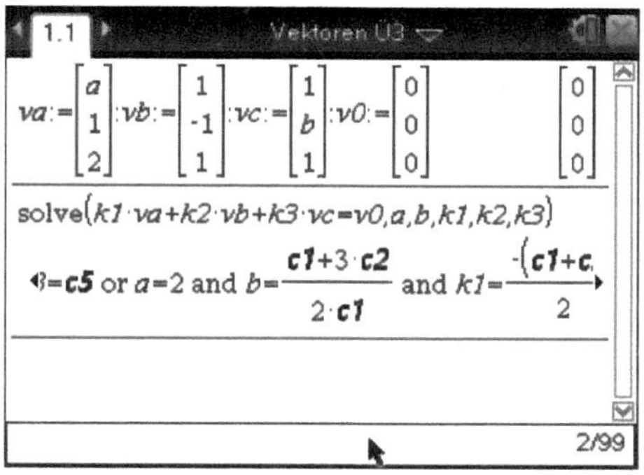

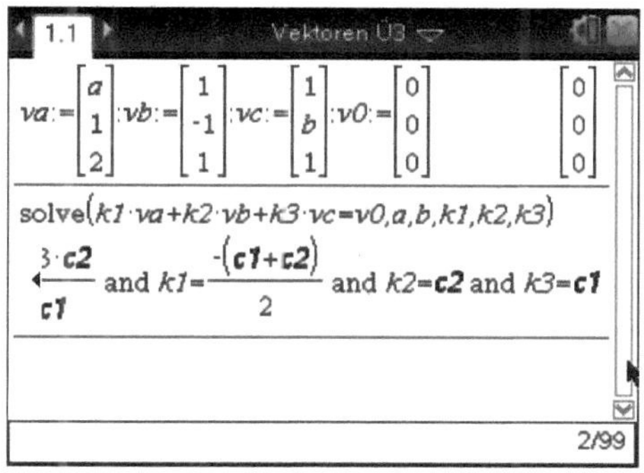

Die Lösung lautet also:

$$
\begin{aligned}
& (a = c_4 \wedge b = c_3 && \wedge\ k_1 = 0 && \wedge\ k_2 = 0 && \wedge\ k_3 = 0) \\
\vee\ & (a = c_6 \wedge b = -1 && \wedge\ k_1 = 0 && \wedge\ k_2 = -c_5 && \wedge\ k_3 = c_5) \\
\vee\ & (a = 2 \wedge b = \frac{c_1 + 3c_2}{2c_1} && \wedge\ k_1 = \frac{-(c_1 + c_2)}{2} && \wedge\ k_2 = c_2 && \wedge\ k_3 = c_1)
\end{aligned}
$$

Die drei gegebenen Vektoren sind also linear abhängig, wenn gilt:
b = −1 und a ∈ oder a = 2 und b ∈ .

VIII. Skalarprodukt und Vektorprodukt

319 1. Es wird eine Notes-Seite verwendet, da damit leicht der Parameter t variiert und das Ergebnis übersichtlich dargestellt werden kann. Man beachte, dass vorher die Einstellung des Winkelmaßes auf Grad vorzunehmen ist. Man erhält:

Für $\mathrm{t} = 1,76$ ist $\varphi = 45,0065°$.

Für $\mathrm{t} = -2 \lor \mathrm{t} = 2$ hat a die Länge 3. (Für die Anwendung des solve-Befehls wurde der Parameter mit s bezeichnet.)

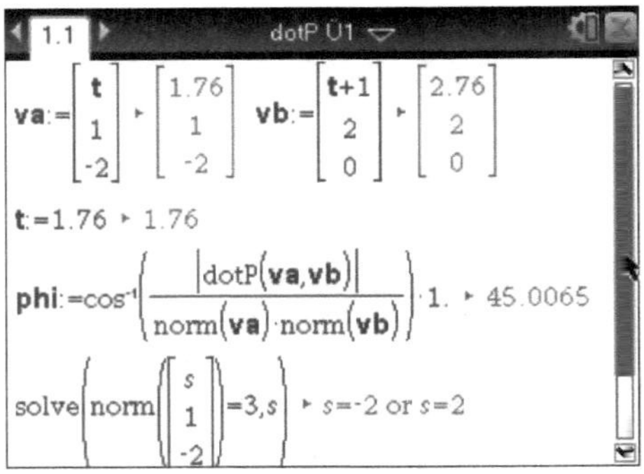

2. Es liegt ein nichtlineares Gleichungssystem zur Berechnung der Koordinaten x, y, z des Vektors $\vec{w}$ vor.
   - Die erste Gleichung stellt die Bedingung, dass $\vec{w}$ orthogonal zu $\vec{u}$ ist.
   - Die zweite Gleichung stellt die Bedingung, dass $\vec{w}$ orthogonal zu $\vec{v}$ ist.
   - Die dritte Gleichung fordert, dass $\vec{w}$ die Länge 1 hat.

Es werden also die Koordinaten von Einheitsvektoren berechnet, die sowohl auf $\vec{u}$ als auch auf $\vec{v}$ senkrecht stehen. Es gibt genau zwei Vektoren mit diesen Eigenschaften.

Die nebenstehende Notes-Seite zeigt die Umsetzung für ein einfaches Beispiel. Wie erwartet, gibt es zwei Vektoren mit den geforderten Eigenschaften.

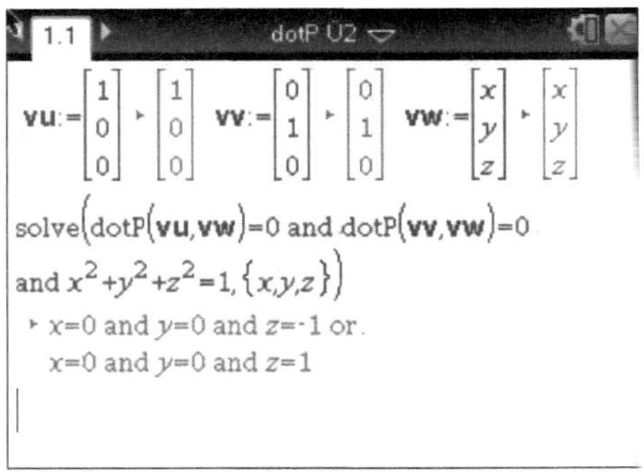

320 3.

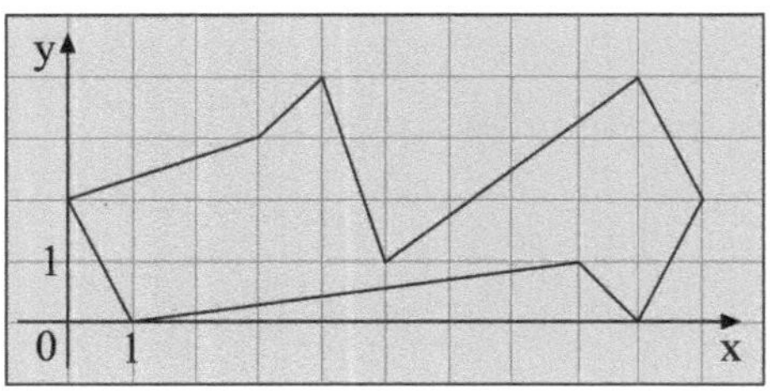

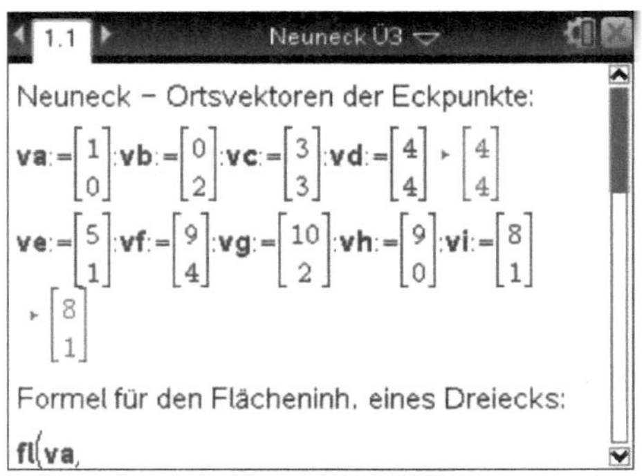

Bei Wahl des oben dargestellten Koordinatensystems wird das Neuneck durch die auf einer Notes-Seite definierten Vektoren beschrieben.

Im Anschluss an die Eingabe der Ortsvektoren wird die Formel für den Flächeninhalt fl(va,vb) eines durch die Vektoren $\vec{a}$ und $\vec{b}$ aufgespannten Dreiecks definiert. 320

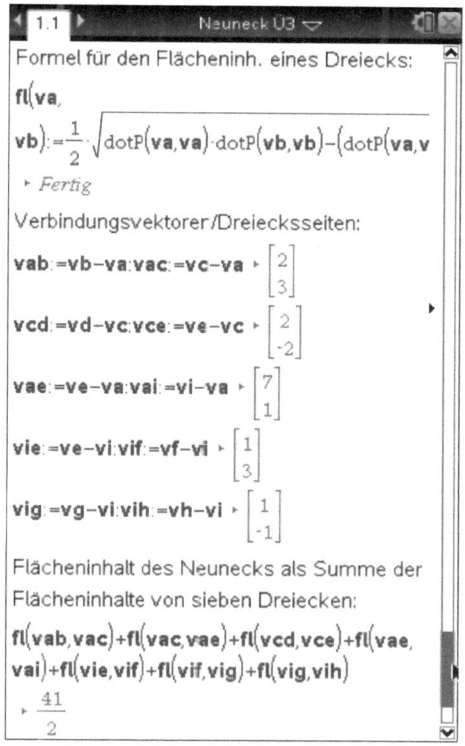

Auf der Grundlage der Ortsvektoren werden Verbindungsvektoren und Dreiecksseiten durch Vektoren beschrieben.

Das Neuneck wird in sieben Dreiecke zerlegt.

Für den Flächeninhalt des Neunecks erhält man den Wert 20,5.

4. Die folgenden Bilder zeigen die Berechnung des Oberflächeninhalts der durch ihre Eckpunkte gegebenen dreiseitigen Pyramide auf einer Notes-Seite.

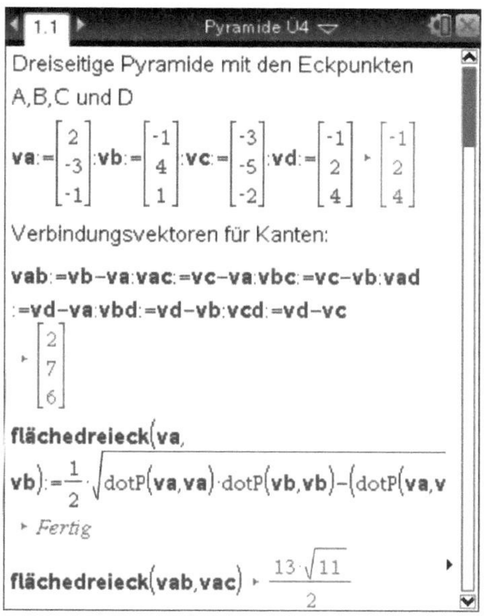

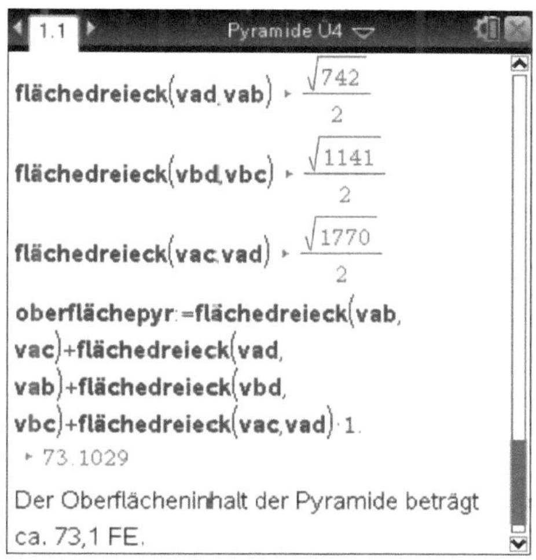

Man erhält etwa 73,1 FE für die Oberfläche der Pyramide.

320 5. Auf einer Notes-Seite werden zunächst die Ortsvektoren der gegebenen Eckpunkte des dreiseitigen Prismas eingegeben, die Verbindungsvektoren bestimmt und deren Längen berechnet (s. Bild unten).

Dann erfolgt (s. nebenstehendes Bild) die Berechnung der Einzelflächen und schließlich des Oberflächeninhalts.

Man erhält das Ergebnis 123,14.

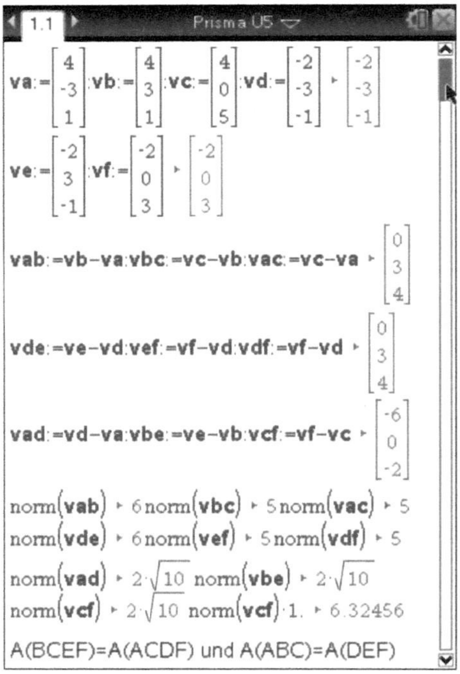

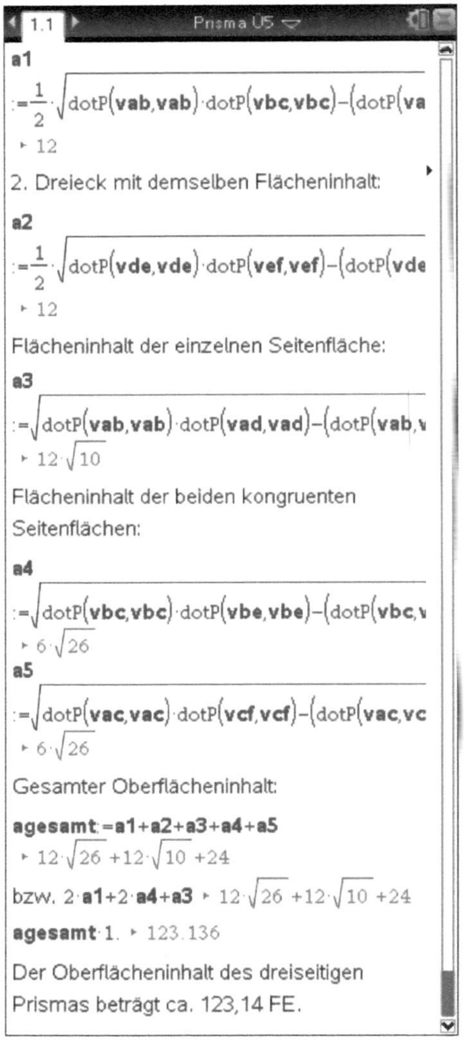

321 6. Auf einer Notes-Seite werden zunächst die gegebenen Vektoren notiert und anschließend die Formel für den Flächeninhalt des durch die beiden Vektoren aufgespannten Dreiecks.

Der Flächeninhalt beträgt $\frac{5\sqrt{3}}{2} \approx 4,33$ Flächeneinheiten.

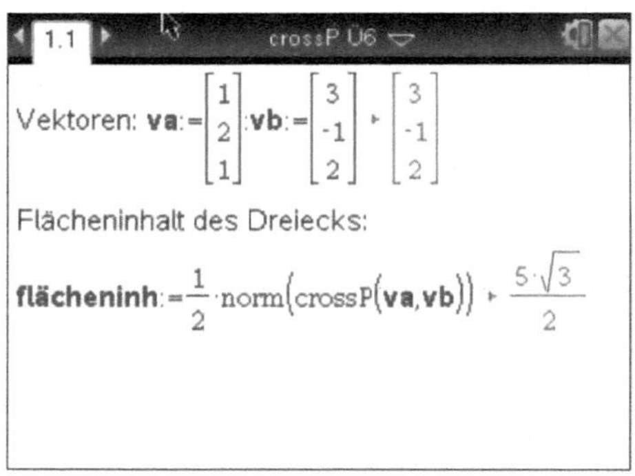

7. Auf einer Notes-Seite werden zunächst die gegebenen Vektoren notiert, wobei $\vec{c}$ den Parameter w enthält. Mit der Formel ergibt sich für das von w abhängige Spatvolumen der Term $|7w - 6|$. 321

Die Gleichung $|7w - 6| = 15$ hat die Lösung $w = -\frac{9}{7} \lor w = 3$. Für beide Werte des Parameters w hat der durch die Vektoren aufgespannte Spat ein Volumen von 15 Volumeneinheiten.

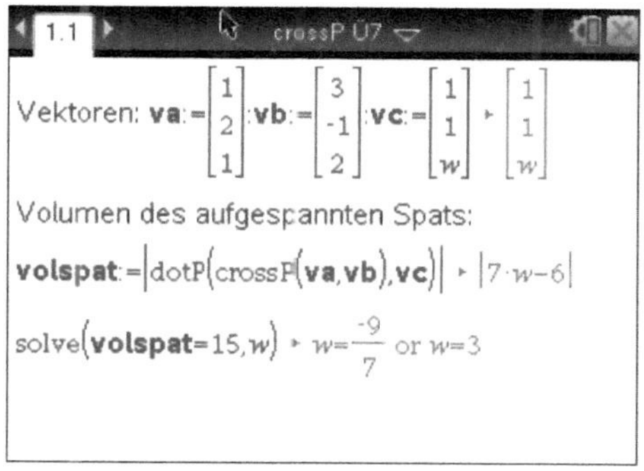

X. Binomialverteilung und Signifikanztest

350 1. Es wird eine Notes-Seite verwendet.

Die Länge der Bernoulli-Kette n wird mit 500 eingegeben, hinzu kommen die beiden Wahrscheinlichkeiten $p_1 = \frac{1}{20}$ für die Ereignisse 1,2,3,4,5,7,8,9 sowie $p_1 = \frac{6}{20}$ für die Ereignisse 6 und 10.

Die Berechnung der gesuchten Wahrscheinlichkeiten erfolgt mit den Funktionen binomPdf(n,p,k) für Punktwahrscheinlichkeiten und binomCdf(n,p,k) bzw. binomCdf(n,p,a,b) für Intervallwahrscheinlichkeiten.

Die Ergebnisse werden übersichtlich auf der Notes-Seite dokumentiert.

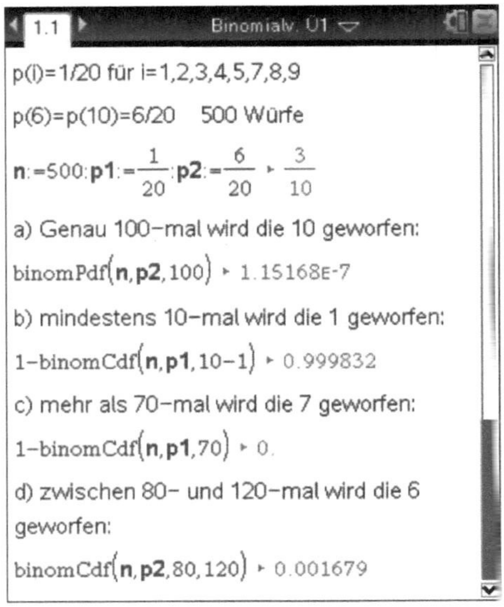

351 2. Auf einer Calculator-Seite werden die beiden Parameter n und p der vorliegenden Binomialverteilung eingegeben und der Erwartungswert und die Standardabweichung berechnet.

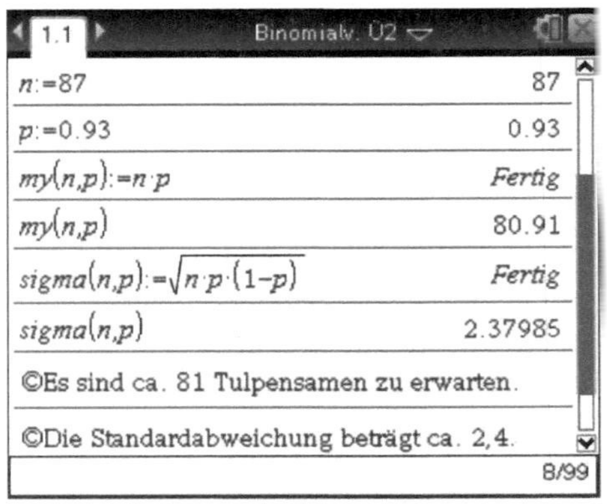

352 3. Das nebenstehende Bild zeigt den Anfang einer Notes-Seite, auf der die vollständige Lösung der Übung dokumentiert wird.

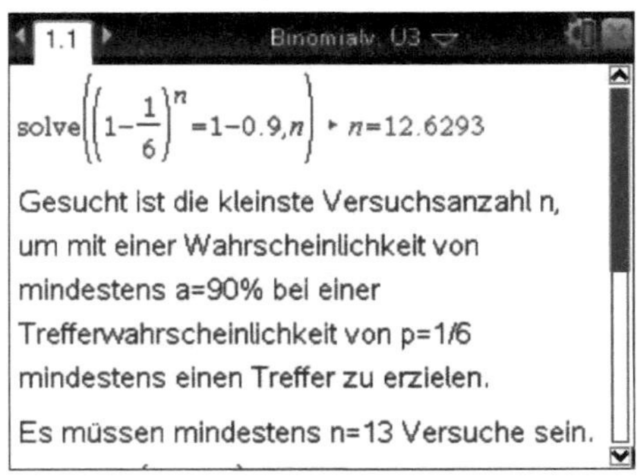

4. Es wird eine Lists&Spreadsheet-Seite gewählt, die geforderte Tabelle erstellt und graphisch veranschaulicht, wobei die Parameter p und n der Binomialverteilung mit Schiebereglern variiert werden können. 352

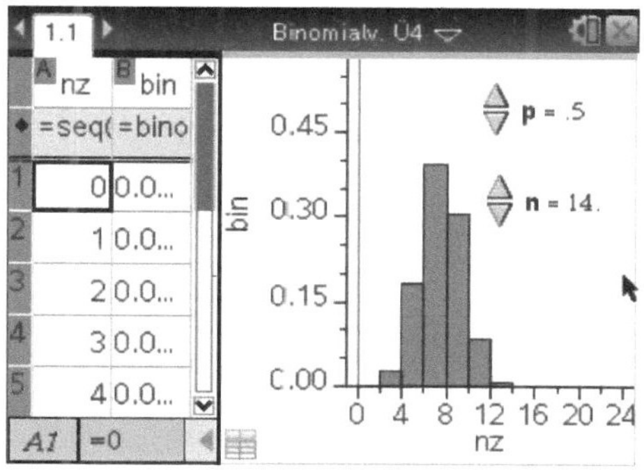